中国地质大学（北京）地质调查系列成果（2020-02）

中国锡矿典型矿床
地球化学找矿模型集

龚庆杰　严桃桃　刘荣梅　吴　轩　向运川
许胜超　周伟伟　董昕昱　成雷振　于明雷　著

北　京

冶金工业出版社

2022

内 容 提 要

本书针对锡矿典型矿床地球化学找矿模型的建立，提出了从矿床基本信息、矿床地质特征、勘查地球化学特征构建典型矿床地球化学找矿模型的工作流程。在调研前人研究成果的基础上，确定了元素的边界品位，基于风化过程微量元素行为定量表征的经验方程，提出了确定微量元素异常下限及异常分级评价的地球化学七级异常划分方案，旨在基于元素背景值和边界品位两把标尺来确定和评价单元素地球化学异常。基于所提出的工作流程，建立了中国 15 个典型锡矿床的地球化学找矿模型，并汇集形成本书。

本书以实例形式阐述了建立典型矿床地球化学找矿模型的工作流程，对产、学、研领域的广大地质工作者和高等院校矿床学、地球化学、资源勘查等专业的师生具有一定的参考价值。

图书在版编目（CIP）数据

中国锡矿典型矿床地球化学找矿模型集/龚庆杰等著 . —北京：冶金工业出版社，2022.6

ISBN 978-7-5024-9140-6

Ⅰ.①中… Ⅱ.①龚… Ⅲ.①锡矿床—地球化学勘探—找矿—地质模型—中国 Ⅳ.①P618.44

中国版本图书馆 CIP 数据核字（2022）第 069411 号

中国锡矿典型矿床地球化学找矿模型集

出版发行	冶金工业出版社	电 话	（010）64027926
地 址	北京市东城区嵩祝院北巷 39 号	邮 编	100009
网 址	www.mip1953.com	电子信箱	service@ mip1953.com

责任编辑 王 颖 美术编辑 彭子赫 版式设计 郑小利
责任校对 王永欣 责任印制 李玉山
北京捷迅佳彩印刷有限公司印刷
2022 年 6 月第 1 版，2022 年 6 月第 1 次印刷
787mm×1092mm 1/16；12.75 印张；309 千字；195 页
定价 199.00 元

投稿电话 （010）64027932 投稿信箱 tougao@cnmip.com.cn
营销中心电话 （010）64044283
冶金工业出版社天猫旗舰店 yjgycbs.tmall.com
（本书如有印装质量问题，本社营销中心负责退换）

前　　言

　　全国矿产资源潜力评价项目是我国矿产资源方面的一次重要的国情调查。区域地球化学调查获得的海量数据为全国矿产资源潜力评价提供了坚实的基础，如何应用区域地球化学资料来进行矿产资源潜力评价成为摆在化探工作者面前的紧迫任务。全国矿产资源潜力评价化探项目组提出了全国典型矿床地球化学建模的科研任务。为研究典型矿床地球化学建模的方法技术，中国地质调查局发展研究中心委托中国地质大学（北京）开展中国锡矿典型矿床地球化学建模的科研课题。自 2012 年至今，课题组在充分吸收前人研究成果的基础上，提出了从矿床基本信息、矿床地质特征、勘查地球化学特征构建典型矿床地球化学找矿模型的工作流程。基于所提出的工作流程，建立了中国 15 个典型锡矿床的地球化学找矿模型，并汇集形成本书。本书主体内容完成于 2016 年 4 月，在出版编辑过程中进行了部分完善和补充。

　　典型矿床地球化学建模（即建立地球化学找矿模型）是针对已知典型矿床的地质特征和地球化学特征进行系统对照研究，在此基础上归纳总结出寻找该类矿床的地球化学找矿指标和评判依据。因此典型矿床地球化学建模的研究主要包括矿床的地质特征和勘查地球化学特征两方面的内容，勘查地球化学特征则主要是阐述地球化学找矿指标及其定量评判依据。

　　典型矿床地球化学建模是基于特定的研究对象，即某一研究程度相对较高的矿床来开展工作的，因此矿床的基本信息首先需要明确。针对某一典型矿床，其基本信息主要包括经济矿种、矿床名称、行政隶属地、矿床规模、经济矿种（与伴生矿种）资源量、矿体出露状态等信息。矿床地质特征主要包括区域地质特征、矿区地质特征、矿体地质特征、勘查开发概况和矿床类型等方面的内容。勘查地球化学特征主要包括区域化探、化探普查、土壤化探详查和岩石地球化学勘查等方面的内容。针对矿床基本信息、矿床地质特征和勘查地球化学特征三方面的内容最终简化归纳为一张简表，作为典型矿床地球化学模型集数据库的一条记录，本书包含了中国 15 个典型锡矿床的地球化学找矿模型记录。

在调研前人研究成果的基础上，本书收集、归纳并提出了29种微量元素的边界品位，基于风化过程微量元素行为定量表征的经验方程，提出了确定微量元素异常下限及异常分级评价的地球化学七级异常划分方案，旨在基于元素背景值和边界品位两把标尺来确定和评价单元素地球化学异常。这是典型矿床地球化学建模的核心技术，这一技术成果于2018年在《全国矿产资源潜力评价化探资料应用研究》专著和国际期刊 *Journal of Geochemical Exploration* 上进行了报道。

本书是在项目研究基础上系统归纳总结而成的。编写分工为：前言由龚庆杰、向运川编写；第1章由龚庆杰、严桃桃编写；第2章由龚庆杰、刘荣梅、吴轩编写；第3章由许胜超、周伟伟、董昕昱、成雷振、于明雷编写；第4章由龚庆杰、严桃桃编写。全书由龚庆杰、严桃桃统稿。

本书所述研究工作是在中国地质调查局、中国地质调查局发展研究中心等相关领导和专家的指导下开展的。中国地质调查局牟绪赞、奚小环，中国地质科学院地球物理地球化学勘查研究所任天祥、张华，中国地质大学（武汉）马振东，中国地质大学（北京）汪明启、刘宁强、冯海艳等对本项目研究给予了大力支持和指导，提出了许多宝贵的建议和修改意见。对以上单位和个人，在此一并表示衷心的感谢！

由于作者水平所限，书中疏漏和不妥之处，敬请广大读者批评指正。

作　者

2021 年 12 月

目　　录

1 中国锡矿床概论

矿床是指在地壳中由地质作用形成的，其所含有用矿物资源的数量和质量，在一定的经济技术条件下能被开采利用的综合地质体（翟裕生等，2011）。矿床的这一概念包含矿床的产出空间、矿床的成因、矿石矿物、矿石品位、矿床规模、矿体形态等方面的内容，本章从勘查地球化学的视角对中国锡矿床的几个方面进行概述。

1.1 锡矿床基本术语

1.1.1 矿石矿物

矿石矿物是指可被利用的金属和非金属矿物，也称为有用矿物；脉石矿物是指矿体中不能被利用的矿物，也称为无用矿物；矿石矿物与脉石矿物的划分是相对于一个具体的矿床而言的（翟裕生等，2011）。针对锡矿床而言，其矿石矿物即为锡矿物和含锡的矿物。

目前在地壳中发现的锡矿物主要以氧化物、硫化物、硅酸盐和氢氧化物的形式存在。以氧化物形式存在的有锡石、黑锡矿（或亚锡石）；以硫化物形式存在的有硫锡矿、三方硫锡矿、斜方硫锡矿、硫锡铅矿、硫银锡矿、黄锡矿、圆柱锡矿、辉锑锡铅矿、硫钼锡铜矿、银黄锡矿、锌黄锡矿和硫锡铁铜矿；以硅酸盐形式存在的有马来亚石（或钙硅锡矿）；以氢氧化物形式存在的有木锡石（或锡酸矿）等（DZ/T 0201—2002）。目前有经济意义的主要是锡石，其次为黄锡矿（项仁杰，1999）。

相对于上陆壳岩石、地表土壤和水系沉积物而言，上述锡矿物所涉及的微量元素有Sn、Mo、Cu、Pb、Zn、Ag、Sb、S计8种，涉及的主量元素有Fe、Ca。我国区域地球化学调查所分析的39种元素仅包含Sn、Mo、Cu、Pb、Zn、Ag、Sb、Fe、Ca这9种元素，且Fe、Ca通常以氧化物（Fe_2O_3、CaO）形式表示（向运川等，2010）。从勘查地球化学的视角来看，若不考虑主量元素上述Sn、Mo、Cu、Pb、Zn、Ag、Sb计7种微量元素均有可能成为锡矿勘查的找矿指示元素。

1.1.2 矿石品位

矿石的品位是指矿石中有用组分的含量，一般用质量分数（%）来表示，但因矿种不同，矿石品位的表示方法也不同（翟裕生等，2011）。

1.1.2.1 锡矿石品位

针对锡矿床而言，矿石品位是指矿石中Sn的质量分数，通常以%（Sn质量分数）表示。按照DZ/T 0201—2002行业标准，锡矿床的边界品位一般为0.1%~0.2%，最低工业品位一般为0.2%~0.4%。在勘查地球化学中对单个样品评价其是否为矿样时，建议取上述品位的最小值0.1%作为划分矿与非矿的界限，即锡的边界品位（或最低可采品位）为1000μg/g。

1.1.2.2　伴生有益组分的品位

伴生有益组分是指除主要经济矿种外，矿石中可综合利用的组分或能改善冶炼产品性能的组分。按照 DZ/T 0201—2002 行业标准，锡矿床伴生有益元素的评价指标见表 1-1。

表 1-1　锡矿床伴生有益组分边界品位参考值

组分	Cu	Pb	Zn	Bi	W	Mn	Fe	S
含量（质量分数）/%	0.2	0.5	0.8	0.01	0.02	4	20	10

锡矿床中常见的伴生矿物主要有黑钨矿、辉钼矿、辉铋矿、铌钽铁矿、黄铁矿、黄铜矿、闪锌矿、方铅矿、磁黄铁矿、毒砂、绿柱石、锂云母、磷钇矿、钛铁矿和金红石等（DZ/T 0201—2002）。

上述伴生有益组分及常见伴生矿物所涉及的微量元素有 13 种，其中 W、Mo、Bi、Cu、Pb、Zn、As、Li、Be、Nb、Y 计 11 种元素包含在我国区域地球化学调查所分析的 39 种元素之中。因此这 11 种微量元素均有可能成为锡矿勘查的找矿指示元素。

若将矿石矿物中所涉及的 7 种微量元素与伴生有益组分及常见伴生矿物中所涉及的 11 种微量元素合并，则共有 Sn、W、Mo、Bi、Cu、Pb、Zn、Ag、As、Sb、Li、Be、Nb、Y 计 14 种元素均有可能成为锡矿勘查的找矿指示元素。

1.1.3　矿床规模

矿床规模通常采用矿床主经济矿种的矿产资源储量规模来表示。针对锡矿床而言，矿床规模通常用 Sn 的资源量来划分。

按照 DZ/T 0201—2002 行业标准，锡资源量大于 4 万吨为大型矿床，介于 0.5 万~4 万吨为中型矿床，小于 0.5 万吨为小型矿床。除大型、中型和小型三种规模之外，还有超大型和矿点两个级别。超大型是指矿床储量达到大型矿床最低标准储量 5 倍以上的矿床，如超大型锡矿床 Sn 的储量应达 20 万吨以上。矿点和小型矿床之间尚无规定的划分标准，按照陈毓川和王登红（2010a）的观点，矿点是指储量不及小型矿床最高储量 1/10 的，如锡矿点的 Sn 储量应小于 0.05 万吨。

1.1.4　矿体形态

矿体是地壳演化过程中形成的、占有一定空间位置（具有一定几何形态），并由矿石（可有部分夹石）组成的地质体，它是矿床的基本组成单位，是开采和利用的对象（翟裕生等，2011）。矿体的形态是指矿体在地壳中占据三度空间（位置）的几何状态，如层状、脉状、透镜状等。

针对锡矿床而言，常见的矿体形态主要有层状、似层状、透镜状、囊状、脉状、网脉状、筒状、带状和柱状等（DZ/T 0201—2002）。

1.1.5　矿体产状

矿体产状是指矿体产出的空间位置和地质环境，它主要包括矿体的空间位置，矿体的埋藏情况，矿体与围岩层理、片理的关系，矿体与岩浆岩的空间关系，矿体与控矿构造的空间关系等（翟裕生等，2011）。对于脉状、似脉状、层状、似层状矿体，矿体的空间位置一般是由矿体的走向、倾向和倾角三个产状要素来确定。

矿体的埋藏情况或矿体的出露状态一般直接影响地球化学勘查的难易程度，从勘查地球化学视角可将矿体的出露状态划分为三种类型：出露矿体、半出露矿体和隐伏矿体。出露矿体是指矿体遭受剥蚀直接暴露到地表，即赋矿介质（岩石、土壤或沉积物）中有用组分的含量大于等于边界品位（如锡含量大于等于 $1000\mu g/g$）。隐伏矿体是指不仅矿体（如锡含量大于等于 $1000\mu g/g$）在地表不出露，而且矿体的地球化学晕（指主成矿元素或其伴生有益元素的含量大于等于其异常下限，但小于其边界品位的介质）也不出露于地表。半出露矿体是指出露状态介于出露矿体与隐伏矿体之间的矿体，即矿体在地表不出露，但矿体的地球化学晕在地表出露。

1.1.6 矿石组构

矿石的结构和构造可统称为矿石的组构（翟裕生等，2011）。

针对锡矿床而言，常见的矿石结构主要有粒状结构、鳞片粒状变晶结构、嵌晶结构、交代残余结构、压碎结构等（李希勣等，1994）。矿石的构造主要有浸染状构造、块状构造、网脉状构造、条带状构造、斑杂状构造、角砾状构造、土状构造等（DZ/T 0201—2002；李希勣等，1994）。

1.1.7 围岩蚀变

围岩有两重含义，一是指侵入体周围的岩石，二是指矿体周围的岩石。矿床学中主要指后者，围岩是指在当前技术经济条件下矿体周围（包括顶底板）无实际开采利用价值的岩石（翟裕生等，2011）。矿体与围岩的界线可以是清晰的（如脉状矿体），也可以是模糊、逐渐过渡的（如斑岩型矿床的矿体）。在一般情况下，矿体和围岩的边界是通过系统的取样分析，根据一定的工业指标圈定的。

针对锡矿床而言，常见的围岩蚀变主要有钾化、云英岩化、绢云母化、硅化、黄铁矿化、黄玉化、电气石化、萤石化、绿泥石化、青磐岩化和矽卡岩化等（李希勣等，1994）。

1.2 锡矿床分类

对于矿床学来说，矿床分类始终是研究的一个重要问题（翟裕生等，2011）。对锡矿床来说，其分类仍是值得探讨和完善的问题。

1.2.1 锡矿床成因分类

对于锡矿床成因分类，李希勣等（1994）在《中国矿床中册》第二章的中国锡矿床中将锡矿床划分为原生锡矿床和表生锡矿床，其中将原生锡矿床划分为三大类别14个型别，同时针对每一型别列举出典型矿床实例，见表1-2。

表 1-2　中国锡矿床成因分类

序号	类　别	型　别	典型矿床
1	与花岗质岩类有关的	锡石-稀有金属变花岗岩型	广西栗木
		锡石-内云英岩型	云南小龙河
		锡石-内电英岩型	云南铁厂
		锡石-伟晶岩型	福建西坑
		锡石-外云英岩型	云南来利山
		锡石-外电英岩型	广西珊瑚长营岭
		含锡矽卡岩型	内蒙古黄岗、广东大顶
		锡石-云英岩化矽卡岩型	湖南柿竹园
		锡石-电气石、绿泥石-硫化物型	云南湾子街、四川岔河
		锡石-多金属硫化物（硫盐）型	云南个旧、广西大厂、云南都龙
2	与中酸性火山岩-潜火山岩类有关的	斑岩型	广东银岩
		火山-潜火山热液型	广东风地山
3	与沉积再造及变质作用有关的	沉积-变质型	广西九毛、广东牛首山
		沉积-热液再造型	云南孬坝地
4	表生锡矿床		云南个旧、广西大厂、广西富贺钟

注：据李希勣等（1994）。

上述分类方案在 1999 年科学出版社出版的《中国矿情　第二卷：金属矿产》第十三章的锡矿中仍被采用（项仁杰，1999）。

1.2.2　锡矿床工业分类

由于锡矿床的成因分类方案在工业生产及找矿实践中存在使用局限性，矿床研究者提出了锡矿床的工业分类方案。按照 DZ/T 0201—2002 行业标准，锡矿床的工业分类可以划分为六类，具体类型及典型矿床实例见表 1-3。这种锡矿床的工业分类方案在矿床学研究中得到了较广泛的应用。

表 1-3　中国锡矿床工业类型及典型矿床

序号	矿床工业类型	典型矿床
1	矽卡岩型	云南个旧、广西大厂
2	斑岩型	广东银岩、广东西岭
3	锡石硅酸盐脉型	云南铁厂
4	锡石硫化物脉型	内蒙古大井
5	锡石石英脉型	广西栗木
6	花岗岩风化壳型	云南云龙

注：据 DZ/T 0201—2002。

1.2.3　锡矿产预测类型

在"全国矿产资源潜力评价"项目开展过程中针对大范围的成矿区带研究，陈毓川和王登红（2010b）在锡矿床成因类型和工业类型研究的基础上提出了锡矿产预测类型划分方案，将划分"矿床类型"更改为划分"矿产预测类型"，这是从预测的角度对矿产资源的一种分类方案。该方案将锡矿产预测类型划分为三个类型：花岗岩型、陆相火山岩型和砂锡矿型，其中针对花岗岩型又划分为六个亚类，见表1-4。

表1-4 中国锡矿产预测类型划分方案

序号	类型	亚类	典型矿床
1	花岗岩型	石英脉型	内蒙古毛登、广西珊瑚、江西漂塘
		锡石-硫化物型	内蒙古大井子、云南个旧、云南都龙、广西大厂
		云英岩型	云南来利山、云南小龙河
		矽卡岩型	内蒙古黄岗、黑龙江翠宏山、广东大顶
		伟晶岩型	福建西坑
		岩体型	广东银岩、广西栗木、江西岩背
2	陆相火山岩型		广东西岭
3	砂锡矿型		云南个旧、广西大厂、广西富贺钟、江西铁山垅

注：据陈毓川和王登红（2010b）。

上述分类方案将矿床成因分类和矿床工业分类进行结合，便于矿产勘查和成矿规律研究。因此在"全国矿产资源潜力评价"项目开展过程中所制定的《重要矿产和区域成矿规律研究技术要求》（陈毓川和王登红，2010a）中基本采用该分类方案，但也存在一些差异。本书锡矿床分类采用表1-4中的锡矿类型划分方案。

1.3 锡矿床分布特征

本研究在中国地质调查局全国矿产地信息数据库的基础上增加省级潜力评价地球化学建模的典型矿床，共整理收集461处锡矿产地信息。本节从锡矿床数量与储量的关系和空间分布等方面来探讨中国锡矿床的分布特征。

1.3.1 矿床数量与储量的关系

本研究所收集的461处锡矿产地按照矿床规模划分其结果见表1-5。

表1-5 中国锡矿床规模划分统计

矿床规模	最低储量[①]/万吨	矿床个数	累计矿床个数	折算累计矿床个数
超大型矿床	20	8	8	8
大型矿床	4	31	39	$31+8\times(20/4)=71$
中型矿床	0.5	64	103	$64+71\times(4/0.5)=632$
小型矿床	0.05	167	270	$167+632\times(0.5/0.05)=6487$
矿点	0.01[②]	191	461	$191+6487\times(0.05/0.01)=32626$

①划分标准参考前文；②储量按照小型矿床最低储量的1/5计算。

在 461 个矿床（点）中，超大型矿床有 8 个，占 1.7%；大型矿床有 31 个，占 6.7%；中型矿床有 64 个，占 13.9%；小型矿床有 167 个，占 36.2%；矿点有 191 个，占 41.4%。

假设以某一规模矿床的最低储量来标记该类矿床每个矿床的储量，则矿床的储量与个数按照多重分形的表述（Cheng 等，1994；李长江和麻土华，1999；Li 等，2002）为：

$$n(r \leqslant R) \propto R^{-\alpha_1} \quad 或 \quad n(r > R) \propto R^{-\alpha_2} \tag{1-1}$$

式中，$n(R)$ 为具有储量值小于等于（或大于）给定储量 r 的矿床个数，依照表 1-5 中标准 r 的取值分别为 0.01、0.05、0.5、4 和 20；α_1，α_2 为与最大奇异指数有关的指数。

中国锡矿床储量与个数的关系如图 1-1 所示。

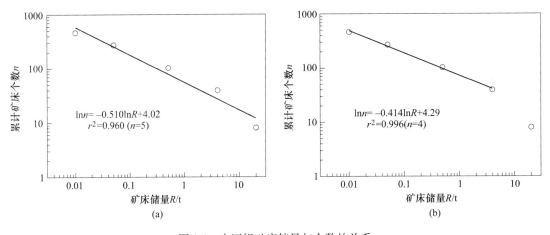

图 1-1　中国锡矿床储量与个数的关系

图 1-1（a）中 5 点拟合未达到 $\alpha = 0.01$ 的统计显著性检验水平，这从视觉效果上看也可发现存在拟合不理想的情况。图 1-1（b）采用分段拟合，即区分分形标度区间采用多重分形来拟合，其拟合不仅满足 $\alpha = 0.01$ 的统计显著性检验水平，而且从视觉效果上看其拟合效果也比较满意，其地质意义在于可将超大型矿床从其他规模矿床中分离出来。

若仍以某一规模矿床的最低储量来标记该类矿床每个矿床的储量，则矿床的储量与个数按照分形的表述（Mandelbrot，1967；Turcotte，1993；Cheng 等，1996；韩东昱等，2004）为：

$$n(r = R) \propto R^{-D} \tag{1-2}$$

式中，$n(R)$ 为采用储量 r 值来测算所有矿床储量时所获得的矿床个数（如 1 个超大型矿床相当于 5 个大型矿床），依照表 1-5 中标准 r 的取值分别为 0.01、0.05、0.5、4 和 20；D 为分形的分维，相对于曲线或曲面的数盒子分维或元素含量—总量法分维。

中国锡矿床储量与个数的分形关系如图 1-2 所示。

图 1-2 中 5 点拟合不仅达到 $\alpha = 0.01$ 的统计显著性检验水平、具有较好的视觉效果，而且也满足分形的理论模型。其分形表达式：

$$\ln n = -1.077 \ln R + 5.55 \tag{1-3}$$

可以用来定量刻画中国锡矿床的储量与矿床数量（按照储量折算的矿床个数）之间的关系。

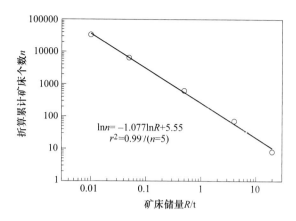

$$\ln n = -1.077\ln R + 5.55$$
$$r^2 = 0.99 / (n=5)$$

图 1-2　中国锡矿床储量与个数的分形关系

1.3.2　矿床在省级行政区中的分布

本研究所收集的 461 处锡矿产地在我国省级行政区中的分布见表 1-6。

表 1-6　中国锡矿床在省级行政区中的分布统计

省级行政区代码	名称	矿床个数	省级行政区代码	名称	矿床个数	省级行政区代码	名称	矿床个数
11①	北京市	—②	35	福建省	25	53	云南省	71
12	天津市	—	36	江西省	53	54	西藏自治区	2
13	河北省	—	37	山东省	—	61	陕西省	—
14	山西省	3	41	河南省	—	62	甘肃省	8
15	内蒙古自治区	7	42	湖北省	2	63	青海省	5
21	辽宁省	—	43	湖南省	57	64	宁夏回族自治区	—
22	吉林省		44	广东省	81	65	新疆维吾尔自治区	7
23	黑龙江省	1	45	广西壮族自治区	100	71	台湾省	
31	上海市	—	46	海南省	—	81	香港特别行政区	
32	江苏省	1	50	重庆市		82	澳门特别行政区	
33	浙江省	18	51	四川省	17			
34	安徽省	—	52	贵州省	3			

①省级行政区代码源自 GB/T 2260—2007；②代表尚未收集到锡矿产地信息。

在中国 34 个省级行政区内，目前在北京、天津、河北、辽宁、吉林、上海、安徽、山东、河南、海南、重庆、陕西、宁夏、台湾、香港和澳门 16 个省（市、自治区、特别行政区）内尚未收集到相关锡矿产地信息。在其余 18 个省级行政区内，广西境内已发现锡矿产地最多，达 100 个；在黑龙江、江苏境内已发现锡矿产地最少，仅为 1 处。

在表 1-6 的 18 个省级行政区中，发现锡矿产地最多的前 5 省（区）分别为广西、广东、云南、湖南和江西，其矿产地个数均在 50 个以上，其中前 5 名累计发现锡矿产地 362 处，占总共 461 处的 78.5%。若按照大区划分，则中南大区发现锡矿产地最多，其矿产地为 238 处，占总共 461 处的 51.6%。

1.3.3 矿床在成矿省中的分布

本研究采用徐志刚等（2008）中国成矿区带划分方案，强调以大地构造背景和成矿构造环境为基础，将中国划分出 4 个成矿域、17 个成矿省和 94 个成矿区带。

全国 4 个一级成矿域按照编号分别为 1 古亚洲成矿域、2 秦祁昆成矿域、3 特提斯成矿域和 4 滨太平洋成矿域。全国 17 个二级成矿省编号及名称见表 1-7。此处编号采用 3 位编码，第 1 位为成矿域编码，第 2 和第 3 位为成矿省编码，序号与徐志刚等（2008）的序号一致，即从 01~17。

本研究所收集的 461 处锡矿产地在我国成矿省中的分布见表 1-7。

表 1-7　中国锡矿床在成矿省中的分布统计

省编码	成矿省名称	矿床个数	省编码	成矿省名称	矿床个数
101①	阿尔泰成矿省	—②	310	冈底斯-腾冲成矿省	20
102	准噶尔成矿省	3	311	喜马拉雅成矿省	—
103	伊犁成矿省	1	412	大兴安岭成矿省	6
104	塔里木成矿省	4	413	吉黑成矿省	1
205	阿尔金-祁连成矿省	3	414	华北成矿省	4
206	昆仑成矿省	2	415	扬子成矿省	72
207	秦岭-大别成矿省	6	416	华南成矿省	303
308	巴颜喀拉-松潘成矿省	1	417	中国海区成矿省	—
309	喀喇昆仑-三江成矿省	35			

①编码第 1 位为成矿域序号，第 2 和第 3 位为成矿省序号；②代表尚未收集到锡矿产地信息。

在中国 17 个成矿省内，目前在阿尔泰成矿省、喜马拉雅成矿省和中国海区成矿省内尚未收集到相关锡矿产地信息。在其余 14 个成矿省内，华南成矿省内已发现锡矿产地最多，达 303 个，占总共 461 处的 65.7%；在伊犁成矿省、巴颜喀拉-松潘成矿省和吉黑成矿省内已发现锡矿产地最少，均仅为 1 处。

在表 1-7 的 14 个成矿省中，发现锡矿产地最多的前 2 个成矿省分别为华南成矿省和扬子成矿省，其矿产地个数均在 70 个以上，前 2 名累计发现锡矿产地 375 处，占总共 461 处的 81.3%，即锡矿产地主要集中分布在中国东南部地区。

1.3.4 矿床在地球化学省中的分布

根据全国矿产资源潜力评价化探资料应用研究成果，全国共划分出 5 个地球化学域和 25 个地球化学省（向运川等，2014）。全国 5 个一级地球化学域按照编号分别为 1 古亚洲地球化学域、2 秦祁昆地球化学域、3 特提斯地球化学域、4 扬子地球化学域和 5 滨太平洋地球化学域。全国 25 个二级地球化学省编号采用 3 位编码，第 1 位为地球化学域编码，第 2 和第 3 位为地球化学省编码。

本研究所收集的 461 处锡矿产地在我国地球化学省中的分布见表 1-8。

表 1-8　中国锡矿床在地球化学省中的分布统计

编码	地球化学省名称	矿床个数	编码	地球化学省名称	矿床个数
101①	阿尔泰地球化学省	—②	314	冈底斯山-念唐-腾冲地球化学省	20
102	准噶尔地球化学省	4	315	喜马拉雅山地球化学省	—
103	天山地球化学省	4	316	大雪山-哀牢山地球化学省	22
104	内蒙古高原地球化学省	1	417	四川盆地地球化学省	—
105	阴山地球化学省	—	418	大凉山-乌蒙山-大娄山地球化学省	6
106	浑善达克沙地地球化学省	—	419	苗岭-六诏山地球化学省	44
107	大兴安岭地球化学省	6	520	长白山-小兴安岭地球化学省	1
208	祁连山-昆仑山地球化学省	8	521	东北-华北平原地球化学省	4
209	秦岭地球化学省	4	522	黄土高原地球化学省	—
210	伏牛山-大别山地球化学省	—	523	山东丘陵地球化学省	—
311	阿尼玛卿山地球化学省	5	524	巫山-雪峰山地球化学省	1
312	巴颜喀拉山-无量山地球化学省	28	525	华南丘陵地球化学省	301
313	唐古拉山地球化学省	2			

①编码第 1 位为地球化学域序号，第 2 和第 3 位为地球化学省序号；②代表尚未收集到锡矿产地信息。

在全国 25 个地球化学省内，目前在阿尔泰地球化学省、阴山地球化学省、浑善达克沙地地球化学省、伏牛山-大别山地球化学省、喜马拉雅山地球化学省、四川盆地地球化学省、黄土高原地球化学省和山东丘陵地球化学省内尚未收集到相关锡矿产地信息。在 17 个地球化学省内，华南丘陵地球化学省内已发现锡矿产地最多，达 301 个，占总共 461 处的 65.3%；在内蒙古高原地球化学省、长白山-小兴安岭地球化学省和巫山-雪峰山地球化学省内已发现锡矿产地最少，均为 1 处。

在表 1-8 的 25 个地球化学省中，发现锡矿产地最多的前两个省分别为华南丘陵地球化学省和苗岭-六诏山地球化学省，其矿产地个数均在 40 个以上，其中前两名累计发现锡矿产地 345 处，占总共 461 处的 74.8%。

2 地球化学找矿模型概论

地球化学找矿模型研究由来已久，其目的是从已知区归纳总结出地球化学找矿标志，为未知区或预测区地球化学找矿提供找矿指标和评判依据。马振东等（2014）对我国地球化学找矿模型的历史沿革进行分析后认为，以往所建立的地球化学找矿模型多是描述性的地球化学异常模型且缺乏多介质、多参数指标的系统分析。全国矿产资源潜力评价化探工作组于 2012 年 9 月在长春召开的潜力评价化探资料应用技术研讨会上，提出了典型矿床地球化学建模的研究内容与方法技术。本章从典型矿床地球化学建模的研究内容与方法技术等方面来进行概述。

2.1 典型矿床地球化学建模的研究内容

典型矿床地球化学建模（建立地球化学找矿模型）是针对已知典型矿床的地质特征和地球化学特征进行系统对照研究，在此基础上归纳总结出寻找该类型矿床的地球化学找矿指标和评判依据（龚庆杰等，2015）。因此典型矿床地球化学建模的研究内容主要包括矿床的地质特征和勘查地球化学特征两方面的内容，其中勘查地球化学特征主要阐述地球化学找矿指标及定量评判依据。

2.1.1 矿床基本信息

典型矿床地球化学建模是基于特定的研究对象，即对某一研究程度相对较高的矿床来开展工作的，因此矿床的基本信息需要明确。针对某一典型矿床，其基本信息主要包括经济矿种、矿床名称、行政隶属地、中心坐标、矿床规模、经济矿种（与伴生矿种）资源量、矿体出露状态等信息。以湖南郴州白腊水锡矿床为例，该典型矿床所需明确的基本信息见表 2-1。

2.1.2 矿床地质特征

矿床地质特征主要包括区域地质特征、矿区地质特征、矿体地质特征、勘查开发概况、矿床类型和地质特征简表六个方面的内容。

2.1.2.1 区域地质特征

简述矿床所在的地理位置，即表 2-1 中的行政隶属地，此处可详细至乡镇级，或距某地某方向多少千米处。指出矿床在成矿带划分上位于哪个三级成矿带或成矿亚带。三级成矿带或亚带的划分采用徐志刚等（2008）的划分方案。

研究区的范围可选择以研究对象为中心的 30km×30km 区域，该范围相当于矿集区的范围（陈毓川和王登红，2010a），同时也是下文 1：200000 区域化探数据所涉及的范围。区域地质图建议从 1：1000000（或 1：200000）地质图中裁剪出 30km×30km 的区域，按

1:300000 比例尺绘制图件（即宽度为 10cm），图名为"×××矿区域地质图"。

表 2-1　矿床基本信息表

序号	描述的项目	示例	项目描述内容的说明
0	矿床编号	432302	采用省代码①+元素编码②+两位数序号表示
1	经济矿种	锡	如锡、钨锡、钨锡钼铋等
2	矿床名称	湖南郴州白腊水锡矿床	省名+县名+矿产地名+锡或多金属+矿床
3	行政隶属地	湖南省郴州市北湖区芙蓉镇	详细至乡镇级，即省名+县名+乡镇名
4	矿床规模	超大型	可选择超大型、大型、中型、小型或矿点
5	主矿种资源量	42.2③	累计已探明的资源量
6	伴生矿种资源量	无	若有采用文字描述，如 5.2 WO_3，6 Mo
7	矿体出露状态	出露	可选择出露、半出露、隐伏

①省代码参考表 1-8；②元素编码参考下文表 2-4；③金、银等贵金属矿种资源量单位为吨，铁资源量单位为亿吨，其他矿种资源量单位为万吨。

　　结合上述裁出的区域地质图，简述研究区发育哪些地层，岩性在区域地质图图注中给出，此处正文主要描述赋矿建造；简述研究区岩浆岩的发育特征，可给出与成矿关系密切的岩浆岩的成岩年龄等信息；简述研究区构造发育特征，主要描述控岩控矿构造的特征；简述研究区矿产分布特征，关注除目标典型矿床外是否还存在其他矿床等信息。

　　上述区域地质特征有助于该区 1:200000 区域地球化学异常特征的解释和评价。

2.1.2.2　矿区地质特征

　　矿区的范围根据实际情况确定，并在上述"×××矿区域地质图"中给出范围。

　　当具有 1:50000 化探数据时，研究区的范围可选择以研究对象为中心的 7.5km×7.5km 区域，即该区是下文 1:50000 化探数据所涉及的范围。此时建议从 1:200000（或 1:50000）地质图中裁剪出 7.5km×7.5km 的区域，按 1:75000 比例尺绘制图件（宽度为 10cm），图名为"×××矿地质图"。该图在上述"×××矿区域地质图"中以 7.5km×7.5km 给出范围。

　　当没有 1:50000 化探数据时，可根据实际情况确定矿区的研究范围，以反映各矿段的空间关系，附"×××矿地质图"，图件范围可根据矿段空间分布情况确定。若该图范围面积较小时，在上述"×××矿区域地质图"中以 4km×4km 给出范围。

　　结合上述地质图，简述研究区存在哪些地层，岩性在地质图图注中给出，此处正文主要描述赋矿建造；简述研究区岩浆岩的发育特征，可给出与成矿关系密切的岩浆岩的成岩年龄、岩相分带等信息；简述研究区构造发育特征，主要描述控矿构造的特征。

2.1.2.3　矿体地质特征

矿体地质特征主要包括矿体特征、矿石特征和围岩蚀变三方面的内容。

A　矿体特征

简述矿床的矿段组成和主要矿段的矿体组成特征。从平面和剖面两方面描述矿体的形态特征和产状特征，揭示矿体受地层、岩浆岩、构造等的控制规律。

在不与上述"×××矿地质图"重复的情况下可附具有更大比例尺的平面地质图，图名为"×××矿区地质图"。该图可为矿区土壤地球化学面积性调查或剖面调查提供底图。为阐明矿体的出露状态，给出主要矿体的勘探线剖面图（或勘探线剖面示意图），图示矿体的形态和产状，为表2-1中的矿体出露状态提供依据。

基于矿体研究所获得的成矿年龄等信息建议在此处给出。

B　矿石特征

简述主要矿体的矿石类型、矿石矿物、伴生金属矿物等相关信息，简述矿石的组构特征等信息。这些信息有助于该区地球化学异常特征的解释和评价。

C　围岩蚀变

简述主要矿体的围岩蚀变类型与蚀变特征，可为该区地球化学异常特征的解释和评价提供参考。

2.1.2.4　勘查开发概况

简述矿床的勘查开发历史，重点关注主要矿种及伴生矿种的累计探明储量，为表2-1中经济矿种、矿床规模、主矿种资源量和伴生矿种资源量提供依据。

2.1.2.5　矿床类型

参考前人研究成果，直接给出所研究矿床的矿床类型，不罗列确定矿床类型的证据。锡矿床类型参考表1-4中的划分方案。

2.1.2.6　地质特征简表

综合上述矿床地质特征，除矿床基本信息表（表2-1）中所表达的信息以外，以湖南郴州白腊水锡矿床为例其矿床地质特征简表见表2-2。

表2-2　矿床地质特征简表

序号	描述的项目	示例	项目描述内容的说明
10	赋矿地层时代	二叠系、石炭系	填写赋矿地层的时代
11	赋矿地层岩性	砂岩、灰岩	简写主要岩石的岩性
12	相关岩体岩性	黑云母花岗岩	简写与成矿关系密切的岩的岩性
13	相关岩体年龄/Ma	157	填写成岩年龄，复式岩体选与成矿密切的年龄
14	是否断裂控矿	是	填写是或否
15	矿体形态	似层状、透镜状	简写矿体形态，如脉状、层状等
16	矿石类型	矽卡岩型、蚀变岩体型	简写主要矿石类型，可多种
17	成矿年龄/Ma	133	填写成矿岩年龄，多期成矿选主成矿期年龄
18	矿石矿物	锡石、磁铁矿、黄铁矿等	简写主要矿石矿物
19	围岩蚀变	矽卡岩化、大理岩化等	简写主要蚀变类型
20	矿床类型	矽卡岩型	填写主要矿床类型，参考表1-4

注：序号从10开始是为了和数据库保持一致。

2.1.3　勘查地球化学特征

勘查地球化学特征主要包括区域化探、化探普查、土壤化探详查、岩石地球化学勘查和勘查地化特征简表五个方面的内容。

2.1.3.1　区域化探

区域化探主要指1：200000水系沉积物地球化学调查，收集研究区（30km×30km的区域）内 1∶200000 地球化学调查数据，从元素含量统计参数和地球化学异常剖析图两方面进行研究。

A 元素含量统计参数

列表统计出研究区 1∶200000 区域化探元素含量数据的统计参数，包括样品数、最大值、最小值、中位值、平均值、标准差和富集系数等。

将研究区元素含量平均值除以其在中国水系沉积物中的含量值获得富集系数，中国水系沉积物元素含量数据建议采用迟清华和鄢明才（2007）报道的数据。依据富集系数简单描述明显富集的微量元素。

B 地球化学异常剖析图

依据研究区的区域化探数据，采用变值七级异常划分方案绘制 29 种微量元素的地球化学异常图，选择在矿区存在异常的元素绘制异常剖析图。依据矿区元素的异常分级确定区域化探找矿指示元素组合，从定性和定量两方面确定区域化探找矿指示元素组合。

变值七级异常划分方案详细方法技术参考本章下节内容。

2.1.3.2 化探普查

化探普查主要指 1∶50000 水系沉积物（含土壤）地球化学调查，收集研究区（7.5km×7.5km 的区域）内 1∶50000 地球化学调查数据，从元素含量统计参数和地球化学异常剖析图两方面进行研究。

A 元素含量统计参数

列表统计出研究区 1∶50000 化探普查元素含量数据的统计参数，包括样品数、最大值、最小值、中位值、平均值、标准差、富集系数等。

将研究区元素含量平均值除以其在中国水系沉积物中的含量值获得富集系数，中国水系沉积物元素含量数据建议采用迟清华和鄢明才（2007）报道的数据。依据富集系数简单描述明显富集的微量元素。

此处选择中国水系沉积物中的元素含量值来计算富集系数，主要是采用统一标准以便于判断从岩石、土壤到水系沉积物风化过程中成矿指示元素的继承性特征，并定量表征成矿指示元素的富集程度。

B 地球化学异常剖析图

依据研究区化探普查数据，采用定值七级异常划分方案绘制所收集微量元素的地球化学异常图，选择在矿区存在异常的元素绘制异常剖析图。依据矿区元素的异常分级确定化探普查找矿指示元素组合，从定性和定量两方面确定化探普查找矿指示元素组合。

定值七级异常划分方案详细方法技术参考本章下节内容。

2.1.3.3 土壤化探详查

土壤化探详查主要是指比例尺大于 1∶50000 的土壤地球化学勘查，收集矿区土壤地球化学面积性勘查或剖面勘查的元素含量数据或资料，从元素含量统计参数和地球化学异常剖析图（或剖面图）两方面进行研究。

A 元素含量统计参数

列表统计出研究区土壤化探详查元素含量数据的统计参数，包括样品数、最大值、最小值、中位值、平均值、标准差和富集系数等。

将研究区元素含量平均值除以其在中国水系沉积物中的含量值获得富集系数，依据富集系数简单描述明显富集的微量元素。此处仍选择中国水系沉积物中的元素含量值来计算富集系数，以便于判断从岩石、土壤到水系沉积物风化过程中成矿指示元素的继承性特征，并定量表征成矿指示元素的富集程度。

B 地球化学异常剖析图/剖面图

依据研究区土壤化探详查数据，采用定值七级异常划分方案绘制所收集微量元素的地球化学异常图/剖面图，选择在矿区存在异常的元素绘制异常剖析图或剖面图。依据矿区元素的异常分级确定土壤化探详查找矿指示元素组合，从定性和定量两方面确定土壤化探详查找矿指示元素组合。

定值七级异常划分方案详细方法技术参考本章下节内容。

2.1.3.4 岩石地球化学勘查

岩石地球化学勘查主要是指在矿区以岩石为介质的地球化学勘查，收集矿区岩石（含蚀变岩与矿石）的地球化学数据或资料。矿区岩石是指在矿区内部采集的新鲜、蚀变、矿化岩石或矿石，根据样品的代表性可适当选择矿区范围以外的区域岩石。从元素含量统计参数和（或）地球化学异常剖面图两方面进行研究。

A 元素含量统计参数

列表统计出研究区岩石中微量元素含量数据的统计参数，包括样品数、最大值、最小值、中位值、平均值、标准差和富集系数等。

将研究区元素含量平均值除以其在中国水系沉积物中的含量值获得富集系数，依据富集系数简单描述明显富集的微量元素。此处选择中国水系沉积物中的元素含量值来计算富集系数，以便基于相同标准判断从岩石、土壤到水系沉积物风化过程中成矿指示元素的继承性特征，并定量表征成矿指示元素的富集程度。

B 地球化学异常剖面图

依据矿区岩石地球化学勘查数据，采用定值七级异常划分方案绘制所收集微量元素的地球化学异常剖面图，选择在矿区存在异常的元素绘制异常剖面图。依据矿区元素的异常分级确定岩石地球化学勘查找矿指示元素组合，从定性和定量两方面确定岩石地球化学勘查找矿指示元素组合。

定值七级异常划分方案详细方法技术参考本章下节内容。

2.1.3.5 勘查地化特征简表

综合上述矿床勘查地球化学特征，以湖南郴州白腊水锡矿床为例说明矿床勘查地球化学特征简表的内容，见表2-3。

表2-3 矿床勘查地球化学特征简表

矿床编号	项目名称	Sn	W	Mo	Bi	Ag	As	Au	B	Ba	Be	Cd	Co	…
432302	区域富集系数	13.1	8.38	3.45	9.00	2.50	5.27	1.62	1.84	0.65	2.67	4.49	0.98	…
432302	区域异常分级	7		3	5	5	5	2	2	0	4	4	0	…
432302	普查富集系数	58.7	37.1	5.68	49.4	12.1	218	5.24		0.62			1.76	…
432302	普查异常分级	7	7	5	5	7	7	5		0			3	…

矿床编号	项目名称	Sn	W	Mo	Bi	Ag	As	Au	B	Ba	Be	Cd	Co	…
432302	详查富集系数													…
432302	详查异常分级													…
432302	岩石富集系数	231	14.4	6.80	183	27.1	449			1.17	18.2	10.1	1.21	…
432302	岩石异常分级	6	3	2	4	3	5			0	4	2	0	…

注：该表可与矿床基本信息、地质特征简表依据矿床编号建立对应关系；表中空白内容代表未做研究。

2.1.4　地质地球化学找矿模型

以文字形式对上述研究获得的矿床地质特征和勘查地球化学特征分别进行简述，以湖南郴州白腊水锡矿床为例其地质地球化学找矿模型描述如下：

湖南郴州白腊水锡矿床为一超大型矿床，位于湖南省郴州市北湖区芙蓉镇境内，矿体呈出露状态。赋矿地层为二叠系砂岩、灰岩和石炭系灰岩。成矿与骑田岭复式花岗岩体关系密切，成矿岩体岩性为黑云母花岗岩，其成岩年龄约 157Ma。锡矿体受断裂控制明显，矿石类型主要为矽卡岩型和蚀变岩体型，矿体形态呈似层状、透镜状等。成矿年龄约 133Ma。围岩蚀变主要为矽卡岩化、大理岩化、角岩化、钠长石化、云英岩化、绢云母化、绿泥石化、萤石化、碳酸盐化等。矿床类型属于矽卡岩型。

湖南郴州白腊水锡矿床区域化探找矿指示元素组合为 W、Sn、Mo、Bi、Cu、Pb、Zn、Cd、Au、Ag、As、Sb、Hg、F、B、Li、Be、Th、U、Y、V、Cr、Ni 共计 23 种，其中 Sn 具有 7 级异常，W、Bi、Cu、Pb、Ag、As 具有 5 级异常，Cd、Be 具有 4 级异常，Mo、Zn、Sb、F、Li、U、Ni 具有 3 级异常，Au、Hg、B、Th、Y、V 具有 2 级异常，Cr 具有 1 级异常。化探普查找矿指示元素组合为 W、Sn、Mo、Bi、Cu、Pb、Zn、Au、Ag、As、Sb、Hg、F、Co、Ni、V、Cr 共计 17 种，其中 Sn、W、Cu、Pb、Ag、As 具有 7 级异常，Zn 具有 6 级异常，Bi、Au 具有 5 级异常，Mo、Sb、Ni、V 具有 4 级异常，F、Co 具有 3 级异常，Hg、Cr 具有 1 级异常。矿区岩石化探找矿指示元素组合为 W、Sn、Mo、Bi、Cu、Pb、Zn、Cd、Ag、As、Sb、Hg、Be、Nb、Th、La、Y 共计 17 种，其中 Sn、Cu 具有 6 级异常，As 具有 5 级异常，Bi、Be 具有 4 级异常，W、Pb、Ag、Hg 具有 3 级异常，Mo、Zn、Cd、Th、La 具有 2 级异常，Sb、Nb、Y 具有 1 级异常。

2.2　典型矿床地球化学建模的方法技术

本节针对典型矿床地球化学建模研究内容中所涉及的参考数据及数据处理的方法技术进行概述。

2.2.1　元素的丰度

元素的丰度是指元素在地质体中的平均含量。典型矿床地球化学建模研究中可能涉及我国区域化探水系沉积物所分析的 39 种元素或氧化物的丰度、中国土壤的丰度及上陆壳丰度等参考数据，各元素的丰度值见表 2-4。

表 2-4　几种参考物质的元素丰度

元素符号	Ag	As	Au	B	Ba	Be	Bi	Cd	Co	Cr	Cu	F	Hg
元素名称	银	砷	金	硼	钡	铍	铋	镉	钴	铬	铜	氟	汞
元素编码[①]	1	2	3	4	5	6	7	8	9	10	11	12	13
含量单位	10^{-9}	10^{-6}	10^{-9}	10^{-6}	10^{-6}	10^{-6}	10^{-6}	10^{-9}	10^{-6}	10^{-6}	10^{-6}	10^{-6}	10^{-9}
上陆壳[②]	50	1.5	1.8	15	550	3.0	0.127	98	17	85	25	611	56
中国土壤[②]	80	10	1.4	40	500	1.8	0.30	90	13	65	24	480	40
中国水系沉积物[②]	77	10	1.32	47	490	2.1	0.31	140	12.1	59	22	490	36
元素符号	La	Li	Mn	Mo	Nb	Ni	P	Pb	Sb	Sn	Sr	Th	Ti
元素名称	镧	锂	锰	钼	铌	镍	磷	铅	锑	锡	锶	钍	钛
元素编码[①]	14	15	16	17	18	19	20	21	22	23	24	25	26
含量单位	10^{-6}	10^{-6}	10^{-6}	10^{-6}	10^{-6}	10^{-6}	10^{-6}	10^{-6}	10^{-6}	10^{-6}	10^{-6}	10^{-6}	10^{-6}
上陆壳[②]	30	20	600	1.5	12	44	700	20	0.2	5.5	350	10.7	3000
中国土壤[②]	38	30	600	0.8	16	26	520	23	0.80	2.5	170	12.5	4300
中国水系沉积物[②]	39	32	670	0.84	16	25	580	24	0.69	3.0	145	11.9	4105
元素符号	U	V	W	Y	Zn	Zr	SiO_2	Al_2O_3	Fe_2O_3	K_2O	Na_2O	CaO	MgO
元素名称	铀	钒	钨	钇	锌	锆	二氧化硅	氧化铝	氧化铁	氧化钾	氧化钠	氧化钙	氧化镁
元素编码[①]	27	28	29	30	31	32	33	34	35	36	37	38	39
含量单位	10^{-6}	10^{-6}	10^{-6}	10^{-6}	10^{-6}	10^{-6}	10^{-2}	10^{-2}	10^{-2}	10^{-2}	10^{-2}	10^{-2}	10^{-2}
上陆壳[②]	2.8	107	2.0	22	71	190	65.89	15.19	5.00	3.37	3.90	4.20	2.21
中国土壤[②]	2.7	82	1.8	23	68	250	65.0	12.6	4.7	2.5	1.6	3.2	1.8
中国水系沉积物[②]	2.45	80	1.8	25	70	270	65.31	12.83	4.50	2.36	1.32	1.80	1.37

①元素编码据向运川等（2010）；②上陆壳、中国土壤及中国水系沉积物中元素含量据迟清华和鄢明才（2007）。

　　上述三类参考物质的 39 种元素或氧化物含量关系如图 2-1 所示，图中横坐标为元素符号，纵坐标为元素含量，以对数刻度形式表示。

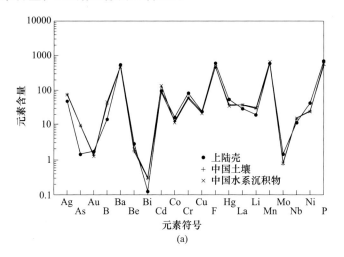

(a)

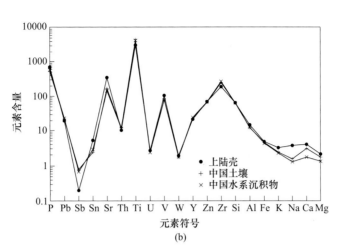

(b)

图 2-1 各类参考物质的元素含量关系

（图中 7 种氧化物用元素符号来代替，含量单位见表 2-4）

从 7 种主量元素或氧化物（表 2-4 中的元素编码 33~39）来看，从上陆壳到中国土壤再到中国水系沉积物 K_2O、Na_2O、CaO、MgO 四项含量逐渐降低，表明其在风化过程中持续被带出体系，但 SiO_2、Al_2O_3、Fe_2O_3 三种氧化物含量变化并不明显。

从 32 种微量元素来看，与上陆壳相比，中国土壤和中国水系沉积物均明显富集 Bi、Ag、As、Sb、B、Li，明显贫化 Sn、Mo、Be、Sr、Ni，其他元素含量变化并不明显。中国土壤与中国水系沉积物相比，32 种微量元素含量并未表现出明显差异。因此针对土壤和水系沉积物中元素含量的富集情况可采用同一标准来进行评价，建议选择中国水系沉积物中元素含量作为标准。

Sn 在上陆壳、中国土壤和中国水系沉积物中的含量分别为 5.5μg/g、2.5μg/g 和 3.0μg/g，三者之间表现出一定的差异，按照上述建议选择 3.0μg/g 作为锡含量的标准。

2.2.2 元素的边界品位

参考矿石的边界品位，将某经济矿种矿石的边界品位换算为对应元素的含量，并将该含量称为该元素的边界品位。如前文依据 DZ/T 0201—2002 行业标准中锡矿石的边界品位确定锡的边界品位为 1000μg/g。

依据 DZ/T 0199—2002 行业标准，铀矿床矿石的边界品位为 300μg/g，即铀的边界品位为 300μg/g。

依据 DZ/T 0200—2002 行业标准，铁矿石的边界品位为 20% TFe，对应 Fe_2O_3 的含量为 28.6%，即 Fe_2O_3 的边界品位为 28.6%。锰矿石的边界品位为 8%~15% Mn，对应锰的含量为 80000~150000μg/g，建议取最小值 80000μg/g 作为锰的边界品位。铬矿石的边界品位为 25% Cr_2O_3，对应铬的含量为 171000μg/g，即为铬的边界品位。

依据 DZ/T 0201—2002 行业标准，钨矿石的边界品位一般为 0.064%~0.1% WO_3，对应钨的含量为 507~793μg/g，建议取 507μg/g 作为钨的边界品位。汞矿石的边界品位为 0.04% Hg，即汞的边界品位为 400μg/g 或 400000ng/g。锑矿石的边界品位为 0.5%~0.7% Sb，对应锑的含量为 5000~7000μg/g，建议取锑的边界品位为 5000μg/g。

依据 DZ/T 0202—2002 行业标准，铝土矿的边界品位为 40% Al_2O_3，即为 Al_2O_3 的边界品位。菱镁矿的边界品位为 41% MgO，即为 MgO 的边界品位。

依据 DZ/T 0203—2002 行业标准，铍矿石的边界品位为 0.04%~0.07% BeO，对应铍的含量为 144~252μg/g，建议取 144μg/g 作为铍的边界品位。锂矿石的边界品位为 0.4%~0.7% Li_2O，对应锂的含量为 1858~3252μg/g，建议取 1858μg/g 作为锂的边界品位。风化壳锆矿床矿石的边界品位为 0.3% ZrO_2，而内生锆矿床矿石的边界品位为 3.0% ZrO_2，对应锆的含量为 2221μg/g 和 22210μg/g，建议取 2221μg/g 作为锆的边界品位。风化壳型铌钽矿床的矿石边界品位为 0.008%~0.010% $(Ta,Nb)_2O_5$，花岗岩类铌钽矿床的矿石边界品位为 0.012%~0.018% $(Ta,Nb)_2O_5$，原生铌矿床的边界品位为 0.05%~0.06% $(Ta,Nb)_2O_5$，这三者边界品位差异较大，考虑到钽的经济价值明显大于铌的经济价值，建议选择 0.05% Nb_2O_5 作为铌矿石的边界品位，对应铌的含量为 350μg/g，即为铌的边界品位。

依据 DZ/T 0204—2002 行业标准，离子吸附型轻稀土矿床的矿石边界品位为 0.05%~0.1% REE_2O_3，重稀土矿床的矿石边界品位为 0.03%~0.05% REE_2O_3，但原生稀土矿床矿石的边界品位为 0.5%~1.0% REE_2O_3，两种类型的边界品位差异较大。因此，建议选择 0.1% La_2O_3 作为镧矿石的边界品位，对应镧的含量为 853μg/g，即为镧的边界品位；选择 0.05% Y_2O_3 作为钇矿石的边界品位，对应钇的含量为 394μg/g，即为钇的边界品位。

依据 DZ/T 0205—2002 行业标准，岩金的边界品位为 1~2g/t，对应金的含量为 1000~2000ng/g，建议取金的边界品位为 1000ng/g。

依据 DZ/T 0209—2002 行业标准，磷矿石的边界品位为 5%~12% P_2O_5，对应磷的含量为 21831~52394μg/g，建议取磷的边界品位为 21831μg/g。

依据 DZ/T 0211—2002 行业标准，萤石矿床矿石的边界品位为 20% CaF_2，对应氟的含量为 97311μg/g，即为氟的边界品位。硼矿床矿石的边界品位为 3% B_2O_3，对应硼的含量为 9316μg/g，即为硼的边界品位。重晶石矿的边界品位为 30% $BaSO_4$，毒重石矿的边界品位为 20% $BaCO_3$，其对应钡的含量分别为 176500μg/g 和 139172μg/g，建议取钡的边界品位为 139172μg/g。

依据 DZ/T 0214—2002 行业标准，银矿石的边界品位为 40~50g/t，对应银的含量为 40000~50000ng/g，建议取银的边界品位为 40000ng/g。铜矿石的边界品位为 0.2%~0.3% Cu，对应铜的含量为 2000~3000μg/g，建议取铜的边界品位为 2000μg/g。铅矿石的边界品位为 0.3%~1% Pb，对应铅的含量为 3000~10000μg/g，建议取铅的边界品位为 3000μg/g。锌矿石的边界品位为 0.5%~2% Zn，对应锌的含量为 5000~20000μg/g，建议取锌的边界品位为 5000μg/g。镍矿石的边界品位为 0.2%~0.7% Ni，对应镍的含量为 2000~7000μg/g，建议取镍的边界品位为 2000μg/g。钼矿石的边界品位为 0.03%~0.05% Mo，对应钼的含量为 300~500μg/g，建议取钼的边界品位为 300μg/g。

依据《中国矿情 第二卷：金属矿产》（朱训等，1999），钴矿床矿石的边界品位为 0.02% Co，对应钴的含量为 200μg/g，即为钴的边界品位。锶矿床矿石的边界品位为 10% $SrSO_4$，对应锶的含量为 47701μg/g，即为锶的边界品位。钛磁铁矿矿床矿石的边界品位为 5% TiO_2，金红石的边界品位为 1% TiO_2，对应钛的含量分别为 29970μg/g 和 5994μg/g，选择 29970μg/g 作为钛的边界品位（不考虑金红石矿床）。钒矿床矿石的边界品位为 0.5%

V_2O_5，对应钒的含量为 2801μg/g，即为钒的边界品位。

铋矿床矿石的边界品位为 0.05% ~ 0.10% Bi（何周虎等，2004），对应铋的含量为 500~1000μg/g，建议取铋的边界品位为 500μg/g。

镉是分散元素，一般不形成工业富集，主要呈类质同象伴生于闪锌矿中，铅锌矿床一直是镉的最主要来源（叶霖等，2006）。依据 DZ/T 0214—2002 行业标准，铅锌矿床中伴生有用组分镉的工业品位为 0.01% Cd，对应镉的含量为 100μg/g 或 100000ng/g。在我国首次发现的独立镉矿床中镉含量比铅锌矿伴生镉的要高数十倍（刘铁庚等，2005）。鉴于镉与铅锌矿伴生的特性，建议选择 100000ng/g 作为镉的边界品位。

独居石型钍矿床（沉积型）的工业指标要求为大于 4% ThO_2（仇宝聚和张书成，2005），对应钍的含量为 35151μg/g。但岩浆岩型脉状钍矿石与变质岩型钍矿石的边界品位一般为 0.1% ThO_2（孟艳宁等，2013；仇宝聚和张书成，2005；Barthel 和 Dahlkamp，1992），对应钍的含量为 879μg/g，建议选择 879μg/g 作为钍的边界品位。

砷矿床一般为雄黄雌黄矿床、毒砂矿床及锑砷矿床和金砷矿床等。依据 DZ/T 0201—2002、DZ/T 0205—2002 行业标准，与锑矿、金矿伴生的砷边界品位为 0.2% As，对应砷的含量为 2000μg/g。在我国勘查地球化学教科书中（阮天健和朱有光，1985；蒋敬业等，2006；罗先熔等，2007），砷的最低可采品位为 2% As，对应砷的含量为 20000μg/g。熊先孝和黄巧（2000）对我国 25 个雄黄雌黄矿床（点）的研究指出，矿石中砷的含量可低至 1.31% As，对应砷的含量为 13100μg/g，建议选择 13100μg/g 作为砷的边界品位。

依据上述分析，我国区域化探水系沉积物所分析的 39 种元素或氧化物的边界品位见表 2-5，其中部分氧化物未给出边界品位值。

表 2-5 元素的边界品位

元素	Ag	As	Au	B	Ba	Be	Bi	Cd	Co	Cr	Cu	F	Hg
边界品位	40000	13100	1000	9316	139172	144	500	100000	200	171000	2000	97311	400000
含量单位	10^{-9}	10^{-6}	10^{-9}	10^{-6}	10^{-6}	10^{-6}	10^{-6}	10^{-9}	10^{-6}	10^{-6}	10^{-6}	10^{-6}	10^{-9}
元素	La	Li	Mn	Mo	Nb	Ni	P	Pb	Sb	Sn	Sr	Th	Ti
边界品位	853	1858	80000	300	350	2000	21831	3000	5000	1000	47701	879	29970
含量单位	10^{-6}	10^{-6}	10^{-6}	10^{-6}	10^{-6}	10^{-6}	10^{-6}	10^{-6}	10^{-6}	10^{-6}	10^{-6}	10^{-6}	10^{-6}
元素	U	V	W	Y	Zn	Zr	SiO_2	Al_2O_3	Fe_2O_3	K_2O	Na_2O	CaO	MgO
边界品位	300	2801	507	394	5000	2221	—	40	28.6	—	—	—	41
含量单位	10^{-6}	10^{-6}	10^{-6}	10^{-6}	10^{-6}	10^{-6}	10^{-2}	10^{-2}	10^{-2}	10^{-2}	10^{-2}	10^{-2}	10^{-2}

注：—代表未给出边界品位。

2.2.3 微量元素平均含量与富集系数的计算

研究区岩石、土壤、水系沉积物中微量元素变化范围通常也可达几个数量级。基于地球化学找矿的研究目的，建议选择微量元素含量的平均值来表征岩石、土壤、水系沉积物中元素的含量特征。因此，只要有样品中某元素含量出现异常高值，则表明该元素发生了明显富集，并不要求每件岩石、土壤、水系沉积物中明显富集该元素。其计算公式为

$$\overline{C} = \frac{1}{n} \sum_{i=1}^{n} C_i \qquad (2\text{-}1)$$

式中，$\overline{C}$ 为岩石、土壤、水系沉积物中微量元素含量的平均值；i 为样品数。

将研究区元素含量平均值除以其在中国水系沉积物中的含量值可获得富集系数，计算公式为

$$K = \frac{\overline{C}}{C_s} \qquad (2\text{-}2)$$

式中，K 为富集系数；$\overline{C}$ 为研究介质中微量元素含量的平均值；C_s 为中国水系沉积物中的元素含量值。

2.2.4 异常下限与异常分级

岩石、土壤和水系沉积物中微量元素异常下限的确定及其浓度分级是勘查地球化学的一个基本问题，同时也是勘查地球化学应用于矿产勘查时决定成败的一个关键性环节（李长江等，1999；韩东昱等，2004）。目前常用确定异常下限的方法可以划分为定值异常下限和变值异常下限两类。

2.2.4.1 定值异常下限

定值异常下限目前常用的确定方法可以划分为四类：均值方差法、累频法、分形法和标尺法。

（1）均值方差法是一种传统的确定地球化学异常下限的方法（吴锡生，1993；韩东昱等，2004；蒋敬业等，2006）。该方法的基本原理是基于微量元素在地球化学场中的背景分布接近正态分布或对数正态分布，若接近对数正态分布时可先将元素含量数据进行对数转换，然后再按照接近正态分布的模型来确定异常下限。一般采用数据的平均值与 2.5 倍标准差之和剔除离异数据（主要为高值数据），然后再计算剩余数据的平均值与标准差，继续采用平均值与 2.5 倍标准差之和剔除离异数据后再次计算平均值与标准差，重复此步骤直至再无数据可以剔除。采用最后计算获得的平均值与 2 倍标准差之和作为异常下限。该方法的缺点在于异常下限的确定仅取决于数据的分布特征，而与数据值整体的大小等无关，如有可能在矿区未圈出异常或在背景区圈出异常，对于不同研究区其异常下限不同，无法进行统一比较。尽管勘查数据分析（EDA，Exploratory Data Analysis）技术不需要假设数据服从某一分布，也不使用平均值和标准差，但它使用中位值、上下四分位值和极值（史长义，1993；吴锡生，1993），其实质仍相当于均值方差法。此外，确定异常下限的稳健统计法其实质也相当于均值方差法（周蒂和陈汉宗，1991；吴锡生，1993；李蒙文等，2006；戴慧敏等，2010）。

（2）累频法是目前绘制单元素地球化学图的常用方法，也是绘制地球化学异常图的方法之一（向运川等，2010；Yan 等，2021）。该方法的基本原理是首先假设研究区存在一定比例的异常，然后按比例来确定异常下限。一般将数据从小到大排序累频，若假设存在 15% 的异常则将累频 85% 所对应的值确定为异常下限。通常将累频 85%、92% 和 98% 对应的值作为异常外带、中带和内带的起始值。该方法的缺点在于异常下限的确定与数据值整体的大小等无关，有可能在背景区圈出异常或在矿区仅圈出少量异常，对于不同研究区其

异常下限不同，无法进行统一比较。

（3）分形法是目前科技论文中比较常用的确定异常下限的方法之一（Cheng 等，1994；Cheng，1995；李长江等，1999；韩东昱等，2004；李文昌等，2006；Deng 等，2010；陈聆等，2012）。该方法的基本原理是基于微量元素在地球化学场中的分布服从或接近分形分布或多重分形分布，然后再按照分形分布或多重分形分布特征来确定异常下限，具体确定方法可参考 Cheng 等（1994）、Cheng（1995）、李长江等（1999）、韩东昱等（2004）等文献。该方法的缺点同样在于异常下限的确定仅取决于数据的分布特征，而与数据值整体的大小等无关，如有可能在矿区未圈出异常或在背景区圈出异常，对于不同研究区其异常下限不同，无法进行统一比较。

（4）标尺法是为便于不同研究区进行异常对比而提出的。该方法的基本原理是选定一个基本标尺，依据该标尺确定异常下限。如佟依坤等（2014）提出以中国水系沉积物元素含量中位值为标尺，将 1.4 倍中国水系沉积物元素含量中位值作为异常下限。该方法的优点是不同研究区元素异常下限相同，可以进行统一比较，但其缺点是对于不同元素、不同地区均采用 1.4 倍标尺含量值欠妥。

由于本研究基于全国范围开展典型矿床地球化学建模，需要进行不同研究区的对比归纳分析，而上述均值方差法、累频法和分形法所确定的异常下限值不固定不能进行统一比较，因此在全国范围开展典型矿床地球化学建模研究需要采用统一的标准来确定元素的异常下限。

2.2.4.2 变值异常下限

目前常用的变值异常下限确定方法可以划分为两类：分区定值法和连续变化面法。

（1）分区定值法是在地质地理情况复杂且面积较大的地区将其划分成一些子区，然后在每一子区按照定值异常下限的方法分别确定异常下限，从整体来看异常下限是一个具有高低不同变化的阶梯面（史长义，1995；李宝强和孙泽坤，2004；李宝强等，2010）。在地球化学图或异常图制作中为消除这种阶梯效应通常引入地球化学数据误差校正的处理技术（石文杰等，2011；姚涛等，2011），但这种处理改变了元素含量的真实值，从一定程度上看这种校正处理是一种错误处理。即使不进行数据校正处理，分区定值法所确定的异常下限是一个具有高低不同变化的阶梯面，因此不同区域异常特征不具有对比性。分区确定异常下限然后计算其异常衬值，在整个区域采用统一异常衬值的数据处理技术其实质也是分区定值法。

（2）连续变化面法是把异常下限（或背景上限，或背景值）当作一个连续变化的地球化学面来看待，每一数据点具有自己的异常下限（史长义，1995），该方法主要包括滑动定值法、插值背景法和风化背景法。

1）滑动定值法的基本原理是以某一数据点为中心选取一适当大小的数据窗口（圆形或矩形），在这一窗口范围内采用定值方法确定该窗口范围的异常下限（或背景值）来作为该点的异常下限（或背景值），以同样大小的数据窗口逐点滑动依次逐点确定其异常下限（或背景值）。这一方法包括滑动平均衬值法（杜佩轩，1998；李宝强和孙泽坤，2004；李文昌等，2006；李宝强等，2010；邓远文等，2014）、滑动平均剩余值法（蒋敬业等，

2006；汤正江等，2011）、子区中位数衬值滤波法（史长义等，1999；费光春等，2008；赵宁博等，2012；Yan 等，2021）、子区自适应衬值滤波法（金俊杰和陈建国，2011）等。该方法的缺点在于窗口大小的确定存在不确定性，在所确定的窗口范围内通常会圈出一定量的异常造成异常接近均匀分布的特征，同样也有可能在矿区几乎未圈出异常或在背景区也圈出异常，对于不同研究区其异常下限无法进行统一比较。

2）插值背景法实质上是插值方法，在某一点插值时通常选择的数据搜索窗口比较大，将获得的插值结果代表该点的背景值，进而利用衬值或剩余值来圈定异常。上述滑动平均法、子区中位值法其实质是插值背景法的特例。通常采用的克里格插值（王振民等，2012）、趋势面插值（王小敏等，2010；范小军等，2012；李宾等，2012；王琨等，2012；张玲玲等，2014）、分形插值（韩东昱等，2004）等方法在选择窗口较大时即形成波动背景面，进而基于背景曲面来圈定异常下限曲面。该方法的缺点仍在于窗口大小的确定问题、异常接近均匀分布的问题，同样也有可能在矿区几乎未圈出异常或在背景区也圈出异常，对于不同研究区其异常下限无法进行统一比较。

3）风化背景法是 Gong 等（2013）在研究胶东玲珑花岗岩风化过程元素变化行为过程中提出的一种表征风化过程元素变化行为的经验方程，该经验方程基于样品的主量元素组成可计算出微量元素的含量，并将该含量作为背景值，进而可采用衬度或剩余值来圈定异常，具体确定方法可参考 Gong 等（2013）。该方法所确定的背景值仅与样品的性质（样品的主量元素组成）有关，虽然每一数据点的背景值不同，但采用衬值或剩余值所圈定的异常在不同地区具有可比性。该方法的不足之处在于经验方程尚需进一步完善，经验方程应能适用于不同岩性、不同风化程度、不同地球化学景观区、不同采样粒级等样品，这样才有可能在全国范围内开展对比研究。

2.2.4.3　定值七级异常划分方案

在全国范围内开展典型矿床地球化学建模研究，对元素异常下限及异常分级必须要有一个统一的标准才能进行对比研究。在上述定值异常下限分析中，只有标尺法才能满足需要。

佟依坤等（2014）所提出的确定元素异常下限的方法仅含有一个背景标尺，即选择中国水系沉积物元素含量中位值为标尺，或将 1.4 倍中国水系沉积物元素含量中位值作为异常下限。这只解决了异常下限的问题（尽管在全国范围内不能采用统一的定值来划定异常下限），尚不能满足异常分级的问题。刘崇民等（2000）在评价异常时提出将异常含量与边界品位联系起来才能客观地评价异常强度，因此元素异常分级时也应考虑元素背景值与边界品位的关系。基于背景值和边界品位的关系，全国矿产资源潜力评价化探工作组提出了元素的定值七级异常划分方案，并在全国钨矿典型矿床地球化学建模工作中得到了应用（夏旭丽，2014）。元素的定值七级异常划分方案具体表述如下。

设元素的背景值为 C_b(background concentration)，元素的边界品位为 C_g(cutoff grade)，则定义浓集系数 $K = C_g/C_b$。若 C_b 值取中国水系沉积物元素含量丰度值（见表 2-4），C_g 值取表 2-5 中元素的边界品位，在中国区域化探所分析的 39 种元素或氧化物中，除去 7 种氧化物外其余 32 种元素的浓集系数如图 2-2 所示。

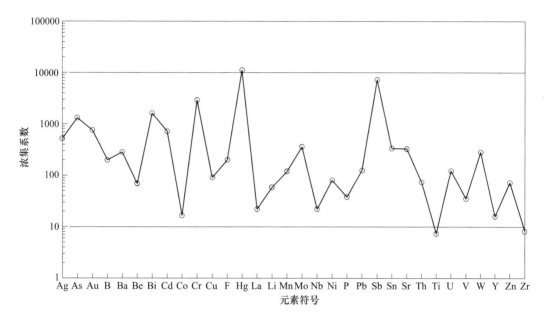

图 2-2 元素浓集系数

（浓集系数 = 边界品位/背景值，边界品位取自表 2-5，背景值取中国水系沉积物中元素含量值表 2-4）

在图 2-2 中，不同元素的浓集系数之间存在明显差异，浓集系数变化范围高达四个数量级以上。如 Hg、Sb 的浓集系数接近 10000，这表明 Hg、Sb 的异常含量变化可达四个数量级，因此在含量数据服从正态分布或对数正态分布两种类型中应倾向于对数正态分布。对于 Ti、Zr 而言，其浓集系数均小于 10，因此其含量数据分布更有可能服从正态分布。

针对上述 32 种微量元素，建议选择浓集系数值 10 为分界线，将浓集系数小于 10 的两种元素 Zr、Ti 其异常数据按照等差方式来进行异常分级，而对于其他 30 种元素则按照对数等差方式来进行异常分级。

针对对数等差方式进行七级异常划分时，设其对数等差为 Δ，则

$$\Delta = (\lg C_g - \lg C_b)/7 \tag{2-3}$$

由此可计算第 i 级异常的起始值 C_{ai} 为

$$C_{ai} = 10^{(\lg C_b + i \times \Delta)} \tag{2-4}$$

式中，i 为异常分级，当 $i = 1$ 时计算获得的 C_{a1}（或 C_a）即为异常下限，当 $i = 7$ 时计算获得的 $C_{a7}(= C_g)$ 即为边界品位。

同理，针对等差方式进行七级异常划分时（如 Zr、Ti 两元素），设其等差为 Δ，则

$$\Delta = (C_g - C_b)/7 \tag{2-5}$$

由此可计算第 i 级异常的起始值 C_{ai} 为

$$C_{ai} = C_b + i \times \Delta \tag{2-6}$$

式中，i 为异常分级，当 $i = 1$ 时计算获得的 C_{a1}（或 C_a）即为异常下限，当 $i = 7$ 时计算获得的 $C_{a7}(= C_g)$ 即为边界品位。

若 C_b 值取中国水系沉积物元素含量丰度值（见表 2-4），C_g 值取表 2-5 中元素的边界品位，中国区域化探所分析的 32 种微量元素的定值七级异常划分结果见表 2-6。

表 2-6 32 种元素的定值七级异常划分方案

元素	Ag	As	Au	B	Ba	Be	Bi	Cd	Co	Cr	Cu
背景值①	77	10	1.32	47	490	2.1	0.31	140	12.1	59	22
1 级异常②	188	28	3.4	100	1098	3.8	0.9	358	18	184	42
2 级异常	460	78	8.8	213	2461	7.0	2.6	915	27	575	80
3 级异常	1123	217	23	454	5516	13	7.3	2340	40	1797	152
4 级异常	2743	604	58	965	12363	24	21	5983	60	5613	289
5 级异常	6702	1685	150	2055	27707	43	61	15297	90	17531	551
6 级异常	16373	4698	388	4376	62097	79	174	39111	134	54753	1050
7 级异常③	40000	13100	1000	9316	139172	144	500	100000	200	171000	2000

元素	F	Hg	La	Li	Mn	Mo	Nb	Ni	P	Pb	Sb
背景值①	490	36	39	32	670	0.84	16	25	580	24	0.69
1 级异常②	1043	136	61	57	1327	1.9	25	47	974	48	2.5
2 级异常	2222	516	94	102	2627	4.5	39	87	1635	95	8.7
3 级异常	4732	1951	146	182	5203	10	60	164	2746	190	31
4 级异常	10077	7382	227	326	10302	24	93	306	4611	379	111
5 级异常	21459	27934	353	582	20401	56	145	572	7743	755	395
6 级异常	45696	105705	549	1040	40399	130	225	1069	13001	1505	1405
7 级异常③	97311	400000	853	1858	80000	300	350	2000	21831	3000	5000

元素	Sn	Sr	Th	U	V	W	Y	Zn		Zr	Ti
背景值①	3	145	11.9	2.45	80	1.8	25	70		270	4105
1 级异常②	6.9	332	22	4.9	133	4.0	37	129		549	7800
2 级异常	16	760	41	10	221	9.0	55	237		827	11495
3 级异常	36	1738	75	19	367	20	82	436		1106	15190
4 级异常	83	3979	139	38	610	45	121	803		1385	18885
5 级异常	190	9106	257	76	1014	101	179	1477		1664	22580
6 级异常	436	20842	475	151	1685	226	266	2717		1942	26275
7 级异常③	1000	47701	879	300	2801	507	394	5000		2221	29970

①背景值取自中国水系沉积物元素含量中位值（迟清华和鄢明才，2007），Au、Ag、Cd、Hg 的含量单位为 ng/g，其他元素的含量单位为 μg/g；②第 1 级异常为异常下限；③第 7 级异常为边界品位。

当所研究元素的背景值（C_b）和边界品位（C_g）发生改变时，其对应的七级异常划分起始值也将发生相应改变。在一定时期内（如经济和技术条件未发生重大改变时），元素的边界品位（C_g）值可以认为是定值。在较大区域内（如全国范围内），元素的背景值（C_b）一般会发生改变，即形成元素背景含量曲线。若每一数据点的元素背景值不同，其对应的七级异常划分起始值也不同，即每一数据点将拥有自己的七级异常划分标准，此时的七级异常划分方案可称为变值七级异常划分方案。表 2-6 中的值仅供在小范围内其背景值接近中国水系沉积物丰度值时进行定值七级异常划分参考。

2.2.4.4 变值七级异常划分方案

在胶东玲珑花岗岩风化背景经验方程研究的基础上，Gong 等（2015）在全国不同地球化学景观区基于 13 个风化剖面中元素含量行为提出了适用于不同岩性（包括玄武岩、安山岩、花岗闪长岩、花岗岩、千枚岩、片岩、白云岩、灰岩）、不同采样粒级（从小于4750μm（4 目）到小于 150μm（100 目）划分 5 个区间）、不同地球化学景观区（温带半湿润季风区、温带季风区、温带半湿润区、亚热带气候区、亚热带季风区、亚热带潮湿气候区、热带气候区）、不同风化程度（从基岩到红土）的风化背景经验方程。采用 WIG、$w(Al_2O_3)/w(Ti)$ 和 $w(K_2O)/w(SiO_2)$ 三个风化指标侧重表征风化程度、母岩岩性及强烈风化差异等信息，具体经验方程为：

$$\lg(C) = A \times (1.2 - WIG/100) + B \times \lg[w(Al_2O_3)/w(Ti)] +$$
$$C \times \lg[w(K_2O)/w(SiO_2)] + D \tag{2-7}$$

式中，C 为微量元素的含量，除 Au、Ag、Cd、Hg 单位为 ng/g 外，其他元素单位均为 μg/g；WIG 为风化指标，限制在小于 120；Al_2O_3、K_2O、SiO_2 的含量单位为%；Ti 的含量单位为 μg/g；A、B、C、D 为经验方程的拟合参数。

拟合经验方程时所使用的数据其 SiO_2 含量变化在 14%~80%，$10000 \times Al_2O_3/Ti$ 值变化在 8~160。拟合的经验方程参数见表 2-7。

表 2-7 确定微量元素含量背景值经验方程的系数（适用于 $WIG<120$）

元素	A	B	C	D	元素	A	B	C	D
As	2.057	−0.468	0	−1.836	Pb	0.671	0.452	0.346	2.484
B	2.087	−0.689	0	−1.776	Sb	1.317	−0.287	0	−1.879
Ba	−1.044	0.588	0	4.938	Sn	0.724	−0.612	0.227	−1.255
Be	0.401	−0.555	0.597	−0.451	Sr	−1.413	0.334	0.494	4.788
Bi	1.582	−1.244	0	−4.88	Th	1.045	0	0.39	0.749
Cd	0.589	−0.993	0.589	0	U	1.416	−0.365	0.615	−0.749
Co	0.592	−0.821	0	−1.191	V	0.949	−1.044	0.337	−0.743
Cr	1.135	−1.304	0.243	−1.88	W	1.161	−0.355	0	−1.519
Cu	1.342	−0.786	0.23	−1.096	Y	0.603	−1.095	0.539	−1.031
F	0.207	−1.254	0.259	−1.031	Zn	0.952	−0.495	0.436	0.674
Hg	1.622	−1.074	0	−2.47	Zr	0.301	−0.117	0	1.759
La	0.592	−0.709	0.393	0	Au	1.882	0.343	0	0
Li	0.933	−0.748	0.265	−0.631	Ag	0.231	−0.651	0	0
Mo	1.385	0	0	−1.028	Ti	0	0	0	4105
Nb	0.732	−0.365	0	−0.275	P	0	0	0	580
Ni	1.338	−0.749	0	−1.305	Mn	0	0	0	670

注：表中 27 种元素的经验方程据 Gong 等（2015）；Au 和 Ag 两元素为新增经验方程；Ti、P、Mn 按照中国水系沉积物中位值数据取定值背景，也适用于 $WIG>120$ 时。

在 Gong 等（2015）研究的基础上，本研究在表 2-7 中新增 Au、Ag 两元素的经验方程。Ti、P、Mn 三元素在岩石、土壤和水系沉积物中含量较高，如在岩石地球化学数据分析中这三种元素通常采用氧化物形式表示，基本上可将其视为主量元素。此处不研究主量元素与风化指数的定量关系，因为上述风化指数的构建也是基于主量元素含量。鉴于此，将这三种元素在中国水系沉积物中的中位值取为背景值，在全国范围内可采用定值异常下限来进行异常分级见表 2-6 和表 2-7。

表 2-7 中的经验方程仅适用于 WIG<120 的情况。当 WIG>120 时，即可能样品中存在较多的碳酸盐岩时，微量元素除 Sr、Ba 含量明显增高外，其他 27 种微量元素含量一般均明显降低。对于 WIG>120 的这种情况，本研究建议取上述拟合经验方程所使用数据集中 27 种微量元素各自的最小预测值作为其异常下限，取 Sr、Ba 的最大预测值作为各自的异常下限。即 WIG>120 时在全国范围内可采用定值异常下限来进行异常分级。在 WIG>120 时 29 种微量元素的定值异常下限见表 2-8。

表 2-8　微量元素的背景值（适用于 WIG>120）

元素	背景值	元素	背景值	元素	背景值	元素	背景值	元素	背景值
As	0.3	Co	3	Li	4.1	Sn	0.55	Y	3
B	0.9	Cr	3	Mo	0.10	Sr	1490	Zn	18
Ba	3588	Cu	3	Nb	4	Th	1.1	Zr	111
Be	0.75	F	93	Ni	3	U	0.12	Au	0.2
Bi	0.01	Hg	1.0	Pb	5	V	9	Ag	17
Cd	15	La	8.3	Sb	0.08	W	0.3		

注：Au、Ag、Cd、Hg 的背景值单位为 ng/g；其他元素的背景值单位为 μg/g。

在本研究基于 1∶200000 区域化探数据制作典型矿床异常剖析图时，每一数据点的背景值采用表 2-7 和表 2-8 中的经验方程来确定，边界品位采用表 2-5 中的数据，异常分级采用变值七级异常划分方案开展工作，即采用变值七级异常划分方案来编制地球化学异常剖析图。

在中国地质调查局开发的 GeoExpl 软件中，本研究划分的 1~7 级异常其对应的着色编号为 271~277。

2.2.5　元素的地球化学分类

为了便于描述区域化探所分析的 39 种元素，本研究对这 39 种元素进行了地球化学分类，如图 2-3 所示。

元素的地球化学分类的原则主要有两条：（1）将元素划分为主量元素和微量元素两大类。因主量元素成矿重点关注其是否达到工业品位，而其异常分级并不重要。但微量元素在成矿过程中经常形成广泛的晕（如原生晕、次生晕、分散晕等），而晕的发现明显要比矿体的发现容易得多。（2）对微量元素按照热液成矿过程和岩浆演化过程再进行细分，因为地球化学找矿有效的金属元素其成矿过程基本以热液过程和岩浆过程为主导。

依据元素在介质（岩石、土壤和水系沉积物）中的含量，将 SiO_2、Al_2O_3、Fe_2O_3、K_2O、Na_2O、CaO、MgO 七种氧化物和 Ti、P、Mn 三种元素共计 10 种称为主量元素。这与岩石地球化学中的划分方法一致，因在岩石地球化学分析中，Ti、P、Mn 三种元素经常以氧化物的形式（TiO_2、P_2O_5、MnO）给出分析结果。在成矿（或找矿）指示元素组合研究中，不讨论这 10 种主量元素（仅为微量元素研究提供样品化学组成的参考）。

将 W、Sn、Mo、Bi、Cu、Pb、Zn、Cd、Au、Ag、As、Sb、Hg 这 13 种元素称为热液成矿元素。因为这 13 种元素不仅经常在热液成矿过程中发生显著富集，而且在中国区域化探异常查证（如 1∶50000 或更大比例尺的化探普查与详查）中经常被选为分析元素。

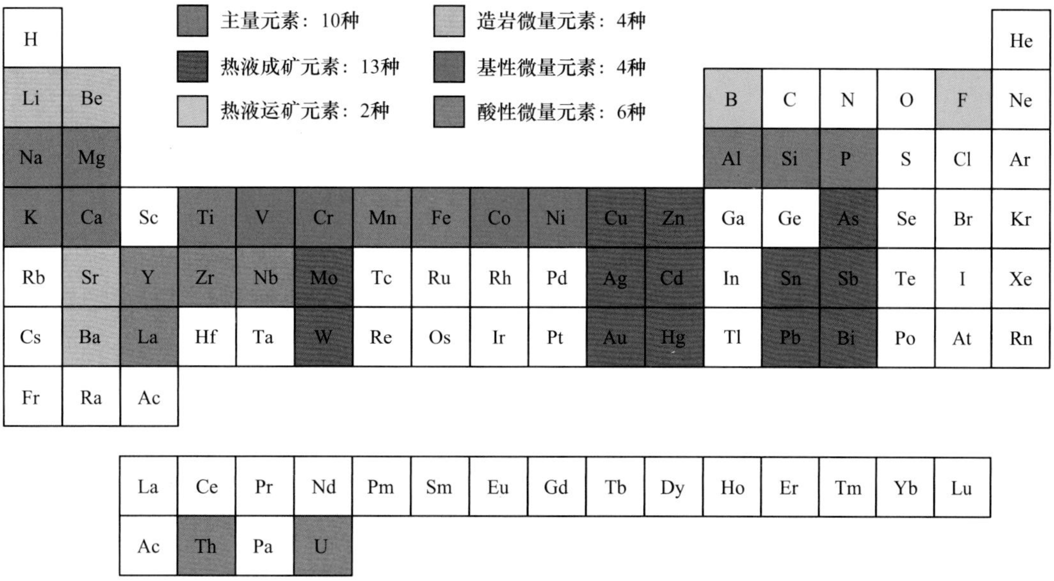

		主量元素: 10种			造岩微量元素: 4种								He
		热液成矿元素: 13种			基性微量元素: 4种								
		热液运矿元素: 2种			酸性微量元素: 6种								

图 2-3 区域化探 39 种元素的地球化学分类

将 B、F 两元素称为热液运矿元素，因金属成矿元素可与其形成配合物而在热液流体中迁移。

将 Li、Be、Sr、Ba 四元素称为造岩微量元素，因其经常以类质同象的形式富集在主量元素 K、Na、Ca、Mg 所形成的造岩矿物中。

将 V、Cr、Co、Ni 四元素称为基性微量元素，因其在基性岩浆岩中发生明显富集。

将 Zr、Nb、Th、U、La、Y 六种元素称为酸性微量元素，因其在酸性岩浆岩中发生明显富集。

对于区域化探所分析的 39 种元素以外的其他元素，此处暂不对其进行分类探讨。

3 典型锡矿床建模实例

本研究选择 15 个典型锡矿开展地质地球化学找矿模型研究，为总结归纳锡矿床地球化学找矿模型准备实例素材。由于所收集的资料详尽程度不同，除地质特征外典型矿床包含 1∶200000 区域化探资料和矿区岩矿石元素含量测试数据。本章按照典型锡矿床的矿床编号顺序分节论述。

3.1 内蒙古林西黄岗锡铁多金属矿床

3.1.1 矿床基本信息

表 3-1 为内蒙古林西黄岗锡铁多金属矿床基本信息表。

表 3-1 内蒙古林西黄岗锡铁多金属矿床基本信息表[①]

序号	项目名称	项目描述	序号	项目名称	项目描述
0	矿床编号	152301	4	矿床规模	超大型
1	经济矿种	锡、铁、钨、锌等	5	主矿种资源量	45.6[②]
2	矿床名称	内蒙古林西黄岗锡铁多金属矿床	6	伴生矿种资源量	1.8 Fe，5.4 W，11.6 Zn，1.6 Cu
3	行政隶属地	内蒙古自治区赤峰市林西县	7	矿体出露状态	出露

①同表 2-1 标注；②经济矿种资源量数据引自地质勘探报告（内蒙古第三地质大队，1983）。

3.1.2 矿床地质特征

3.1.2.1 区域地质特征

内蒙古林西黄岗锡铁多金属矿床位于内蒙古自治区赤峰市林西县境内，南距克什克腾旗经棚镇 30km，北距黄岗梁林场场部 5km（牛会良，2013）。在成矿带划分上黄岗矿床位于大兴安岭成矿省突泉-翁牛特成矿带（徐志刚等，2008）。

区域内出露地层有二叠系、侏罗系、新近系和第四系，如图 3-1 所示。区域内地层大多呈北东向展布，下二叠统碳酸盐岩为主要赋矿建造（白大明等，2011）。

区域内岩浆岩发育。侵入岩主要以燕山期花岗岩类为主，有少量中酸性岩类。花岗岩体以区域东南部的黄岗山岩体和区域西北部的北大山岩体为主。区域北部出露有转子山花岗闪长岩体，区域中部出露有黄岗梁花岗岩株。

区域构造线整体呈北东向展布，以断裂构造为主。北东向断裂系贯通全区，规模大者长达百余千米。区域中部发育北西向断裂，与北东向断裂系交错（周振华等，2011a）。区内褶皱构造总体表现为一系列北北东向的短轴背向斜（苏亭，2014）。

区域内矿产资源以锡、铁为主，代表性矿床为黄岗锡铁多金属矿床，在区域外的北东

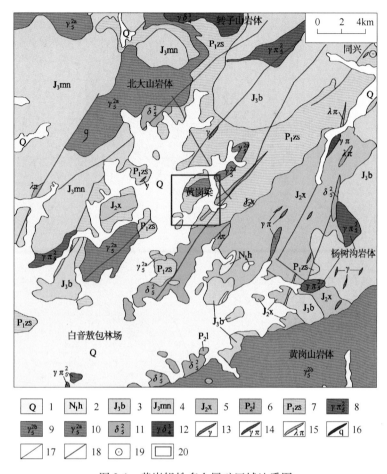

图 3-1 黄岗锡铁多金属矿区域地质图

（据中国地质调查局 1：200000 地质图修编，下文 1：200000 地球化学剖析图采用此范围）

1—第四系残坡积物及冲积物；2—新近系中新统汉诺坝组玄武岩、橄榄玄武岩；
3—上侏罗统白音高老组晶屑、岩屑凝灰熔岩、流纹岩；4—上侏罗统玛尼组安山岩；
5—中侏罗统新民组凝灰质粉砂岩、凝灰岩、砂岩、凝灰质砂砾岩、煤；
6—上二叠统林西组粉砂质板岩、泥岩、页岩、变质砂岩；7—下二叠统哲斯组凝灰质粉砂岩、
大理岩、岩屑晶屑凝灰岩；8—侏罗系花岗斑岩；9—侏罗系晚期花岗岩；10—侏罗系早期花岗岩；
11—侏罗系闪长岩、闪长玢岩；12—二叠统花岗闪长岩；13—花岗岩脉；14—花岗斑岩脉；
15—石英斑岩脉、流纹斑岩脉；16—石英脉；17—岩性界线；18—断层；19—地名；20—黄岗矿区范围

及南西方向有部分铁、锡、锌矿点（徐洪波等，2011）。

3.1.2.2 矿区地质特征

矿区出露地层比较简单，主要为下二叠统哲斯组凝灰质粉砂岩、大理岩、岩屑晶屑凝灰岩和更新统残坡积物及冲积物（见图 3-2；周振华等，2011a）。下二叠统哲斯组的大理岩和结晶灰岩是黄岗锡铁多金属矿床的主要赋矿建造（白大明等，2011）。

矿区内侵入岩主要为黄岗梁花岗岩株，其岩性以似斑状钾长花岗岩为主（周振华，2011）。黄岗梁花岗岩体中 LA-ICP-MS 锆石 U-Pb 年龄为（139.96 ±0.87）Ma（翟德高等，2012），即黄岗梁花岗岩体的成岩年龄约 140Ma。

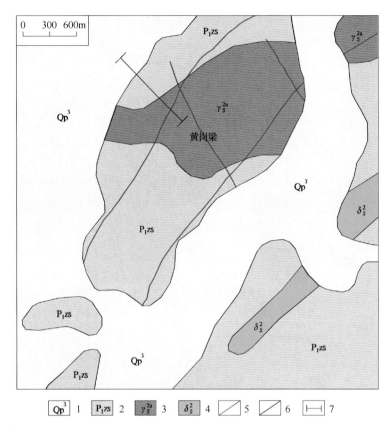

图 3-2 黄岗锡矿矿区地质图

(据中国地质调查局 1∶200000 地质图修编，下文 1∶50000 地球化学剖析图采用此范围)

1—第四系残坡积物及冲积物；2—下二叠统哲斯组凝灰质粉砂岩、大理岩、岩屑晶屑凝灰岩；

3—侏罗系早期花岗岩；4—侏罗系闪长岩、闪长玢岩；5—岩性界线；6—断层；7—勘探线位置

  矿区内断裂构造以北东向为主导，其次为北西向。区内褶皱表现为由下二叠统哲斯组地层组成的轴部北东向的复背斜，其轴部虚脱部位的大理岩或结晶灰岩是赋矿的有利场所（白大明等，2011）。

  3.1.2.3 矿体地质特征

  A 矿体特征

  黄岗锡铁多金属矿床矿体主要产于黄岗梁钾长花岗岩与下二叠统哲斯组接触带矽卡岩中，矿体呈层状、似层状、透镜状（见图 3-3）沿北东向和近东西向断续延伸，与地层产状基本一致，具有明显层控特征（周振华等，2010a；周振华，2011）。

  黄岗矽卡岩型矿体中 5 件辉钼矿样品 Re-Os 同位素模式年龄为（134.6 ±2.0）~（136.5±1.9）Ma，加权平均年龄为（135.31±0.85）Ma（周振华等，2010a），即黄岗锡铁多金属矿床的成矿年龄约 135Ma。

  B 矿石特征

  黄岗锡铁多金属矿床矿石类型主要为矽卡岩型。矿石中金属矿物主要有锡石、磁铁矿、白钨矿，其次为辉钼矿、闪锌矿、黄铜矿和黄铁矿等；脉石矿物主要有石榴石、角闪

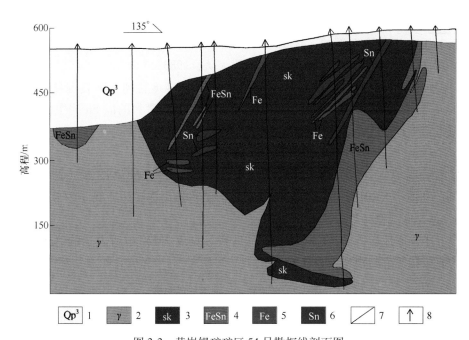

图 3-3 黄岗锡矿矿区 54 号勘探线剖面图

(据内蒙古第三地质大队（1984））

1—第四系残坡积物及冲积物；2—花岗岩脉；3—矽卡岩；4—锡铁矿脉；

5—铁矿脉；6—锡矿脉；7—岩性界线；8—钻孔

石、萤石、方解石、石英、绿帘石、绿泥石、阳起石和金云母等（周振华等，2010a）。

矿石结构主要有自形、半自形、他形粒状结构、花岗变晶结构、假象结构和环带结构等。矿石构造主要有块状构造、浸染状构造、条带状构造、角砾状构造和斑杂状构造等（周振华，2011）。

C　围岩蚀变

矿区内蚀变类型主要有矽卡岩化、硅化、角岩化、钠长石化、绿泥石化、绿帘石化、绢云母化、萤石化和碳酸盐化等，其中以矽卡岩化最为重要和普遍。矽卡岩主要发育在花岗岩体的外接触带，呈似层状及透镜状，沿倾向多不规则，有膨缩现象，与地层产状基本一致（周振华，2011）。

3.1.2.4　勘查开发概况

黄岗锡铁矿的发现和研究历史较早，早在 1959 年，北京煤校填制 1∶100000 地质草图时发现矿区内的磁铁矿露头。20 世纪 60 年代陆续开展了地质调查和勘探工作。1971～1973 年，东北地质科学研究所系统地论述了黄岗铁矿的形成和分布规律，从褶皱形态和岩浆作用的关系、成矿的有利围岩条件、断裂构造、花岗岩侵入与控矿构造关系等几个方面进行了总结，认为有利围岩是主要的因素。1977 年，辽宁省物测大队为扩大黄岗铁矿储量，完成了 1∶5000 航磁测量 20km²，查明了低缓异常的含矿性，并提交《辽宁省昭盟克旗（克什克腾旗）黄岗铁矿 1977 年物探工作报告》。1980 年，地质部沈阳地矿研究所提交了《昭盟北部黄岗式铁（锡）矿床成矿规律及其远景》报告，研究了黄岗矿床的成因类型，认为矿床成因类型属于层控-接触交代矽卡岩型矿床。1983 年，经内蒙古地质局审查，批准铁矿石储量 C 级 4626.6 万吨、D 级 4519.3 万吨，批准 D 级储量锡 29.3 万吨、氧化钨 5.3 万吨、砷 19.5 万吨、锌 10.5 万吨、铜 1.4 万吨，另外还批准了氧化铍、钼、镓、铜、镉、锗等表外储量（内蒙古第三地质大队，1983）。

黄岗矿区累计提交 Sn 金属量 45.6 万吨、Fe 矿石量 1.8 亿吨、W 资源量 5.4 万吨、Zn 金属量 11.6 万吨、Cu 金属量 1.6 万吨，是我国长江以北最大的以 Sn 为主的多金属共生矿（内蒙古第三地质大队，1983）。

3.1.2.5 矿床类型

根据王长明等（2007）、周振华等（2010b，2011b）、徐洪波等（2011）、翟德高等（2012）和苏亭（2014）的研究成果，认为内蒙古黄岗锡矿床应属于矽卡岩型矿床。

3.1.2.6 地质特征简表

综合上述矿床地质特征，除矿床基本信息表（见表 3-1）中所表达的信息以外，黄岗锡矿床的地质特征可归纳列入表 3-2 中。

表 3-2 黄岗锡矿床地质特征简表

序号	项目名称	项目描述	序号	项目名称	项目描述
10	赋矿地层时代	下二叠统	16	矿石类型	矽卡岩型
11	赋矿地层岩性	大理岩、灰岩	17	成矿年龄/Ma	135
12	相关岩体岩性	钾长花岗岩	18	矿石矿物	锡石、磁铁矿、白钨矿、黄铜矿、闪锌矿等
13	相关岩体年龄/Ma	140	19	围岩蚀变	矽卡岩化、硅化、绢云母化、萤石化、碳酸盐化、绿泥石化、绿帘石化等
14	是否断裂控矿	否			
15	矿体形态	层状、似层状、透镜状	20	矿床类型	矽卡岩型

注：序号从 10 开始是为了和数据库保持一致。

3.1.3 地球化学特征

3.1.3.1 区域化探

A 元素含量统计参数

本研究收集到研究区内 1∶200000 水系沉积物 239 件样品的 39 种元素含量数据。计算水系沉积物中元素平均值相对其在中国水系沉积物（CSS）中的富集系数，将其地球化学统计参数列于表 3-3 中。

表 3-3 研究区 1∶200000 区域化探元素含量[①]统计参数

元素	Ag	As	Au	B	Ba	Be	Bi	Cd	Co	Cr	Cu	F	Hg
最大值	9480	1216	7	560	1532	32	66.2	3422	34.1	162	419	23000	260
最小值	10	4.1	0.41	2.5	45.5	0.7	0.05	13	0.8	0.9	2.29	130	1
中位数	120	38	0.77	44	497	2.8	0.53	115	6.3	19.3	13.3	540	4
平均值	195	80.6	0.9	73	488	3.9	2.9	182	7.3	27.4	20.0	1018	10.3
标准差	627	136	0.5	86	195	3.5	7.8	328	4.8	25.8	35.2	2215	24.6
富集系数[②]	8.15	13.6	0.39	1.82	0.40	1.66	25.1	2.34	0.40	0.44	1.60	4.52	0.68

续表 3-3

元素	La	Li	Mo	Nb	Ni	Pb	Sb	Sn	Sr	Th	U	V	W
最大值	210	249	11.8	30.3	78.3	6125	21.7	600	378	66.9	7.47	213	860
最小值	3.0	14.3	0.10	7.2	0.9	7.6	0.18	0.6	13.6	3.5	0.88	1.5	0.5
中位数	27.9	48.2	1.03	14.6	10.7	26	1.57	7.0	119	15.4	2.33	47.1	3.1
平均值	30.7	55.7	1.51	15.4	13.1	82	2.29	19.9	125	15.8	2.57	56.3	12
标准差	16.5	31.6	1.70	4.2	9.7	555	2.56	59.4	76	6.3	1.09	42.5	77
富集系数②	0.42	0.99	2.03	0.26	0.39	23.1	3.71	19.8	0.53	0.53	0.44	0.53	43.0

元素	Y	Zn	Zr	SiO_2	Al_2O_3	Fe_2O_3	K_2O	Na_2O	CaO	MgO	Ti	P	Mn
最大值	62.2	7606	483	81.33	18.14	20.00	9.20	4.73	28.90	4.24	10041	1264	3867
最小值	11	0.1	80	35.76	7.64	1.10	0.87	0.59	0.17	0.08	204	31	80
中位数	29.5	95	209	70.80	13.32	3.46	3.37	2.64	0.81	0.67	2335	378	651
平均值	30.3	153	215	69.88	13.30	3.77	3.35	2.65	1.22	0.92	2464	397	710
标准差	7.3	527	56	5.25	1.60	1.88	1.00	0.67	2.24	0.87	1439	220	508
富集系数②	0.29	7.52	0.21	0.08	0.13	0.42		0.51	1.25	0.63	0.35	0.38	0.76

①元素含量的单位见表 2-4；②富集系数 = 平均值/CSS，CSS（中国水系沉积物）数据详见表 2-4。

与中国水系沉积物相比，研究区内微量元素富集系数介于 10~100 之间的有 W、Bi、Pb、Sn、As，介于 3~10 之间的有 Ag、Zn、F、Sb，介于 2~3 之间的有 Cd、Mo，介于 1.2~2 之间 的有 B、Be、Cu。富集系数大于 1.2 的微量元素共计 14 种，其中热液成矿元素有 Sn、W、Mo、Bi、Cu、Pb、Zn、Cd、Ag、As、Sb 计 11 种，热液运矿元素有 B 和 F，造岩微量元素有 Be。

在研究区内发育黄岗大型锡铁多金属矿床（伴生钨、锌），上述 Sn、W、Zn 的富集系数分别为 19.8、43.0 和 7.52。

B 地球化学异常剖析图

依据研究区内 1∶200000 化探数据，采用全国变值七级异常划分方案制作 29 种微量元素的单元素地球化学异常图，其异常分级结果见表 3-4。

表 3-4 黄岗矿区 1∶200000 区域化探元素异常分级

元素	Ag	As	Au	B	Ba	Be	Bi	Cd	Co	Cr	Cu	F	Hg	La	Li	Mo	Nb	Ni	Pb	Sb	Sn	Sr	Th	U	V	W	Y	Zn	Zr
异常分级	2	3	0	3	0	2	3	0	0	0	3	3	0	2	2	3	0	0	0	3	3	0	2	2	2	2	3	2	0

注：0 代表在黄岗矿区基本不存在异常，不作为找矿指示元素。

从表 3-4 可以看出，在黄岗矿区存在异常的热液成矿元素有 W、Sn、Mo、Bi、Cu、Zn、Ag、As、Sb，计 9 种；热液运矿元素有 B 和 F；造岩微量元素有 Li 和 Be；酸性微量元素有 Th、U、La、Y；基性微量元素有 V，共计 18 种元素。这 18 种元素在研究区内的地球化学异常剖析图如图 3-4 所示。

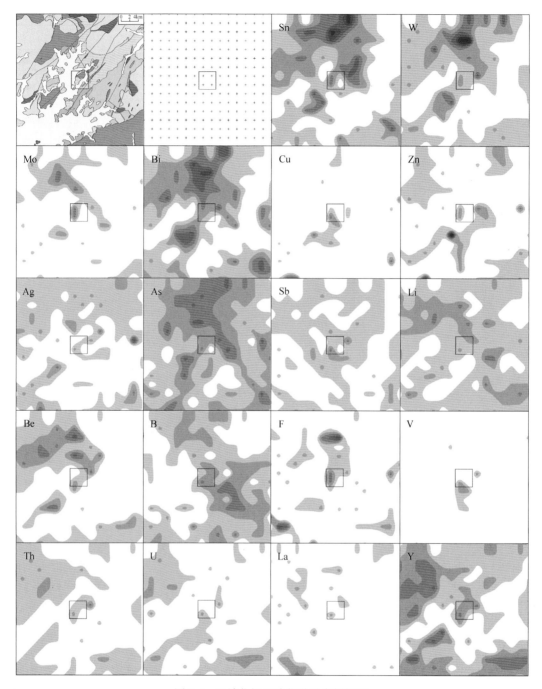

图 3-4   区域化探地球化学异常剖析图
(地质图为图 3-1 黄岗梁锡矿区域地质图)

上述 18 种元素可以作为黄岗锡铁多金属矿在区域化探工作阶段的找矿指示元素组合。在这 18 种元素中，Sn、Mo、Bi、Cu、As、Sb、B、F、Y 具有 3 级异常，W、Zn、Ag、Li、Be、La、Th、U、V 具有 2 级异常。由此看出，这种组合元素多的异常特征与黄岗多金属矿床的经济矿种及矿体呈出露状态相一致。

3.1.3.2 岩石地球化学勘查

A 元素含量统计参数

本研究收集到黄岗矿区岩石 79 件样品的 21 种元素含量数据（内蒙古第三地质大队，1983；内蒙古第三地质大队，1987；内蒙古自治区地质矿产勘查开发局，1998），其中不同类型的蚀变岩 20 件，较新鲜围岩岩石 59 件。计算岩石中元素平均值相对其在中国水系沉积物（CSS）中的富集系数，将其地球化学统计参数列于表 3-5 中。选择中国水系沉积物（CSS）作为比较的标准主要是便于与土壤、水系沉积物中元素富集系数的值进行对比，故没有选择上陆壳或其他岩石来作标准。

表 3-5　矿区岩石样品元素含量①统计参数②

元素	Ag	As	Au	B	Ba	Be	Bi	Cd	Co	Cr	Cu	F	Hg	La	Li
最大值		90			888	20.7			43	333	190			209	84.6
最小值		3.0			17.6	0.9			0.82	1.93	3.0			4.1	9.0
中位值		17.5			108	6.97			4	22.2	34			103	42.6
平均值		25.6			218	8.0			9.8	46.8	42.2			88.7	42.2
标准差		23.0			236	6.1			12.1	77.5	36.1			69.6	24.2
富集系数③		2.56			0.45	3.81			0.81	0.79	1.92			2.27	1.32
元素	Mo	Nb	Ni	Pb	Sb	Sn	Sr	Th	U	V	W	Y	Zn	Zr	
最大值	11	56.1	200	174		814	672	65.5	10.6	343	72	30.1	276	645	
最小值	0.7	8.5	1.0	13		1.0	7.04	2.8	4.8	1.4	0.9	5.2	16	88	
中位值	3.0	25.5	5.99	31		10	42.4	34.1	7.62	32.8	19	14.5	130	219	
平均值	3.99	25.3	26.2	49.0		36.0	127	34.0	7.56	80.3	23.6	14.6	129	246	
标准差	3.36	13.8	48.0	45.9		127.9	195	17.7	2.42	94.5	19.8	7.7	63	166	
富集系数③	4.75	1.58	1.05	2.04		11.9	0.88	2.86	3.09	1.00	13.1	0.59	1.85	0.91	

①元素含量的单位见表 2-4；②数据引自内蒙古第三地质大队（1983，1987）、内蒙古自治区地质矿产勘查开发局（1998）；③富集系数=平均值/CSS，CSS（中国水系沉积物）数据详见表 2-4。

与中国水系沉积物相比，矿区岩石微量元素富集系数介于 10~100 之间的元素有 Sn、W，介于 3~10 之间的元素有 Mo、Be、U，介于 2~3 之间的元素有 Th、As、La、Pb，介于 1.2~2 之间的元素有 Cu、Zn、Nb、Li。富集系数大于 1.2 的微量元素 13 种，其中热液成矿元素有 Sn、W、Mo、As、Cu、Pb、Zn 计 7 种，造岩微量元素有 Li、Be，酸性微量元素有 Nb、La、Th、U。

在研究区内发育黄岗大型锡铁多金属矿床，并伴生钨，上述 Sn、W 的富集系数分别为 11.9 和 13.1。

B 地球化学异常剖面图

由于收集资料的局限性，本研究未能制作出矿区地球化学异常剖面图。本研究在矿区范围内所收集的岩石有蚀变岩和较新鲜的围岩样品，元素含量可采用平均值来表征，该平均值的大小取决于所收集岩石中蚀变相对较新鲜围岩岩石的多少。

依据上述矿区岩石中元素含量的平均值，采用全国定值七级异常划分方案评定 21 种微量元素的异常分级，结果见表 3-6。

表3-6　黄岗梁矿区岩矿石中元素异常分级

元素	Ag	As	Au	B	Ba	Be	Bi	Cd	Co	Cr	Cu	F	Hg	La	Li	Mo	Nb	Ni	Pb	Sb	Sn	Sr	Th	U	V	W	Y	Zn	Zr
异常分级	0			0	2			0	0	1				1	0	1	1	0	1		3	0	1	1	0	3	0	1	0

注：0代表在黄岗梁矿区基本不存在异常，不作为找矿指示元素。

从表3-6可以看出，在黄岗矿区存在异常的微量元素有Sn、W、Mo、Cu、Pb、Zn、Be、La、Nb、Th、U共计11种，这11种元素可作为黄岗锡铁多金属矿床在岩石地球化学勘查工作阶段的找矿指示元素组合。在这11种元素中，Sn、W具有3级异常，Be具有2级异常，Mo、Cu、Pb、Zn、La、Nb、Th、U具有1级异常。

3.1.3.3　勘查地化特征简表

综合上述勘查地球化学特征，内蒙古黄岗锡铁矿床的勘查地球化学特征可归纳列入表3-7中。

表3-7　内蒙古黄岗锡铁矿床勘查地球化学特征简表

矿床编号	项目名称	Ag	As	Au	B	Ba	Be	Bi	Cd	Co	Cr	Cu	F	Hg	La	Li
152301	区域富集系数	8.15	13.6	0.39	1.82	0.40	1.66	25.1	2.34	0.40	0.44	1.60	4.52	0.68	0.42	0.99
152301	区域异常分级	2	3	0	3	0	2	3	0	0	0	3	3	0	2	2
152301	岩石富集系数		2.56			0.45	3.81			0.81	0.79	1.92			2.27	1.32
152301	岩石异常分级		0			0	2			0	0	1			1	0

矿床编号	项目名称	Mo	Nb	Ni	Pb	Sb	Sn	Sr	Th	U	V	W	Y	Zn	Zr
152301	区域富集系数	2.03	0.26	0.39	23.1	3.71	19.8	0.53	0.53	0.44	0.53	43.0	0.29	7.52	0.21
152301	区域异常分级	3	0	0	3	3	3	0	2	2	2	3	2	0	
152301	岩石富集系数	4.75	1.58	1.05	2.04		11.9	0.88	2.86	3.09	1.00	13.1	0.59	1.85	0.91
152301	岩石异常分级	1	1	0	1		3	0	1	1	0	3	0	1	0

注：该表可与矿床基本信息、地质特征简表依据矿床编号建立对应关系。

3.1.4　地质地球化学找矿模型

内蒙古黄岗锡铁多金属矿床为一大型矿床，位于内蒙古自治区赤峰市林西县境内，矿体呈出露状态。下二叠统碳酸盐岩为主要赋矿建造。成矿与黄岗梁花岗岩体关系密切，其岩性以似斑状钾长花岗岩为主，成岩年龄约140Ma。锡铁多金属矿体受地层控制明显，矿体形态呈层状、似层状、透镜状等，矿石类型主要为矽卡岩型。成矿年龄约135Ma。围岩蚀变主要有矽卡岩化、硅化、绢云母化、萤石化、碳酸盐化、绿泥石化和绿帘石化等。矿床类型属于矽卡岩型。

内蒙古黄岗梁锡矿床区域化探找矿指示元素组合为W、Sn、Mo、Bi、Cu、Zn、Ag、As、Sb、B、F、Li、Be、Th、U、La、Y、V共计18种元素，其中Sn、Mo、Bi、Cu、As、Sb、B、F、Y具有3级异常，W、Zn、Ag、Li、Be、La、Th、U、V具有2级异常。矿区岩石化探找矿指示元素组合为Sn、W、Mo、Cu、Pb、Zn、Be、La、Nb、Th、U共计11种，其中Sn、W具有3级异常，Be具有2级异常，Mo、Cu、Pb、Zn、La、Nb、Th、U具有1级异常。

3.2 江西德安彭山锡多金属矿床

3.2.1 矿床基本信息

表 3-8 为江西德安彭山锡多金属矿床基本信息表。

表 3-8 江西德安彭山锡多金属矿床基本信息表[①]

序号	项目名称	项目描述	序号	项目名称	项目描述
0	矿床编号	362301	4	矿床规模	大型
1	经济矿种	锡、铅、锌	5	主矿种资源量	18.7[②]
2	矿床名称	江西德安彭山锡多金属矿床	6	伴生矿种资源量	64.3 Pb+Zn
3	行政隶属地	江西省德安县吴山乡	7	矿体出露状态	半出露

①同表 2-1 标注；②经济矿种资源量数据引自江西地质调查局（2001）。

3.2.2 矿床地质特征

3.2.2.1 区域地质特征

江西德安彭山锡多金属矿床位于江西省德安县吴山乡，距德安县城北西约 23km（江西省地矿局，1997）。在成矿带划分上彭山锡多金属矿床位于扬子成矿省长江中下游成矿带的幕阜山-九华山成矿亚带（徐志刚等，2008）。

区域内出露地层有中元古界、新元古界、寒武系、奥陶系、志留系、泥盆系、石炭系、二叠系、三叠系、第三系和第四系，如图 3-5 所示。区域内地层大多呈北东向分布，新元古界页岩、粉砂岩和寒武系灰岩、白云岩为彭山锡多金属矿的主要赋矿建造（卢树东等，2006）。

区域内岩浆岩不发育。近年经钻探验证，在区域中部发现隐伏花岗岩岩体，主体岩性为黑云母二长花岗岩（罗兰等，2010）。

区域构造线方向整体呈北北东向，次为北东向及北西向。其中，彭山地区是一个典型的穹窿构造（短轴背斜，长轴呈南北向，长宽比约为 4∶3），构成穹窿构造的地层为新元古界及早古生代地层，核部为彭山隐伏花岗岩体。上述构造为本区成矿提供了良好的构造空间（马长信，1989）。

区域内矿产资源丰富，以锡矿为主，次为铅锌矿。区内具有代表性的矿床有彭山锡多金属矿（大型）、培家垄中型锡矿（江西地质调查院，2001）。此外，在矿区西北部发育有洪溪畈萤石矿（李凯和刘海涛，2013）、周家尖锌硫矿（江西地质调查院，2001），矿区南部发育有宝山锑矿（周开朗等，1986）。

3.2.2.2 矿区地质特征

本研究彭山锡多金属矿床主要包括葛洪山、黄金洼、曾家垅、坡西、尖峰坡、垄里甘、张十八共计七个矿段（这七个矿段在其他文献中也称为矿床，它们共同组成了彭山锡多金属矿田）。在七个矿段中，黄金洼、曾家垅、坡西、尖峰坡、垄里甘以锡为主，葛洪

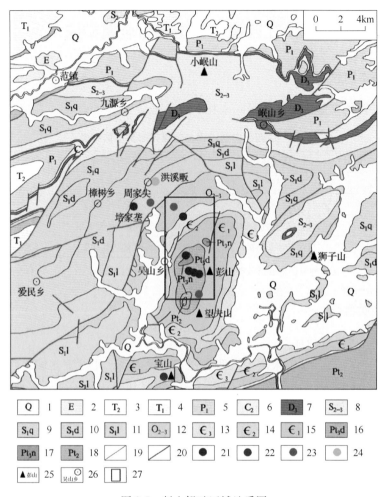

图 3-5 彭山锡矿区域地质图

（据中国地质调查局 1∶200000 地质图修编，下文 1∶200000 地球化学剖析图采用此范围）

1—第四系；2—第三系；3—中三叠统灰岩、白云岩；4—下三叠统页岩、灰岩；

5—下二叠统灰岩；6—中石炭统灰岩；7—上泥盆统砂岩、粉砂岩；

8—中上志留统砂岩、页岩；9—下志留统清水组紫红色、灰绿色粉砂岩；

10—下志留统殿背组灰绿色、黄色粉砂岩；11—下志留统梨树窝组黑色粉砂质页岩；

12—中上奥陶统灰岩；13—上寒武统灰岩；14—中寒武统灰岩、页岩；

15—下寒武统灰岩、页岩；16—新元古界灯影组和陡山沱组硅质岩、灰岩、页岩；17—新元古界南沱组页岩、

粉砂岩；18—中元古界；19—岩性界线；20—断层；21—锡矿床；22—锑矿床；

23—铅锌矿床；24—萤石矿床；25—山峰；26—地名；27—彭山矿区范围

山、张十八以铅锌为主，如图 3-6 所示。

　　彭山矿区内出露地层有新元古界、寒武系、奥陶系、志留系和第四系（见图 3-6），矿区内地层大多呈北东向分布。新元古界陡山沱组、灯影组和南沱组灰岩、页岩、粉砂岩及寒武系华严寺组和西阳山组灰岩为彭山锡多金属矿的主要赋矿建造（卢树东等，2006）。

　　矿区内发育彭山隐伏花岗岩岩体，岩性为二云母碱长花岗岩、黑云母二长花岗岩、伟晶花岗岩及白岗岩（卢树东等，2004a）。马长信（1989）对该隐伏花岗岩岩体进行 Rb-Sr

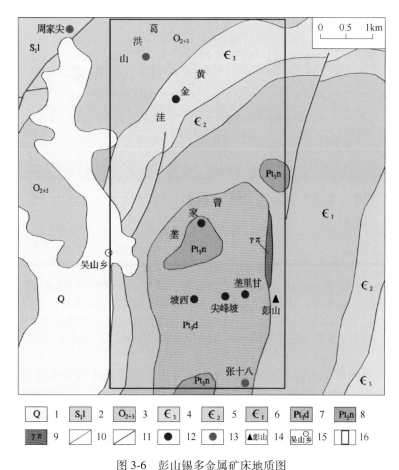

图 3-6　彭山锡多金属矿床地质图

（据中国地质调查局 1∶200000 地质图修编）

1—第四系；2—下志留统梨树窝组粉砂质页岩、砂岩；3—中上奥陶统汤山组和汤头组灰岩；

4—上寒武统华严寺组和西阳山组泥质、白云质灰岩；5—中寒武统杨柳岗组白云质灰岩、条带状灰岩、

钙质页岩；6—下寒武统王音铺组和观音堂组灰岩、页岩；7—新元古界陡山沱组和灯影组页岩、灰岩；

8—新元古界南沱组粉砂岩、页岩；9—花岗斑岩；10—岩性界线；11—断层；12—锡矿体；13—铅锌矿床；

14—山峰；15—地名；16—彭山矿区范围

全岩等时线测年，获得其全岩 Rb-Sr 等时线年龄为（127±4）Ma。罗兰等（2010）采用 SHRIMP 和 LA-ICP-MS 方法分别对黄金洼矿段的两件花岗岩样品（ZK801-12 和 ZK1002-12）进行锆石 U-Pb 定年，获得年龄分别为（128±1）Ma 和（129±2）Ma。此处暂取 128Ma 代表彭山隐伏岩体的成岩年龄。

　　矿区断裂构造发育，以北北东向为主，北东向次之，彭山穹窿构造及其形成的层间断裂破碎带对矿体控制明显（周开朗等，1986）。

3.2.2.3　矿体地质特征

A　矿体特征

　　彭山锡多金属矿床主要由黄金洼矿段的 Ⅱ-1、Ⅱ-2 两个锡矿体，曾家垅矿段的 Ⅳ-1、Ⅵ-1、Ⅶ-1 三个矿体（见图 3-7），尖峰坡 Ⅱ₁ 矿体和坡西矿段的 Ⅳ-1、Ⅳ-2、Ⅱ-1 三个矿体，总计九个矿体组成。

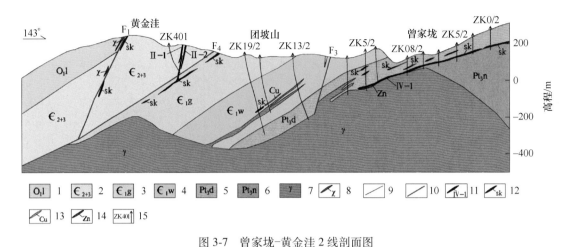

图 3-7　曾家垇-黄金洼 2 线剖面图

（据江西地质调查院（2001）修编）

1—下奥陶统仑山组灰岩、白云岩；2—中上寒武统灰岩、白云岩；3—下寒武统观音堂组页岩、灰岩；

4—下寒武统王音铺组页岩、硅质岩、灰岩；5—新元古界灯影组和陡山沱组灰岩、页岩、硅质岩；

6—新元古界南沱组页岩、粉砂岩；7—花岗岩；8—闪斜煌斑岩；9—岩性界线；10—断层；

11—锡矿体及编号；12—矽卡岩及矽卡岩型矿体；13—铜矿体；14—锌矿体；15—钻孔

黄金洼矿段目前圈定出四个矿化带，其中Ⅱ号锡矿带是该矿段最主要的矿化带。Ⅱ号矿化带总体呈北西-北西西向陡立产出，长约 420m，宽 10~30m。Ⅱ号矿化带可划分出Ⅱ-1、Ⅱ-2 两个脉状锡矿体。Ⅱ-1 矿体长约 210m，控制斜深达 70m，控制厚度 3.09m，锡平均品位为 1.94%；Ⅱ-2 矿体控制长 300m，厚度 0.4~2.38m，锡平均品位为 2.39%（卢树东，2006）。

曾家垇矿段的矿体大多为隐伏花岗岩体的外接触带的层状矿体，主要为矽卡岩型矿体，受新元古界地层中的层状碳酸盐岩控制，少量锡石石英细脉型矿体分布于层面裂隙发育化学性质较稳定的硅铝质岩层中。Ⅳ-1、Ⅵ-1、Ⅶ-1 三个锡石-硫化物矽卡岩矿体是曾家垇矿段最主要的工业矿体（周开朗等，1986）。

坡西矿段目前圈出Ⅱ-1、Ⅳ-1、Ⅳ-2 三个主矿体，其中Ⅳ-1 矿体赋存于新元古界陡山沱组灰岩层位中，矿体剖面形态为似层状，顺层产出，矿体厚度为 0.6~1.8m，平均厚为 0.91m；Ⅳ-2 矿体形态与Ⅳ-1 相似，矿体厚度约为 0.89m；Ⅱ-1 矿体是尖峰坡锡矿主矿体（Ⅱ$_1$号矿体）西延部分，矿体主要赋存于新元古界石英砂岩中，顺层产出，平均厚度约为 2.55m（江西地质调查院，2001）。

尖峰坡矿段Ⅱ号矿带是该矿段最主要的矿带，其中Ⅱ$_1$号矿体为主矿体，该矿体形态呈层状、似层状，在走向上最大延伸约为 1350m，倾向最大延伸约为 1050m，平均厚约为 2.55m（江西地质调查院，2001）。

徐斌等（2015）应用 LA-MC-ICP-MS 锡石微区原位 U-Pb 测年分析对位于尖峰坡矿段矽卡岩型锡矿石进行测年，获得尖峰坡锡矿的成矿年龄为（128.3±2.5）Ma，即彭山锡多金属矿床的成矿年龄约 128Ma。

B　矿石特征

黄金洼矿段的矿石类型主要为锡石-硫化物脉型。金属矿物主要有锡石、毒砂、黄铜矿、黄铁矿、辉铜矿、方铅矿、闪锌矿和磁铁矿等；脉石矿物以石英为主，其次为电气石、方解石、长石等。矿石的结构主要有晶粒结构、交代结构、交代残余砂状结构等；矿石的主要构造有块状构造、土状构造、多孔状构造和浸染状构造等（江西地矿局，2001）。

曾家垅矿段的矿石类型主要为矽卡岩型矿石，次为云英岩型矿石。矿石矿物主要有锡石、毒砂、磁铁矿、磁黄铁矿，其次为闪锌矿、赤铁矿、黄铜矿和黄铁矿等；脉石矿物主要有石英、萤石，其次为白云母、电气石、石榴子石、透闪石、阳起石、符山石、绿泥石、云母、绿帘石和方解石等。矿石主要有晶粒结构和交代结构、充填结构和交代残余结构；矿石的构造主要有浸染状构造、块状构造、细脉状构造、条带状构造、角砾状构造和团块状构造等（周开朗等，1986）。

尖峰坡矿段的矿石类型主要为矽卡岩型，次为锡石-硫化物脉型和锡石-砂砾岩型。金属矿物主要有锡石、铁闪锌矿、黄铁矿、毒砂、菱铁矿、黄锡矿、马来亚石和方铅矿等；矿石的结构主要有晶粒结构、交代结构；矿石构造主要为块状构造、砾状构造、条带状构造和脉状构造等（李芬等，2015）。

坡西矿段与尖峰坡矿段的矿石特征基本相似（江西地质调查，2001）。

C　围岩蚀变

黄金洼矿段的蚀变类型主要有大理岩化、碳酸岩化、硅化、矽卡岩化、角岩化、高岭土化、萤石化和绿帘石化等，其中，硅化和矽卡岩化与成矿关系最为密切（卢树东等，2006）。

曾家垅矿段的蚀变类型主要有发育于接触带的矽卡岩化、硅化、绿泥石化、绢云化、碳酸盐化等，以及发育于隐伏花岗岩体内的钾长石化、钠长石化、白云母化、云英岩化、绢云-水云母-高岭石化等，其中矽卡岩化及云英岩化与成矿关系最为密切（周开朗等，1986）。

尖峰坡矿段的围岩蚀变主要有矽卡岩化、绢云化、硅化、萤石化和云英岩化等，其中硅化与成矿关系最为密切（李芬等，2015）。

坡西矿段的围岩蚀变主要有硅化、矽卡岩化、碳酸盐化、云英岩化等，其中，硅化为该矿段最广泛的一种热液蚀变，与成矿关系最为密切（江西地质调查院，2001）。

上述围岩蚀变与成矿关系最为密切的蚀变类型可以分为两类：（1）发育于碳酸盐地层接触带中的矽卡岩化、大理岩化、萤石化；（2）发育于砂岩地层中的硅化、云英岩化、绿泥石化。

3.2.2.4　勘查开发概况

1958~1960年，江西省地质局赣西北地质队、九江地质大队、江西省德安县地质队等单位曾对彭山地区进行普查评价工作，相继发现了宝山锑矿、洪溪畈萤石矿等矿床。1964年江西省地质局区域地质测量大队二分队在开展瑞昌幅1:200000的区域地质调查过程中，在曾家垅村东北约1km的山谷中发现了一个含铜闪锌矿矽卡岩露头。1965~1970年，江西省地质局赣西北地质队、江西省地质局物探大队、赣西北地质队物探组在该区开展普查找矿工作，并经钻探验证，相继发现了曾家垅地区的Ⅳ、Ⅵ、Ⅶ三个主要的隐伏锡矿体。江西省冶金地质工业厅于1977年开始筹建彭山锡矿（周开朗等，1986）。

在新一轮的国土资源大调查中，江西省地调院于2001年提交了彭山地区锡铅锌矿评价报告，探明曾家垅矿段锡金属量为4.23万吨、尖峰坡矿段锡金属量为2.65万吨、黄金洼矿段锡金属量为 5.82 万吨、坡西矿段的锡金属量为 4.93 万吨、垄里甘矿段锡金属量为 1.11 万吨，矿区锡金属量总计达 18.7 万吨。此外，葛洪山矿段 Pb+Zn 金属量为 27.96 万吨、张十八矿段 Pb+Zn 金属量为 36.37 万吨，矿区 Pb+Zn 的金属量总计达 64.33 万吨（江西地质调查院，2001）。

3.2.2.5 矿床类型

据周开朗等（1986）、邹文学（1988）、江西地质调查院（2001）、卢树东等（2006）等的研究成果，认为江西德安彭山锡多金属矿床的矿床类型为矽卡岩型。

3.2.2.6 地质特征简表

综合上述矿床地质特征，除矿床基本信息表（见表 3-8）中所表达的信息以外，江西德安锡多金属矿床的地质特征可归纳列入表 3-9 中。

表 3-9 江西德安彭山锡多金属矿床地质特征简表

序号	项目名称	项目描述	序号	项目名称	项目描述
10	赋矿地层时代	新元古界-早古生代	16	矿石类型	矽卡岩型、锡石-硫化物脉型
11	赋矿地层岩性	灰岩、粉砂岩	17	成矿年龄/Ma	128
12	相关岩体岩性	花岗岩	18	矿石矿物	锡石、毒砂、黄铁矿、黄铜矿、磁铁矿、闪锌矿、方铅矿等
13	相关岩体年龄/Ma	128			
14	是否断裂控矿	是	19	围岩蚀变	矽卡岩化、大理岩化、云英岩化、萤石化等
15	矿体形态	层状、脉状	20	矿床类型	矽卡岩型

注：序号从 10 开始是为了和数据库保持一致。

3.2.3 地球化学特征

3.2.3.1 区域化探

A 元素含量统计参数

本研究收集到研究区内 1:200000 水系沉积物 219 件样品的 39 种元素含量数据。计算水系沉积物中元素平均值相对其在中国水系沉积物（CSS）中的富集系数，将其地球化学统计参数列于表 3-10 中。

与中国水系沉积物相比，研究区内微量元素富集系数介于 3~10 之间的有 Sb、Hg；介于 1.2~2 之间的有 W、Sn、Cd、Au、Ag、As、B、Co、Ni、Y、La、Zr、Th。富集系数大于 1.2 的微量元素共计 15 种，其中热液成矿元素有 W、Sn、Cd、Au、Ag、Sb、Hg；热液运矿元素有 B；酸性微量元素有 Y、La、Zr、Th。

表 3-10 研究区 1:200000 区域化探元素含量[①]统计参数

元素	Ag	As	Au	B	Ba	Be	Bi	Cd	Co	Cr	Cu	F	Hg
最大值	350	153	75	145	5431	4.2	6	2720	25	98	106	33000	1760
最小值	56	4	0.3	42	263	0.9	0.1	60	8	27	13.4	110	11
中位值	95	12	1	82	378	1.8	0.3	120	15	59	23	365	120
平均值	100	19	1.7	81	458	1.8	0.4	210	1.6	61	25	570	147
标准差	33	19	5	22	430	0.4	0.5	278	2.6	12	8	2214	136
富集系数[②]	1.29	1.88	1.28	1.73	0.93	0.87	1.12	1.50	1.29	1.03	1.13	1.16	4.08

元素	La	Li	Mo	Nb	Ni	Pb	Sb	Sn	Sr	Th	U	V	W
最大值	92	57	6.4	29	77	54	351	80	161	26	26.3	285	6
最小值	18	15	0.1	8	15	12	0.5	1.8	28	6	1.5	41	1.4
中位值	46	33	0.4	16	32	24	1.2	3.3	54	16	2.4	83	2.1
平均值	47	34	0.6	17	33	25	4	4.8	55	16	2.8	86	2.2
标准差	11	6	1	3	7	7	25	8.6	15	4	2.8	26	0.5
富集系数[2]	1.21	1.05	0.75	1.03	1.34	1.03	5.87	1.61	0.38	1.37	1.15	1.08	1.21
元素	Y	Zn	Zr	SiO_2	Al_2O_3	Fe_2O_3	K_2O	Na_2O	CaO	MgO	Ti	P	Mn
最大值	54	292	681	84.6	16	6.6	3.3	0.8	9.5	4.8	8097	1066	1207
最小值	15	24	181	52.2	5.4	2.2	1.1	0.1	0.1	0.3	1998	204	308
中位值	31	58	395	74.1	10.3	4.3	1.7	0.3	0.3	0.8	3540	474	655
平均值	31	63	398	73.5	10.4	4.4	1.7	0.3	0.7	09	3510	4888	670
标准差	5	25	89	5	1.9	0.70	0.40	0.1	1.1	0.4	631	107	173
富集系数[2]	1.23	0.90	1.47	1.12	0.81	0.97	0.73	0.25	0.39	0.64	0.86	0.84	1.00

①元素含量的单位见表 2-4;②富集系数=平均值/CSS,CSS(中国水系沉积物)数据详见表 2-4。

在研究区内已发现大型半出露锡矿床,上述 Sn 的富集系数为 1.61。

B 地球化学异常剖析图

依据研究区内 1∶200000 化探数据,采用全国变值七级异常划分方案制作 29 种微量元素的单元素地球化学异常图,其异常分级结果见表 3-11。

表 3-11 彭山矿区 1∶200000 区域化探元素异常分级

元素	Ag	As	Au	B	Ba	Be	Bi	Cd	Co	Cr	Cu	F	Hg	La	Li
异常分级	1	2	3	2	3	0	2	3	0	0	1	0	1	2	2
元素	Mo	Nb	Ni	Pb	Sb	Sn	Sr	Th	U	V	W	Y	Zn	Zr	
异常分级	1	0	1	1	2	3	0	2	1	1	2	2	1	0	

注:0 代表在彭山矿区基本不存在异常,不作为找矿指示元素。

从表 3-11 可以看出,在彭山矿区存在异常的热液成矿元素有 W、Sn、Mo、Bi、Cu、Pb、Zn、Cd、Au、Ag、As、Sb、Hg,即 13 种热液成矿元素均存在异常;热液运矿元素有 B;造岩微量元素有 Li、Ba;基性微量元素有 Ni、V;酸性微量元素有 Y、La、Th、U,共计 22 种元素。这 22 种元素在研究区内的地球化学异常剖析图如图 3-8 所示。

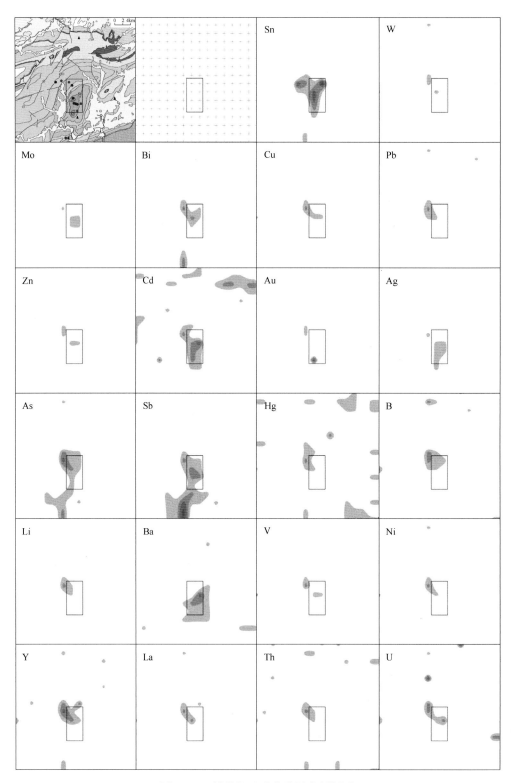

图 3-8　区域化探地球化学异常剖析图

（地质图为图 3-5 彭山锡多金属矿区域地质图）

上述 22 种元素可以作为彭山锡多金属矿在区域化探工作阶段的找矿指示元素组合。在这 22 种元素中，Sn、Cd、Au、Ba 具有 3 级异常，Bi、As、Sb、B、Li、Y、La、U 具有 2 级异常，W、Mo、Cu、Pb、Zn、Ag、Hg、V、Ni、Th 具有 1 级异常。由此看出，这种组合元素多但异常弱的特征与彭山锡多金属矿床矿体呈半出露状态相一致。

3.2.3.2 岩石地球化学勘查

A 元素含量统计参数

本研究收集到矿区内岩石 27 件样品的 24 种微量元素含量数据（卢树东等，2004b；卢树东，2005；罗兰等，2010；江西地矿局，1997；江西地质调查院，2001），其中不同类型的矿石 9 件、蚀变岩 3 件、较新鲜岩石 15 件。计算岩石中元素平均值相对其在中国水系沉积物（CSS）中的富集系数，将其地球化学统计参数列于表 3-12 中。

表 3-12 矿区岩石样品元素含量[①]统计参数[②]

元素	Ag	As	Ba	Be	Bi	Cd	Co	Cr	Cu	La	Li	Mo
样品数	13	12	14	12	19	7	18	19	19	9	12	18
最大值	50000	5930	2000	30	200	532	415	500	5000	131.1	100	93.2
最小值	400	7.49	28.9	2	0.25	1.09	1.89	3.9	17.8	4.21	3	0.13
中位值	30000	23.75	200	11	17	6.21	8.05	30	110	15.3	100	3
平均值	25095	603	507	14	55.8	96.7	32.2	65	1103	32	71	8.33
标准差	19802	1687	651	10	73	197	96	111	1576	40	41	21
富集系数[③]	326	60.3	1.04	6.71	180	0.69	2.66	1.10	50.1	0.82	2.21	9.91
元素	Nb	Ni	Pb	Sb	Sn	Th	U	V	W	Y	Zn	Zr
样品数	12	17	14	19	12	7	7	19	18	9	27	4
最大值	67	100	38300	19700	20500	14.6	7.43	280	120	38.51	91000	75
最小值	0.94	4.41	66.7	4	21	1.29	0.34	10	0.49	4.46	1.5	36
中位值	11	10	1200	178	500	3.2	0.96	30	19.5	20	221	49.5
平均值	16	23.7	3987	1619	2211	5.83	1.73	48	39	25	4812	52.5
标准差	18	25	9984	4662	5834	6	2.6	62.7	42	10.9	17795	16
富集系数[③]	1.00	0.95	166	2347	737	0.49	0.71	0.60	21.7	0.75	68.7	0.19

①元素含量的单位见表 2-4；②数据引自卢树东等，2004b；卢树东，2005；罗兰等，2010；江西地矿局，1997；江西地质调查院，2001；③富集系数＝平均值/CSS，CSS 数据详见表 2-4。

与中国水系沉积物相比，研究区内微量元素富集系数大于 100 的有 Sb、Sn、Ag、Bi、Pb，介于 10～100 之间的有 Zn、As、Cu、W，介于 3～10 之间的有 Mo、Be，介于 2～3 之间的有 Co、Li，其余元素的富集系数均小于 1.2。富集系数大于 1.2 的微量元素共计 13 种，其中热液成矿元素有 W、Sn、Mo、Bi、Cu、Pb、Zn、Ag、As、Sb 计 10 种（除未分析的 Cd、Au、Hg 外，热液成矿元素均明显富集）；造岩微量元素有 Li 和 Be；基性微量元素有 Co。

在研究区内已发现有大型锡矿床和铅锌矿床，上述 Sn 的富集系数高达 737，铅的富集系数高达 166，锌的富集系数高达 68.7。

B 地球化学异常剖面图

由于收集资料的局限性，本研究未能制作出矿区地球化学异常剖面图。本研究在矿区范围内所收集的岩石有矿石、蚀变岩和较新鲜岩石，元素含量可采用平均值来表征，该平均值的大小取决于所收集岩石中矿石和蚀变岩相对较新鲜岩石的多少。

依据上述矿区岩石中元素含量的平均值，采用全国定值七级异常划分方案评定 24 种微量元素的异常分级，结果见表 3-13。

表 3-13 彭山矿区岩矿石中元素异常分级

元素	Ag	As	Ba	Be	Bi	Cd	Co	Cr	Cu	La	Li	Mo	Nb	Ni	Pb	Sb	Sn	Th	U	V	W	Y	Zn	Zr
异常分级	6	3	0	3	4	0	2	0	6	0	1	2	0	0	7	6	7	0	0	0	3	0	6	0

注：0 代表在彭山矿区基本不存在异常，不作为找矿指示元素。

从表 3-13 可以看出，在彭山矿区存在异常的微量元素有 Ag、As、Be、Bi、Co、Cu、Li、Mo、Pb、Sb、Sn、W、Zn 共计 13 种，这 13 种元素可作为彭山锡多金属矿床在岩石地球化学勘查工作阶段的找矿指示元素组合。在这 13 种元素中，Sn、Pb 具有 7 级异常，Cu、Zn、Ag、Sb 具有 6 级异常，Bi 具有 4 级异常，W、As、Be 具有 3 级异常，Mo、Co 具有 2 级异常，Li 具有 1 级异常。由此看出，这种矿区岩矿石的强异常特征与彭山多金属矿床主矿种和伴生矿种相一致。

3.2.3.3 勘查地化特征简表

综合上述勘查地球化学特征，江西彭山锡多金属矿床的勘查地球化学特征可归纳列入表 3-14 中。

表 3-14 江西彭山锡多金属矿床勘查地球化学特征简表

矿床编号	项目名称	Ag	As	Au	B	Ba	Be	Bi	Cd	Co	Cr	Cu	F	Hg	La	Li
362301	区域富集系数	1.29	1.88	1.28	1.73	0.93	0.87	1.12	1.50	1.29	1.03	1.13	1.16	4.08	1.21	1.05
362301	区域异常分级	1	2	3	2	3	0	2	3	0	0	1	0	1	2	2
362301	岩石富集系数	326	60.3		1.04	6.71	180	0.69	2.66	1.10	50.1			0.82	2.21
362301	岩石异常分级	6				3	4		2	0	6			0	1

矿床编号	项目名称	Mo	Nb	Ni	Pb	Sb	Sn	Sr	Th	U	V	W	Y	Zn	Zr
362301	区域富集系数	0.75	1.03	1.34	1.03	5.87	1.61	0.38	1.37	1.15	1.08	1.21	1.23	0.90	1.47
362301	区域异常分级	1	0	1	1	2	1	0	1	2	1	1	2	1	0
362301	岩石富集系数	9.91	1.00	0.95	166	2347	737		0.49	0.71	0.6	21.7	0.75	68.7	0.19
362301	岩石异常分级	2	0	0	7	6	7		0	0	0	3	0	6	0

注：该表可与矿床基本信息表采用矿床编号建立关系。

3.2.4 地质地球化学找矿模型

江西德安彭山锡多金属矿床为一大型矿床，位于江西省德安县吴山乡境内，矿体呈半出露状态。矿体主要产于花岗岩与新元古界-早古生代的灰岩、粉砂岩的外接触带。成矿与彭山隐伏花岗岩体关系密切，岩体岩性以二云母碱长花岗岩、黑云二长花岗岩为主，成岩年龄约 128Ma。锡矿体受岩体接触带控制明显，矿石类型为矽卡岩型、锡石-硫化物脉型，矿体形态呈层状、脉状，成矿年龄约 128Ma。围岩蚀变类型主要有矽卡岩化、大理岩化、云英岩化和萤石化等。矿床类型属于矽卡岩型。

江西德安彭山锡多金属矿床区域化探找矿指示元素组合为 W、Sn、Mo、Bi、Cu、Pb、Zn、Cd、Au、Ag、As、Sb、Hg、B、Li、Ba、Ni、V、Y、La、Th、U 共计 22 种，其中 Sn、Cd、Au、Ba 具有 3 级异常，Bi、As、Sb、B、Li、Y、La、U 具有 2 级异常，W、Mo、Cu、Pb、Zn、Ag、Hg、V、Ni、Th 具有 1 级异常。矿区岩石化探找矿指示元素组合为 Ag、As、Be、Bi、Co、Cu、Li、Mo、Pb、Sb、Sn、W、Zn 共计 13 种，其中 Sn、Pb 具有 7 级异常，Cu、Zn、Ag、Sb 具有 6 级异常，Bi 具有 4 级异常，W、As、Be 具有 3 级异常，Mo、Co 具有 2 级异常，Li 具有 1 级异常。

3.3　江西会昌岩背锡矿床

3.3.1　矿床基本信息

表 3-15 为江西会昌岩背锡矿床基本信息表。

表 3-15　江西会昌岩背锡矿床基本信息表[①]

序号	项目名称	项目描述	序号	项目名称	项目描述
0	矿床编号	362302	4	矿床规模	大型
1	经济矿种	锡	5	主矿种资源量	10.3[②]
2	矿床名称	江西会昌岩背锡矿床	6	伴生矿种资源量	无
3	行政隶属地	江西省会昌县清溪乡	7	矿体出露状态	出露

①同表 2-1 标注；②经济矿种资源量数据引自江西省地质矿产局（1988）。

3.3.2　矿床地质特征

3.3.2.1　区域地质特征

江西会昌岩背矿床位于江西省会昌县清溪乡，距会昌县城约 50km（李鸿莉等，2007）。在成矿带划分上岩背矿床位于华南成矿省南岭成矿带的南岭东段（赣南隆起）成矿亚带（徐志刚等，2008）。

区域内出露地层有中元古界、新元古界、寒武系、侏罗系和白垩系，如图 3-9 所示。区域内地层大多呈近南北向分布，上侏罗统鸡笼嶂组火山凝灰熔岩为主要赋矿建造（朱正书，1990；叶景平，1992）。

区域内岩浆岩发育，以侵入岩岩基为主，出露面积约占全区的 50%。岩体受控于区域构造，呈南北向展布，代表性岩体有碛肚山岩体、城坑岩体和密坑山岩体。

碛肚山岩体分布于区域的西部，岩性为中粗粒黑云母花岗岩、中粗粒斑状黑云二长花岗岩、细粒含斑黑云母花岗岩，Rb-Sr 法测年获得成岩年龄约 145Ma（徐贻赣等，2002），即其成岩时代为晚侏罗世。城坑岩体分布于区域的西南部，岩性为细粒似斑状黑云母花岗岩，其成岩年龄约 132Ma（黄常立等，1997），即其成岩时代应为早白垩世。密坑山岩体分布于区域中部，岩性为似斑状钾长花岗岩，其锆石 U-Pb 年龄为（136.0±1.7）Ma，全岩 Rb-Sr 等时线年龄为（124.5±0.7）Ma（邱检生等，2006），即其成岩时代应为早白垩世。

区域构造线方向整体呈北西向为主，次为北东向。断裂构造较为发育，为本区岩浆及成矿热液活动提供了良好的构造空间（黄常立等，1997）。

区域内矿产资源丰富，以锡矿为主。区内具有代表性的矿床有岩背锡矿（大型）、淘锡坝锡矿（大型）、凤凰紫锡矿（中型）、苦竹崀锡矿（中型）、荣荆坝锡矿（中型）、增坑锡矿（中型），上述矿床组成了著名的锡坑迳矿田（黄常立等，1997；徐敏林等，2011）。此外，在区域中西部还发育有中型嶂脑锡矿床和碛肚山小型铅锌矿床（徐贻赣等，2002）。

3.3.2.2　矿区地质特征

江西会昌岩背锡矿床位于锡坑迳矿田的东南部（见图 3-10），锡坑迳矿田为一晚中生

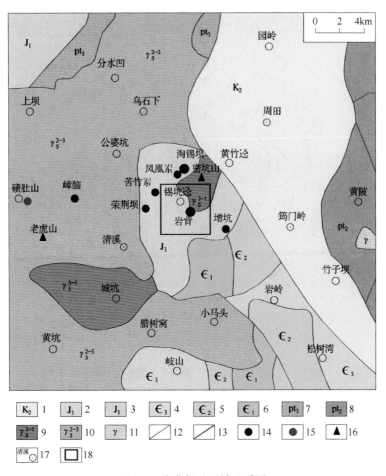

图 3-9　岩背锡矿区域地质图

（据中国地质调查局 1：1000000 地质图、锡坑迳矿田及周边地区成矿远景区划分
简图修编，下文 1：200000 地球化学剖析图采用此范围）

1—晚白垩统粉砂岩、砂岩及砾岩；2—晚侏罗统英安质火山熔岩、流纹质晶屑凝灰熔岩、
角砾凝灰熔岩和流纹斑岩；3—早侏罗统砂岩、粉砂岩及页岩；4—晚寒武统条带状斑岩、
变余砂岩、炭质板岩；5—中寒武统变余砂岩、板岩、粉砂质板岩；6—早寒武统变余砂岩、
泥质板岩；7—晚元古代冰碛泥砾岩、砂砾岩；8—中元古代黑云斜长变粒岩、绢云片岩；
9—早白垩世花岗岩；10—晚侏罗世花岗岩；11—花岗岩；12—岩性界线；13—断层；
14—锡矿床；15—铅锌矿床；16—山峰；17—地名；18—矿区范围

代破火山，火山岩主要为上侏罗统鸡笼嶂组流纹质凝灰熔岩及火山碎屑岩，火山口周围为环状及放射状断裂发育，火山中心被浅成相的密坑山似斑状钾长花岗岩体所充填（邱检生等，2006）。

　　矿区内出露地层主要是侏罗系，如图 3-11 所示。上侏罗统鸡笼嶂组二段（J_3j^2）岩性为流纹质碎斑熔岩、石英霏细斑岩和流纹含砾熔岩，三段（J_3j^3）岩性为流纹质熔结凝灰熔岩、角砾凝灰岩、角砾熔岩。岩背锡矿的主要赋矿建造即为上侏罗统流纹质熔岩、凝灰岩（朱正书，1990；叶景平，1992）。

　　区内出露的侵入岩主要为岩背复式花岗岩体，该岩体可划分为二期五个岩相带，即主

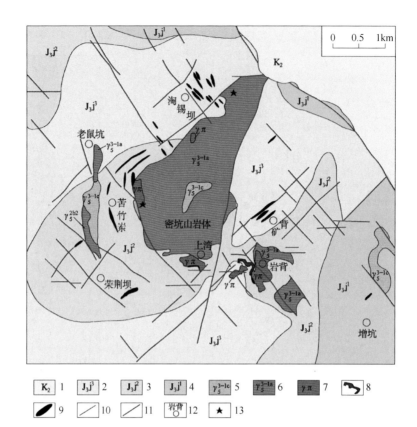

图 3-10　锡坑迳矿田地质图

（据黄常立等（1997）、梅玉萍等（2007）修编）

1—上白垩统河口组砂砾岩；2—上侏罗统鸡笼嶂组第三岩性段熔结凝灰岩、

流纹质含砾熔岩、凝灰熔岩；3—上侏罗统鸡笼嶂组第二岩性段含砾熔岩和碎斑熔岩；

4—上侏罗统鸡笼嶂组第一岩性段安山质英安岩；5—细粒花岗岩；

6—细粒粗斑-中粗粒花岗岩；7—花岗斑岩；8—锡矿化蚀变带；9—锡矿体；

10—岩性界线；11—断层；12—地名；13—测年取样位置

侵入期的中粗粒似斑状花岗岩、细粒似斑状花岗岩，补充侵入期的细粒似斑状花岗岩、花岗斑岩，以及后期侵入的细粒花岗岩，如图 3-11 所示。岩背复式岩体中花岗岩的全岩及单矿物 Rb-Sr 等时线年龄约 125Ma；花岗斑岩的全岩 Rb-Sr 等时线年龄约 105Ma、全岩 Sm-Nd 等时线年龄约 112Ma（黄常立等，1997）。沈渭洲等（1994）对岩背矿区花岗斑岩进行全岩 Rb-Sr 等时线测年，获得其成岩年龄约 114Ma。梅玉萍等（2007）对岩背矿区含锡花岗斑岩进行全岩 Rb-Sr 等时线测年，获得其成岩年龄为（128.1±3.3）Ma。此处暂取 125Ma、114Ma 和 105Ma 代表岩背复式岩体的成岩年龄。

矿区断裂构造发育，以北东向为主，北西向次之，两者均对矿体有明显控制作用（黄常立等，1997）。

3.3.2.3　矿体地质特征

A　矿体特征

岩背锡矿床矿体主要产于花岗斑岩与上侏罗统流纹质熔岩和凝灰岩的接触带内，其中

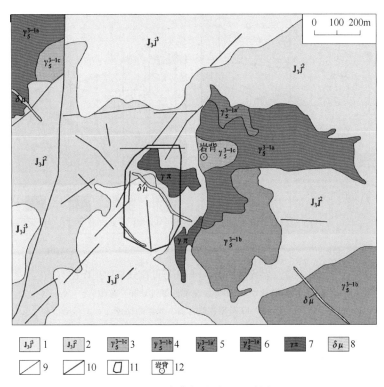

图 3-11　岩背锡矿矿区地质图

（据黄常立等（1997）岩背矿区地质图修编）

1—晚侏罗统第三岩性段流纹质熔结凝灰熔岩、角砾凝灰岩、角砾熔岩；2—晚侏罗统第二岩性段流纹
质碎斑熔岩、石英霏细斑岩和流纹质含砾熔岩；3—细粒花岗岩；4—补充侵入期的细粒似斑状花岗岩；
5—主侵入期细粒似斑状花岗岩；6—主侵入期中粗粒似斑状花岗岩；7—花岗斑岩；8—闪长玢岩、
煌斑岩（脉）；9—岩性界线；10—断层；11—矿体范围；12—地名

内接触带约占 42%，外接触带约占 58%。主矿体长约 450m，宽约 250m，厚一般 30~70m，最厚处可达 103m（黄常立等，1997）。主矿体在剖面上呈扁平透镜状、似层状（见图 3-12）（鄢新华，1994；沈渭洲等，1996）。在矿区 8 号勘探线剖面中，矿体呈出露状态，如图 3-12 所示。

邱检生等（2006）对岩背矿区 1 件辉钼矿进行测年，获得 Re-Os 模式年龄为（120.2± 5.3）Ma。梅玉萍等（2007）对岩背矿区成矿作用早阶段形成的石英-黄玉-锡石-硫化物脉进行了石英单矿物 Rb-Sr 等时线测年，获得其成矿年龄为（125.5±6.1）Ma。此处暂取 125Ma 代表岩背锡矿的成矿年龄，这一年龄与岩背复式岩体早阶段的 125Ma 成岩年龄相一致。

B　矿石特征

岩背矿区矿石成分较为复杂，金属矿物主要有锡石、黄铁矿、黄铜矿、菱铁矿，其次为磁铁矿、闪锌矿、辉钼矿、方铅矿、黑钨矿、白钨矿、毒砂、辉铋矿、白铁矿、雄黄、黝锡矿、含银辉铋矿、硫铋银矿、辉银矿等。脉石矿物主要有石英、黄玉，其次为绢云母、绿泥石、萤石、白云母、高岭石、磷灰石、绿帘石等（肖瑞金，1992；沈渭洲等，1996）。

矿石结构以自形-半自形晶粒结构、斑状变晶结构、放射状结构为主。矿石构造主要是浸染状、细脉浸染状，局部发育角砾状构造（余长发等，2013）。

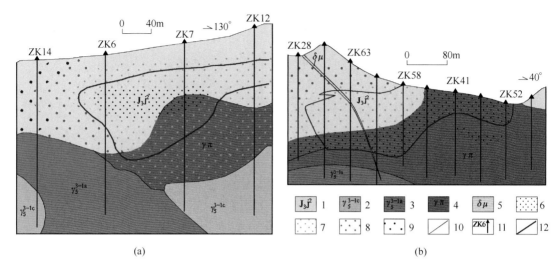

(a)　　　　　　　　　　　　　　　　　(b)

图3-12　岩背锡矿13号与8号勘探线剖面地质图

（据鄢新华（1994）、沈渭洲等（1996）修编）

（a）13号勘探线；（b）8号勘探线

1—上侏罗统第二岩性段流纹质碎斑熔岩、石英霏细斑岩和流纹质含砾熔岩；

2—细粒黑云母花岗岩；3—中粗粒黑云母花岗岩；4—花岗斑岩；5—闪长玢岩脉；6—黄英岩化带；

7—绿泥石化带；8—绢英岩化带；9—黏土化带；10—岩性界线；11—钻孔；12—矿体范围

C　围岩蚀变

岩背矿区围岩蚀变主要有石英化、黄玉化、绿泥石化、绢云母化、萤石化、碳酸盐化、黏土化和钾长石化，其中石英化与成矿关系最为密切。根据蚀变矿物组合在空间上的分布规律，自岩体底部向上，可依次划分出三个蚀变带：黄玉石英化带、绿泥石黄玉石英化带、绢云母石英化带。其中前两个蚀变带为赋矿蚀变带，后者是赋矿蚀变带的指示标志（沈渭洲等，1996）。

3.3.2.4　勘查开发概况

岩背锡矿勘查开发历史悠久，自清朝道光年间起已有小规模开采。自20世纪50年代以来，岩背锡矿床找矿经历了四个发展过程。

20世纪50~60年代以区域普查找矿为主，在本区发现了锡重砂异常。1981年江西地矿局物化探大队在赣南区域内开展区域化探扫面工作，对会昌锡坑迳地区圈出了范围大、锡含量高、浓度分带明显的锡异常区。1985年对锡坑迳30km²范围内的14个化探锡异常进行了地表评价，并结合深部勘探工作，发现了岩背锡矿。1988年，江西物化探大队与地质矿产研究所完成了矿区深部勘探工作，提交了矿区勘探报告，该报告在矿区探明（B+C）级锡金属10.3万吨，为一大型锡矿床（黄常立等，1997；江西省地矿局，1988）。

1988年底岩背锡矿建成投产，初始采矿能力为100t/d，设计采矿能力700t/d，选矿为500t/d（江西地矿局，1988）。2010年底岩背锡矿保有锡金属6万吨，年产锡精矿2000余吨（李雪琴等，2013）。

3.3.2.5　矿床类型

根据朱正书（1990）、桂永年（1992）、黄常立等（1997）的研究成果，认为江西岩背锡矿床应属于与花岗斑岩有关的浸染状锡矿床，即斑岩型锡矿床。

3.3.2.6 地质特征简表

综合上述矿床地质特征，除矿床基本信息表（见表3-15）中所表达的信息以外，江西会昌岩背锡矿床的地质特征可归纳列入表3-16中。

表3-16 江西会昌岩背锡矿床地质特征简表①

序号②	项目名称	项目描述	序号	项目名称	项目描述
10	赋矿地层时代	侏罗纪	16	矿石类型	浸染状、细脉-浸染状和团块状
11	赋矿地层岩性	火山岩及火山熔岩	17	成矿年龄/Ma	125
12	相关岩体岩性	复式花岗岩	18	矿石矿物	锡石、黄铁矿、黄铜矿等
13	相关岩体年龄/Ma	125	19	围岩蚀变	黄玉石英化、绢云母化、绿泥石化等
14	是否断裂控矿	否	20	矿床类型	斑岩型
15	矿体形态	透镜状和似层状			

①该表可与矿床基本信息表合并；②序号从10开始是为了和数据库保持一致。

3.3.3 地球化学特征

3.3.3.1 区域化探

A 元素含量统计参数

本研究收集到研究区内1∶200000水系沉积物229件样品的39种元素含量数据。计算水系沉积物中元素平均值相对其在中国水系沉积物（CSS）中的富集系数，将其地球化学统计参数列于表3-17中。

表3-17 研究区1∶200000区域化探元素含量①统计参数

元素	Ag	As	Au	B	Ba	Be	Bi	Cd	Co	Cr	Cu	F	Hg
样品数	229	229	229	229	229	229	228	229	229	229	229	229	229
最大值	1450	34	9.6	180	1850	64	4	1900	20	100	105	2470	303
最小值	37	1.6	0.6	5	80	1.6	0.1	27	1	4.9	1	228	23
中位值	90	4.8	1.6	34	400	3.8	0.7	130	6.8	23	12	551	66
平均值	115	6.7	1.9	40	432	5.8	0.8	177	7.3	26	14	644	73
标准差	115	5.4	1	30	229	6	0.6	200	3.4	13	13	338	33
富集系数②	1.49	0.67	1.43	0.85	0.88	2.74	2.63	1.27	0.6	0.44	0.64	1.31	2.03
元素	La	Li	Mo	Nb	Ni	Pb	Sb	Sn	Sr	Th	U	V	W
样品数	229	229	229	229	229	229	229	229	229	227	229	229	229
最大值	175	190	8.1	220	57	520	1.6	820	135	133	14	110	60
最小值	19	11	0.3	6.4	2	16	0.2	2	8	5.5	1.2	6	1.6
中位值	58	42	1	29	11	50	0.8	7.2	40	24.3	2.6	44	3.6
平均值	62	49	1.2	38	12	59	0.8	26	43	31	3.7	46.5	4.6
标准差	22	29	0.9	32	7	43	0.2	86	26	21	2.5	21	4.4
富集系数②	1.59	1.54	1.4	2.4	0.49	2.48	1.16	8.71	2.2	2.63	1.52	0.58	2.54

元素	Y	Zn	Zr	SiO$_2$	Al$_2$O$_3$	Fe$_2$O$_3$	K$_2$O	Na$_2$O	CaO	MgO	Ti	P	Mn
样品数	229	229	229	229	229	229	229	211	216	229	229	229	229
最大值	160	600	1750	90.4	20	5.9	7.7	1.6	2.2	2.3	6250	665	1200
最小值	14	16	110	54.1	3.8	1.2	0.5	0.1	0.1	0.1	1350	100	165
中位值	41	65	420	70.4	13.5	2.8	3.1	0.3	0.2	0.4	3200	293	400
平均值	51	70	489	70	13.7	3	3	0.4	0.2	0.5	3248	307	431
标准差	27	46	221	7	3	0.8	1.5	0.3	0.2	0.3	956	120	146
富集系数[②]	2.05	0.99	1.81	1.07	1.07	0.66	1.27	0.30	0.11	0.36	0.78	0.53	0.64

①元素的含量单位见表 2-4；②富集系数＝平均值/CSS，CSS（中国水系沉积物）数据详见表 2-4。

与中国水系沉积物相比，研究区内微量元素富集系数介于 3~10 之间的有 Sn，介于 2~3 之间的有 Be、Bi、Th、W、Pb、Nb、Y、Hg，介于 1.2~2 之间的有 Zr、La、Li、U、Ag、Au、Mo、F、Cd。富集系数大于 1.2 的微量元素共计 18 种，其中热液成矿元素有 W、Sn、Mo、Bi、Pb、Cd、Au、Ag、Hg；热液运矿元素有 F；造岩微量元素有 Li、Be；酸性微量元素有 Th、U、Nb、La、Y、Zr。

在研究区内已发现大型出露锡矿床，上述 Sn 的富集系数为 8.71。

B　地球化学异常剖析图

依据研究区内 1∶200000 化探数据，采用全国变值七级异常划分方案制作 29 种微量元素的单元素地球化学异常图，其异常分级结果见表 3-18。

表 3-18　岩背矿区 1∶200000 区域化探元素异常分级

元素	Ag	As	Au	B	Ba	Be	Bi	Cd	Co	Cr	Cu	F	Hg	La	Li
异常分级	1	0	0	0	0	4	2	2	0	0	2	2	0	1	2

元素	Mo	Nb	Ni	Pb	Sb	Sn	Sr	Th	U	V	W	Y	Zn	Zr
异常分级	1	2	0	2	0	6	0	2	0	0	3	2	0	0

注：0 代表在岩背矿区基本不存在异常，不作为找矿指示元素。

从表 3-18 可以看出，在岩背矿区存在异常的热液成矿元素有 W、Sn、Mo、Bi、Cu、Pb、Cd、Ag；热液运矿元素有 F；造岩微量元素有 Li 和 Be；酸性微量元素有 Nb、Th、La、Y，共计 15 种元素。这 15 种元素在研究区内的地球化学异常剖析图如图 3-13 所示。

上述 15 种元素可以作为岩背锡矿在区域化探工作阶段的找矿指示元素组合。在这 15 种元素中，Sn 具有 6 级异常，Be 具有 4 级异常，W 具有 3 级异常，Cu、Pb、Cd、F、Li、Nb、Th、Y 具有 2 级异常，Mo、Ag、La 具有 1 级异常。由此看出，这种组合元素多且强度强的异常特征与岩背矿床矿体呈出露状态相一致。

3.3.3.2　岩石地球化学勘查

A　元素含量统计参数

本研究收集到矿区内岩石 89 件样品的 23 种微量元素含量数据（邱检生等，2005；Liu 等，1999；黄常立等，1997；刘昌实等，1994a，b；熊小林等，1994a，b；桂永年，1991；朱正书，1990），其中不同类型的矿石 7 件、蚀变岩 18 件、较新鲜岩石 64 件。计

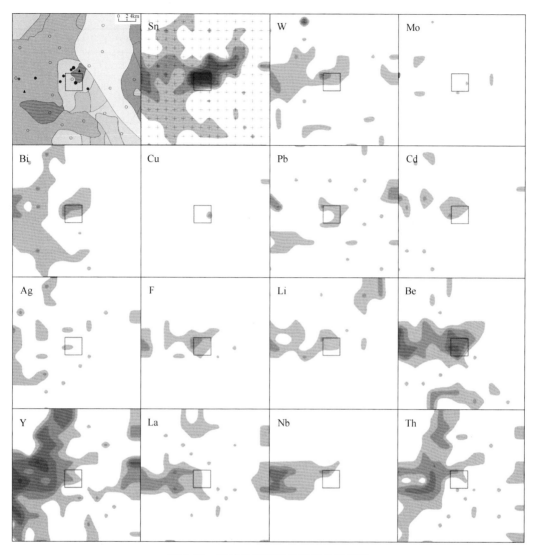

图 3-13　区域化探地球化学异常剖析图

（地质图为图 3-9 岩背锡矿区域地质图）

算岩石中元素平均值相对其在中国水系沉积物（CSS）中的富集系数，将其地球化学统计参数列于表 3-19 中。选择中国水系沉积物（CSS）作为比较的标准主要是便于与土壤、水系沉积物中元素富集系数的值进行对比，故没有选择上陆壳或其他岩石来作标准。

　　与中国水系沉积物相比，研究区内微量元素富集系数大于 100 的有 Sn；介于 10~100 之间的有 F，介于 3~10 之间的有 W、Mo、Cu、Li、Nb、Th、U，介于 2~3 之间的有 Pb、Ag、Y，介于 1.2~2 的有 Zn、La、Cr。富集系数大于 1.2 的微量元素共计 15 种，其中热液成矿元素有 W、Sn、Mo、Cu、Pb、Zn、Ag 计 7 种；热液运矿元素有 F；造岩微量元素有 Li；基性微量元素有 Cr；酸性微量元素有 Nb、Th、U、La、Y。

　　在研究区内已发现有大型锡矿床，上述 Sn 的富集系数高达 153。

表 3-19 矿区岩石样品中元素含量①统计参数②

元素	Ag	Au	B	Ba	Co	Cr	Cu	F	La	Li	Mo	Nb
样品数	13	13	13	29	14	52	34	70	63	17	13	58
最大值	400	2.50	19	2312	21	362	2978	64800	93	604	16	190
最小值	80	0.44	1.0	10	1.5	2.7	0.3	480	16	23	0.8	13
中位值	120	0.58	4.0	65	3.5	44	26	6000	51	111	2.0	41
平均值	178	0.99	6.1	179	5.7	94	193	11562	49	150	4.1	55
标准差	109	0.72	6.0	435	5.0	102	536	14857	19	136	4.4	38
富集系数③	2.31	0.75	0.13	0.37	0.47	1.59	8.78	23.6	1.26	4.69	4.87	3.41
元素	Ni	Pb	Sn	Sr	Th	U	V	W	Y	Zn	Zr	
样品数	51	63	67	67	22	21	23	51	71	54	54	
最大值	28	397	6682	711	101	34	98	42	125	401	319	
最小值	1.3	13	2.1	3.5	20	3.2	0.3	1.0	24	14	107	
中位值	6.2	36	34	22	76	20	4.2	6.8	51	84	140	
平均值	7.3	49	459	58	62	20	11	11	64	103	158	
标准差	4.9	55	1265	111	28	9.3	23	9.2	33	68	51	
富集系数③	0.29	2.05	153	0.40	5.23	8.29	0.14	5.91	2.57	1.48	0.59	

①元素的含量单位见表 2-4；②数据引自邱检生等（2005）、Liu 等（1999）、黄常立等（1997）、刘昌实等（1994a，b）、熊小林等（1994a，b）、桂永年（1991）、朱正书（1990）；③富集系数 = 平均值/CSS，CSS 数据详见表 2-4。

B 地球化学异常剖面图

本研究收集到岩背矿区 13 号勘探线（见图 3-12（a））的岩石地球化学异常剖析图（见图 3-14），图中给出了 11 种微量元素异常区及其三级浓度分带的含量数据。依据异常内带的含量起始值（其中 Pb 按其中带起始值，Nb 按外带起始值），采用全国定值七级异常划分方案评定 11 种微量元素的异常分级，结果见表 3-20。

此外，由于上文在矿区范围内所收集岩石样品的类型有矿石、蚀变岩和较新鲜的岩石，所以元素含量可采用平均值来表征，该平均值的大小取决于所收集岩石中矿石和蚀变岩相对较新鲜岩石的多少。依据上述矿区岩石中元素含量的平均值（见表 3-19），采用全国定值七级异常划分方案评定 23 种微量元素的异常分级，其结果列在表 3-20 中。

表 3-20 岩背矿区岩矿石中元素异常分级

元素	Ag	As	Au	B	Ba	Be	Co	Cr	Cu	F	La	Li	Mo	Nb	Ni	Pb	Sn	Sr	Th	U	V	W	Y	Zn	Zr
内带异常分级	4	3	4			7			5				4	2		2	6					5		5	
平均值异常分级	0		0	0	0		0	3	4	0	2	1	2	0	1	6	0	2	3	0	2	2	0	0	0
综合异常分级	4	3	4	0	0	7	0	0	5	4	0	2	4	2	0	2	6	0	2	3	0	5	2	5	0

注：0 代表在岩背矿区基本不存在异常，不作为找矿指示元素。

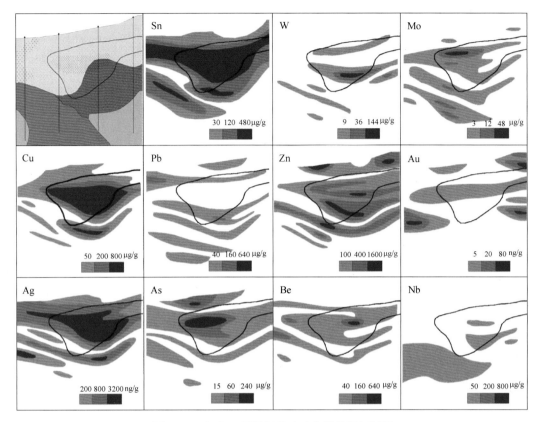

图 3-14　矿区 13 号勘探线地球化学异常剖析图

（据鄢新华（1994）修编，其中地质图为图 3-12（a）岩背矿区 13 号勘探线剖面地质图）

由于文献收集数据的局限性，综合上述勘探线剖面异常剖析图和矿区岩石样品数据两者的研究成果，取其较大异常分级值来表征矿区岩石中微量元素含量的异常特征，见表 3-20。从表 3-20 可以看出，在岩背矿区存在异常的微量元素有 Be、Sn、Cu、W、Zn、Ag、Au、F、Mo、As、U、Li、Nb、Pb、Th、Y 共计 16 种，这 16 种元素可作为岩背锡矿床在岩石地球化学勘查工作阶段的找矿指示元素组合。在这 16 种元素中，Be 具有 7 级异常，Sn 具有 6 级异常，W、Cu、Zn 具有 5 级异常，Mo、Au、Ag、F 具有 4 级异常，As、U 具有 3 级异常，Pb、Li、Nb、Th、Y 具有 2 级异常。这种组合元素多，且强度强的异常特征与岩背矿床矿体呈出露状态相一致。

3.3.3.3　勘查地化特征简表

综合上述勘查地球化学特征，江西岩背锡矿床的勘查地球化学特征可归纳列入表 3-21。

表 3-21　江西岩背锡矿床勘查地球化学特征简表

矿床编号	项目名称	Ag	As	Au	B	Ba	Be	Bi	Cd	Co	Cr	Cu	F	Hg	La	Li
362302	区域富集系数	1.49	0.67	1.43	0.85	0.88	2.74	2.63	1.27	0.6	0.44	0.64	1.31	2.03	1.59	1.54
362302	区域异常分级	1	0	0	0	0	4	2	2	0	0	2	2	0	1	2

矿床编号	项目名称	Ag	As	Au	B	Ba	Be	Bi	Cd	Co	Cr	Cu	F	Hg	La	Li
362302	岩石富集系数	2.31		0.75	0.13	0.37				0.47	1.59	8.78	23.6		1.26	4.69
362302	岩石异常分级	4	3	4	0	0	7			0	0	5	4		0	2

矿床编号	项目名称	Mo	Nb	Ni	Pb	Sb	Sn	Sr	Th	U	V	W	Y	Zn	Zr
362302	区域富集系数	1.4	2.4	0.49	2.48	1.16	8.71	0.3	2.63	1.52	0.58	2.54	2.05	0.99	1.81
362302	区域异常分级	1	2	0	2	0	6	0	2	0	0	3	2	0	0
362302	岩石富集系数	4.87	3.41	0.29	2.05		153	0.40	5.23	8.29	0.14	5.91	2.57	1.48	0.59
362302	岩石异常分级	4	2	0	2		6	0	2	3	0	5	2	5	0

注：该表可与矿床基本信息表采用矿床编号建立关系。

3.3.4 地质地球化学找矿模型

江西会昌岩背锡矿床为一大型矿床，位于江西省会昌县清溪乡境内，矿体出露状态。矿体主要产于花岗斑岩与上侏罗统流纹质熔岩和凝灰岩的接触带内。成矿与岩背复式花岗岩体关系密切，岩体岩性以似斑状花岗岩和花岗斑岩为主，成岩年龄约 125Ma。锡矿体受岩体接触带控制明显，矿石类型为浸染型、细脉-浸染型和团块状，矿体形态呈透镜状、似层状。成矿年龄约 125Ma。围岩蚀变类型主要有黄玉石英化、绢云母化、绿泥石化等。矿床类型属于斑岩型。

江西会昌岩背锡矿床区域化探找矿指示元素组合为 W、Sn、Mo、Bi、Cu、Pb、Cd、Ag、F、Li、Be、Nb、Th、La、Y 共计 15 种元素，其中 Sn 具有 6 级异常，Be 具有 4 级异常，W 具有 3 级异常，Cu、Pb、Cd、F、Li、Nb、Th、Y 具有 2 级异常，Mo、Ag、La 具有 1 级异常。矿区岩石化探找矿指示元素组合为 Sn、W、Mo、Cu、Pb、Zn、Au、Ag、As、Li、Be、F、Nb、Th、U、Y 共计 16 种，其中 Be 具有 7 级异常，Sn 具有 6 级异常，W、Cu、Zn 具有 5 级异常，Mo、Au、Ag、F 具有 4 级异常，As、U 具有 3 级异常，Pb、Li、Nb、Th、Y 具有 2 级异常。

3.4 湖南郴州红旗岭锡多金属矿床

3.4.1 矿床基本信息

表 3-22 为湖南郴州红旗岭锡多金属矿床基本信息表。

表 3-22 湖南郴州红旗岭锡多金属矿床基本信息表[①]

序号	项目名称	项目描述	序号	项目名称	项目描述
0	矿床编号	432301	4	矿床规模	大型
1	经济矿种	锡、铅、锌、铜	5	主矿种资源量	6.3[②]
2	矿床名称	湖南郴州红旗岭锡多金属矿床	6	伴生矿种资源量	2.49 Pb, 4.33 Zn, 1.3 Cu
3	行政隶属地	湖南省郴州市苏仙区白露塘镇	7	矿体出露状态	出露

①同表 2-1 标注；②经济矿种资源量数据引自苏咏梅（2007）、中国矿权网（2011）。

3.4.2 矿床地质特征

3.4.2.1 区域地质特征

湖南郴州红旗岭锡多金属矿床位于湖南省郴州市苏仙区白露塘镇，东距郴州市区约 15km（李炳韬，1990），在成矿带划分上红旗岭锡多金属矿床位于华南成矿省南岭成矿带的南岭中段（湘南-粤北坳陷）成矿亚带（徐志刚等，2008）。

区域内出露地层有新元古界、寒武系、泥盆系、石炭系、二叠系、侏罗系、白垩系和第四系，如图 3-15 所示。区域内地层大多呈北东向分布。新元古界变质细砂岩、泥盆系白云质灰岩为区内主要赋矿建造（陈锦荣，1992；李炳韬，1990）。

区域内岩浆岩发育，主要以千里山和王仙岭两个花岗岩体为主，花岗斑岩脉也比较发育（王昌烈等，1987）。千里山花岗岩体与红旗岭锡多金属矿床的形成关系密切，侵位于泥盆系灰岩地层中，出露面积约 $10km^2$（毛景文等，1995b），可以划分为三个侵入阶段（毛景文等，1995a）：第一阶段侵位于（152±9）Ma，主要为似斑状黑云母花岗岩，出露面积约 $4.1km^2$，分布于千里山花岗岩体的西南部或呈零星体残留于等粒黑云母花岗岩边部；第二阶段侵位于（137±7）Ma，主要为等粒黑云母花岗岩，出露面积约 $5.9km^2$，分布于千里山花岗岩中部和东南部；第三阶段侵位于（131±1）Ma，主要为花岗斑岩，呈岩墙沿北东方向产出，切割前几期岩体，脉宽度变化从几十厘米到数米。

区域构造发育，构造线方向大多以北东向为主。区域内断裂以北东向和近南北向为主，其次为北西向（马丽艳等，2010）。

区域内矿产资源丰富，以锡矿、钨为主，其次为铅锌矿。区域内具有代表性的矿床有红旗岭大型锡多金属矿床、柿竹园超大型钨多金属矿床（龚庆杰等，2004）、荷花坪大型锡多金属矿床（蔡明海等，2006）、野鸡尾大型锡多金属矿床（朱正书等，1990）、蛇形坪中型铅锌矿（吴胜华等，2012）和野鸡窝小型锡矿床（李炳韬，1993）等。

3.4.2.2 矿区地质特征

湖南郴州红旗岭矿区位于千里山花岗岩体北东端外接触带内，如图 3-16 所示。区内

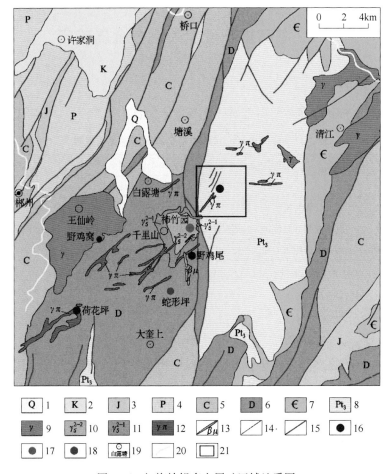

图 3-15　红旗岭锡多金属矿区域地质图

（据中国地质调查局 1∶200000 和毛景文等（1995b）地质图修编，下文 1∶200000 地球化学剖析图采用此范围）

1—第四系沉积物；2—白垩系紫红色砂岩、砂砾岩；3—侏罗系砂岩、粉砂质泥岩；4—二叠系灰色砂岩、页岩；

5—石炭系灰岩、页岩；6—泥盆系白云质灰岩、灰岩；7—寒武系石英砂岩、板岩；8—新元古界变质细砂岩；

9—花岗岩；10—等粒黑云母花岗岩；11—似斑状黑云母花岗岩；12—花岗斑岩；13—辉绿岩脉；14—岩性界线；

15—断层；16—锡矿床；17—钨矿床；18—铅锌矿床；19—地名；20—河流；21—红旗岭矿区范围

出露地层有新元古界、中泥盆统、晚泥盆统、早石炭统和第四系，新元古界变质细砂岩是红旗岭锡多金属矿的主要赋矿建造（苏咏梅，2007）。

区内岩浆岩主要为千里山花岗岩复式岩体，在区内出露似斑状黑云母花岗岩、等粒黑云母花岗岩和花岗斑岩，其中似斑状黑云母花岗岩与红旗岭锡多金属矿成矿关系密切，其成岩年龄为（152±9）Ma（毛景文等，1995a）。花岗斑岩主要呈脉状和小岩株在矿区内沿北东向展布。此外，在千里山岩体内发育有少量辉绿岩脉。

矿区断裂构造主要为北东向和北北东向（袁顺达等，2012），两者是区内主要的控矿构造，对矿体的形态、产状和分布范围控制明显（苏咏梅，2007）。

3.4.2.3　矿体地质特征

A　矿体特征

红旗岭矿区共圈定出大小矿体 14 个（见图 3-16），其中锡石-石英、锡石-硫化物混合

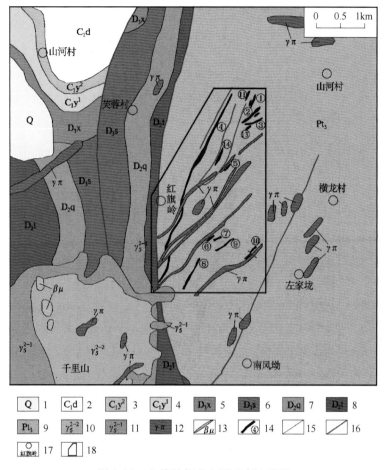

图 3-16　红旗岭锡多金属矿床地质图

（据中国地质调查局 1：200000 地质图、苏咏梅（2007）和毛景文等（1995b）修编，
下文 1：50000 地球化学剖析图采用此范围）

1—第四系沉积物；2—早石炭统大塘阶石磴子段灰黑色白云质灰岩、灰岩；

3—早石炭统岩关阶上段灰岩、泥质灰岩夹钙质页岩；4—早石炭统岩关阶下段灰黑色泥质灰岩、灰岩；

5—晚泥盆统锡矿山组黄色页岩、粉砂岩、泥质灰岩；6—晚泥盆统佘田桥组灰色钙质页岩、钙质粉砂岩；

7—中泥盆统棋梓桥组深灰色白云质灰岩、灰岩；8—中泥盆统跳马涧组砂岩；9—新元古界变质细砂岩；

10—中粗粒黑云母花岗岩；11—似斑状黑云母花岗岩；12—花岗斑岩；13—辉绿岩脉；14—锡矿脉及编号；

15—岩性界线；16—断层；17—地名（中心坐标）；18—红旗岭矿区范围

矿体 11 个，细脉带矿体 3 个。充填于断层破碎带中的混合矿体以 4 号和 3 号矿体为主，
细脉带矿体以 13 号矿体为主。

　　矿区内以 4 号矿脉规模最大，位于矿区中西部和北部，其锡金属储量占整个矿床的
75% 以上（苏咏梅，2007）。4 号矿脉侵位于新元古界变质细砂岩内，顶部出露地表，形
态简单，主要呈脉状，矿区深部约 350m 标高处有隐伏花岗岩的存在，如图 3-17 所示。

　　马丽艳等（2010）对红旗岭矿区 6 件含锡石英脉内石英流体包裹体采用 Rb-Sr 等时线
测年，获得成矿年龄为（143.1±8.7）Ma。袁顺达等（2012）对红旗岭矿区石英脉型黑钨
矿矿石中的白云母 ^{40}Ar-^{39}Ar 测年获得坪年龄为（153.3±1.0）Ma，虽然该年龄明显早于上

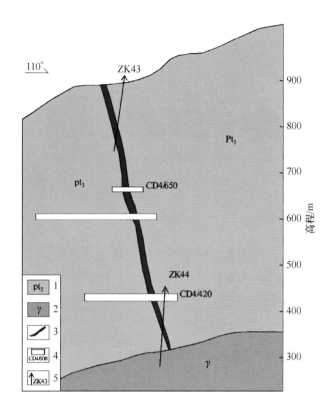

图 3-17 红旗岭矿区 4 号勘探线剖面图

（据江鹏程（1987）修编）

1—新元古界变质细砂岩；2—黑云母花岗岩；3—锡矿脉；4—坑道及编号；5—钻孔及编号

述石英流体包裹体的 Rb-Sr 等时线年龄，但袁顺达等（2012）研究认为 153Ma 代表红旗岭锡多金属矿床成矿年龄更合适。此处暂取 153Ma 代表红旗岭锡多金属矿床的成矿年龄。

B 矿石特征

红旗岭锡多金属矿床主要矿石类型为锡石-硫化物脉型矿石和石英脉型矿石（马丽艳等，2010）。金属矿物以锡石为主，伴生方铅矿、黄铜矿、闪锌矿、黑钨矿、磁铁矿、磁黄铁矿、黄铁矿和毒砂等；主要的脉石矿物有石英、绢云母、绿泥石、电气石、白云母、黑云母和萤石等（苏咏梅，2007；李炳韬，1990）。

矿石结构以自形晶结构、半自晶粒状结构、他形粒状结构为主，次为交代作用形成的溶蚀结构、交代结构、填隙结构。矿石构造以浸染状为主，次为块状构造、条带状构造、平行细脉状构造等（袁顺达等，2012；苏咏梅，2007）。

C 围岩蚀变

矿区的围岩蚀变比较发育，主要的围岩蚀变有硅化、绢云母化、绿泥石化、电气石化、萤石化等，其中硅化和绢云母化与矿化关系密切（袁顺达等，2012；江鹏程，1987）。

3.4.2.4 勘查开发概况

红旗岭矿区的地质勘查工作开始于 20 世纪 60 年代。1965 年湖南省 408 队上山普查时发现了红旗岭矿床，1968 年 408 队完成了对该区的普查，查明红旗岭矿床是一脉状锡矿床，并提交了普查结果，探明锡储量 2.38 万吨。

1983~1986 年，湖南省 408 队在该区又进行了详细勘探工作，完成钻探共 1.8 万米，查明 9 个矿体，其中以 4 号矿体最大，最后提交锡储量为 5.79 万吨，平均品位为 0.36%；伴生铅 2.49 万吨，品位为 0.22%；锌 4.33 万吨，品位 0.38%；铜 1.3 万吨，品位 0.12%（中国矿权网，2011）。据苏咏梅（2007）报道，红旗岭矿区累计探明锡储量约 6.3 万吨。

3.4.2.5 矿床类型

根据陈锦荣等（1992）、苏咏梅（2007）、马丽艳等（2010）、袁顺达等（2012）的研究成果，认为湖南郴州红旗岭锡多金属矿床应属于脉型锡矿床。

3.4.2.6 地质特征简表

综合上述矿床地质特征，除矿床基本信息表（见表 3-22）中所表达的信息以外，湖南郴州红旗岭锡多金属矿床的地质特征可归纳列入表 3-23 中。

表 3-23　湖南郴州红旗岭锡多金属矿床地质特征简表

序号	项目名称	项目描述	序号	项目名称	项目描述
10	赋矿地层时代	新元古代	16	矿石类型	锡石硫化物脉型、石英脉型
11	赋矿地层岩性	变质细砂岩	17	成矿年龄/Ma	153
12	相关岩体岩性	黑云母花岗岩	18	矿石矿物	锡石、方铅矿、黄铜矿、闪锌矿、黑钨矿、黄铁矿、毒砂、磁铁矿、磁黄铁矿等
13	相关岩体年龄/Ma	152			
14	是否断裂控矿	是	19	围岩蚀变	硅化、绢云母化、绿泥石化、电气石化等
15	矿体形态	脉状	20	矿床类型	脉型

注：序号从 10 开始是为了和数据库保持一致。

3.4.3 地球化学特征

3.4.3.1 区域化探

A 元素含量统计参数

本研究收集到研究区内 1∶200000 水系沉积物 220 件样品的 39 种元素含量数据。计算水系沉积物中元素平均值相对其在中国水系沉积物（CSS）中的富集系数，将其地球化学统计参数列于表 3-24 中。

与中国水系沉积物相比，研究区内微量元素富集系数介于 10~100 之间的有 Bi、Sn、Cd、As、Ag、Pb、Sb、W，介于 3~10 之间的有 Au，介于 2~3 之间的有 Zn、Be、B、Hg、Mo，介于 1.2~2 之间的有 Cu、F、U、V、Li、Th、Nb。研究区内富集系数大于 1.2 的微量元素共计 21 种，其中热液成矿元素有 W、Sn、Mo、Bi、Cu、Pb、Zn、Cd、Au、Ag、As、Sb、Hg，即 13 种热液成矿元素均明显富集；热液运矿元素有 B、F；造岩微量元素有 Li、Be；酸性微量元素有 Nb、Th、U；基性微量元素有 V。

在研究区内已发现有大型锡矿床且伴生铅、锌、铜，上述 Sn、Pb、Zn、Cu 的富集系数分别为 16.1、12.3、2.27、1.94。

表 3-24　研究区 1∶200000 区域化探元素含量① 统计参数

元素	Ag	As	Au	B	Ba	Be	Bi	Cd	Co	Cr	Cu	F	Hg
最大值	25500	5750	138	1309	748	84.5	169	40000	25.3	88	520	19400	750
最小值	34	6	0.2	34	116	0.5	0.13	100	2.6	4.5	9	90	10
中位值	150	30	1.8	73	287	2.1	0.69	550	10.5	41	26	470	60
平均值	1056	142	5.32	105	298	4.7	6.58	2081	10.6	41	43	904	75
标准差	3232	475	15.7	133	98	8.6	20.4	5493	3.6	14	64	1797	75
富集系数②	13.7	14.2	4.03	2.24	0.61	2.25	21.2	14.9	0.87	0.69	1.94	1.84	2.08
元素	La	Li	Mo	Nb	Ni	Pb	Sb	Sn	Sr	Th	U	V	W
最大值	77	316	25.2	48	88	8947	260	1110	99	52.1	23.7	220	580
最小值	20.9	11.2	0.05	9.2	3.4	4.7	0.53	1.2	5	3.9	1.42	30	0.70
中位值	30.8	40	0.95	18	23	49	2.28	8.3	29	14.2	3.29	122	4.1
平均值	32	49	1.72	19	25	295	7.62	48	35	15.3	4.14	125	19
标准差	6.4	43	2.85	4.8	11	853	22.1	113	18	7.04	2.78	33	53
富集系数②	0.83	1.54	2.05	1.20	0.99	12.3	11.0	16.1	0.24	1.29	1.69	1.56	10.5
元素	Y	Zn	Zr	SiO_2	Al_2O_3	Fe_2O_3	K_2O	Na_2O	CaO	MgO	Ti	P	Mn
最大值	64	1071	186	85.70	16.46	18.66	4.58	1.59	8.11	3.07	5935	1179	32957
最小值	5.0	22	38	35.25	3.84	0.47	0.61	0.02	0.06	0.29	959	183	273
中位值	19	89	105	75.19	9.75	4.43	1.67	0.12	0.33	0.73	3657	488	719
平均值	20	159	105	74.12	9.92	4.81	1.70	0.17	0.83	0.84	3683	505	1482
标准差	7.2	179	28	6.92	2.36	2.14	0.58	0.17	1.28	0.45	865	164	2922
富集系数②	0.80	2.27	0.39	1.13	0.77	1.07	0.72	0.13	0.46	0.61	0.90	0.87	2.21

①元素含量的单位见表 2-4；②富集系数=平均值/CSS，CSS（中国水系沉积物）数据详见表 2-4。

B　地球化学异常剖析图

依据研究区内 1∶200000 化探数据，采用全国变值七级异常划分方案制作 29 种微量元素的单元素地球化学异常图，其异常分级结果见表 3-25。

表 3-25　红旗岭矿区 1∶200000 区域化探元素异常分级

元素	Ag	As	Au	B	Ba	Be	Bi	Cd	Co	Cr	Cu	F	Hg	La	Li
异常分级	5	3	0	0	0	2	4	5	0	0	2	1	0	0	0
元素	Mo	Nb	Ni	Pb	Sb	Sn	Sr	Th	U	V	W	Y	Zn	Zr	
异常分级	0	0	0	7	2	5	0	1	1	0	3	1	3	0	

注：0 代表在红旗岭矿区基本不存在异常，不作为找矿指示元素。

从表 3-25 可以看出，在红旗岭矿区存在异常的微量元素有 W、Sn、Bi、Cu、Pb、Zn、Cd、Ag、As、Sb、Be、F、Th、U、Y 共计 15 种。这 15 种微量元素在研究区内的地球化学异常剖析图如图 3-18 所示。

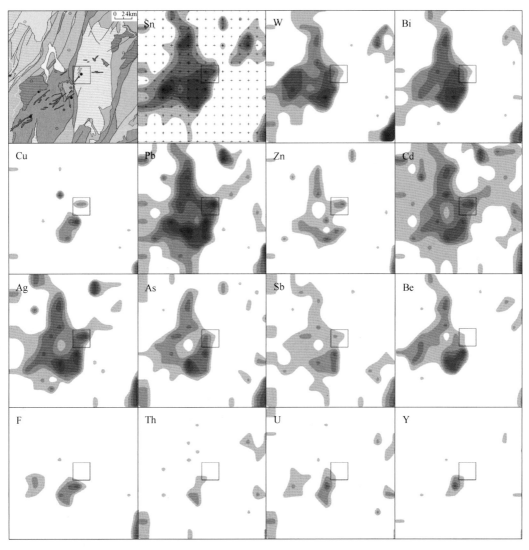

图 3-18 区域化探地球化学异常剖析图

（地质图为图 3-15 红旗岭锡多金属矿区域地质图）

上述 15 种元素可作为红旗岭锡多金属矿在区域化探工作阶段的找矿指示元素组合。在这 15 种元素中，Pb 具有 7 级异常，Sn、Cd、Ag 具有 5 级异常，Bi 具有 4 级异常，W、Zn、As 具有 3 级异常，Cu、Sb、Be 具有 2 级异常，F、Th、U、Y 具有 1 级异常。这种组合元素多，且强度强的异常特征与红旗岭锡多金属矿床矿体呈出露状态相一致。

3.4.3.2 化探普查

A 元素含量统计参数

本研究收集到研究区内 1∶50000 水系沉积物 177 件样品的 19 种微量元素及 Ti、Mn 的含量数据。计算水系沉积物中元素平均值相对其在中国水系沉积物（CSS）中的富集系数，将其地球化学统计参数列于表 3-26 中。

表 3-26 研究区 1∶50000 化探普查元素含量[①]统计参数

元素	Ag	As	Au	Ba	Bi	Co	Cr	Cu	F	Hg	Mo
最大值	21500	5000	68	526	150	48	97	2500	79500	240	27
最小值	30	5.1	0.1	54	0.1	2.0	11	7	210	10	0.3
中位值	200	67	1.5	312	2.0	18	56	29	660	60	1.4
平均值	1416	337	5.2	300	13	18.9	52	119	3766	72	2.2
标准差	2940	826	10.9	99	31	7.7	16	304	11476	45	2.9
富集系数[②]	18.4	33.7	3.95	0.61	40.3	1.56	0.88	5.40	7.69	1.99	2.65
元素	Ni	Pb	Sb	Sn	Sr	V	W	Zn	Ti	Mn	
最大值	52	3750	116	7250	76	129	1680	3750	4680	30000	
最小值	5	24	0.3	1.5	7	19	1.0	35	305	202	
中位值	23	171	4.9	34	18	70	10	154	2810	838	
平均值	23	650	12	375	22	70	43	555	2732	2514	
标准差	7.4	1011	18	1075	12	21	172	961	887	5795	
富集系数[②]	0.91	27.1	17.6	125	0.15	0.87	23.7	7.92	0.67	3.75	

①元素含量的单位见表 2-4；②富集系数＝平均值/CSS，CSS（中国水系沉积物）数据详见表 2-4。

与中国水系沉积物相比，化探普查微量元素富集系数大于 100 的有 Sn，介于 10~100 之间的有 Bi、As、Pb、W、Ag、Sb，介于 3~10 之间的有 Zn、F、Cu、Au，介于 2~3 之间的有 Mo，介于 1.2~2 之间的微量元素有 Hg、Co。在所研究的 19 种微量元素中，富集系数大于 1.2 的共计 14 种，仅 Ni、Cr、V、Ba、Sr 富集系数小于 1.2。

在研究区内发育大型锡矿床且伴生铅、锌、铜，Sn 的富集系数高达 125，Pb、Zn、Cu 的富集系数分别为 27.1、7.92、5.40。

B 地球化学异常剖析图

依据研究区内 1∶50000 化探数据，采用全国定值七级异常划分方案制作 19 种微量元素及 Ti、Mn 的单元素地球化学异常图，其异常分级结果见表 3-27。

表 3-27 红旗岭矿区 1∶50000 化探普查元素异常分级

元素	Ag	As	Au	Ba	Bi	Co	Cr	Cu	F	Hg	Mo	Ni	Pb	Sb	Sn	Sr	V	W	Zn	Ti	Mn
异常分级	6	5	2	0	5	2	0	7	4	1	3	0	7	3	7	0	0	7	7	0	3

注：0 代表在红旗岭矿区基本不存在异常，不作为找矿指示元素。

从表 3-27 可以看出，在红旗岭矿区存在异常的微量元素有 W、Sn、Mo、Bi、Cu、Pb、Zn、Au、Ag、As、Sb、Hg、F、Co 共计 14 种。这 14 种微量元素及 Mn 在研究区内的地球化学异常剖析图如图 3-19 所示。

上述 14 种微量元素可以作为红旗岭锡多金属矿在化探普查工作阶段的找矿指示元素

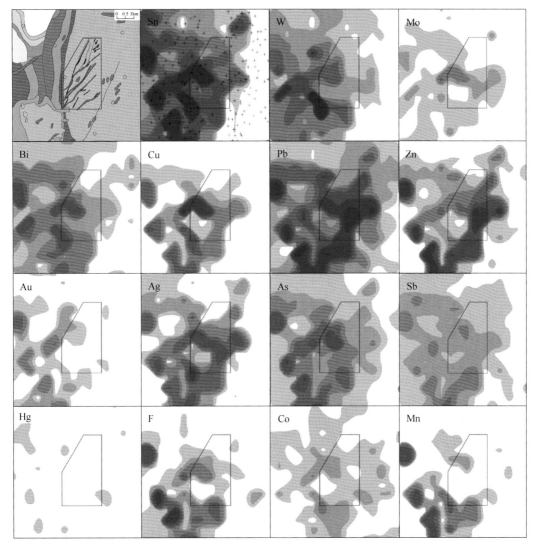

图 3-19　化探普查地球化学异常剖析图

（地质图为图 3-16 红旗岭锡多金属矿地质图）

组合。在这 14 种元素中，Sn、Cu、Pb、Zn、W 具有 7 级异常，Ag 具有 6 级异常，Bi、As 具有 5 级异常，F 具有 4 级异常，Mo、Sb 具有 3 级异常，Au、Co 具有 2 级异常，Hg 具有 1 级异常。由此看出，这种组合元素多且强度强的异常特征与红旗岭锡多金属矿床主要经济矿种及矿体呈出露状态相一致。

3.4.3.3　岩石地球化学勘查

A　元素含量统计参数

本研究收集到矿区内岩石 66 件样品的 22 种微量元素含量数据（赵禹，2015；万贵龙，2013；仝立华，2013；毛景文等，1998；沈渭洲等，1995），其中不同类型矿石 5 件、蚀变岩 2 件、较新鲜岩石 59 件。计算岩石中元素平均值相对其在中国水系沉积物（CSS）中的富集系数，将其地球化学统计参数列于表 3-28 中。

表 3-28　红旗岭矿区岩石样品中元素含量①统计参数②

元素	Ba	Be	Bi	Co	Cr	Cu	F	La	Li	Mo	Nb
样品数	46	34	20	28	28	48	19	60	41	17	46
最大值	503	88	205	3.3	53	1104	68000	88	285	1144	67
最小值	2.1	4.0	0.73	0.05	1.1	0.93	1318	14	13	3.5	1.5
中位值	130	12	8.8	1.7	3.7	15	3847	37	50	5.7	22
平均值	167	15	29	1.7	6.5	39	8390	44	92	76	28
标准差	143	15	51	0.97	9.6	158	15634	23	83	275	18
富集系数③	0.34	7.34	92.3	0.14	0.11	1.77	17.1	1.13	2.89	91.0	1.74
元素	Ni	Pb	Sn	Sr	Th	U	V	W	Y	Zn	Zr
样品数	24	66	41	53	53	53	22	40	45	48	53
最大值	28	3540	1794	496	93	48	22	2038	263	5561	215
最小值	0.68	3.9	2.9	7.2	1.6	0.33	0.87	3.0	15.6	2.0	21
中位值	2.4	41	19	40	40	18	5.9	31	62	37	110
平均值	3.8	97	102	97	39	20	8.5	168	94	167	110
标准差	5.4	431	345	135	24.9	11.7	7.3	472	68.8	802	61
富集系数③	0.15	4.04	33.9	0.67	3.26	8.04	0.11	93.1	3.78	2.39	0.41

①元素含量的单位见表 2-4；②数据引自赵禹（2015）、万贵龙（2013）、仝立华（2013）、毛景文等（1998）、沈渭洲等（1995）；③富集系数＝平均值/CSS，CSS 数据详见表 2-4。

与中国水系沉积物相比，研究区内微量元素富集系数介于 10~100 之间的有 W、Bi、Mo、Sn、F，介于 3~10 之间的有 U、Be、Pb、Y、Th，介于 2~3 之间的有 Li、Zn，介于 1.2~2 之间的有 Cu、Nb。富集系数大于 1.2 的微量元素共计 14 种，其中热液成矿元素有 W、Sn、Mo、Bi、Cu、Pb、Zn 计 7 种，所研究的 7 种热液成矿元素均明显富集；热液运矿元素有 F；造岩微量元素 Li、Be；酸性微量元素有 Nb、Th、U、Y。

在研究区内发育大型锡矿床且伴生铅、锌、铜，上述 Sn、Pb、Zn、Cu 的富集系数分别为 33.9、4.04、2.39 和 1.77。

B　地球化学异常剖面图

由于收集资料的局限性，本研究未能制作出矿区地球化学异常剖面图。本研究在矿区范围内所收集的岩石有矿石、蚀变岩和较新鲜岩石，元素含量可采用平均值来表征，该平均值的大小取决于所收集岩石中矿石和蚀变岩相对较新鲜岩石的多少。

依据上述矿区岩石中元素含量的平均值，采用全国定值七级异常划分方案评定 22 种微量元素的异常分级，结果见表 3-29。

表 3-29　红旗岭矿区岩矿石中元素异常分级

元素	Ba	Be	Bi	Co	Cr	Cu	F	La	Li	Mo	Nb	Ni	Pb	Sn	Sr	Th	U	V	W	Y	Zn	Zr
异常分级	0	3	4	0	0	3	0	1	5	1	0	2	4	0	1	3	0	5	3	1	0

注：0 代表在红旗岭矿区基本不存在异常，不作为找矿指示元素。

从表 3-29 可以看出，在红旗岭矿区存在异常的微量元素有 W、Sn、Mo、Bi、Pb、Zn、

F、Li、Be、Nb、Th、U、Y 共计 13 种，这 13 种元素可作为红旗岭锡多金属矿床在岩石地球化学勘查工作阶段的找矿指示元素组合。在这 13 种元素中，W、Mo 具有 5 级异常，Sn、Bi 具有 4 级异常，F、Be、U、Y 具有 3 级异常，Pb 具有 2 级异常，Zn、Li、Nb、Th 具有 1 级异常。由此看出，这种矿区岩石的组合元素多且强度强的异常特征与红旗岭锡多金属矿床的主要经济矿种相一致。

3.4.3.4 勘查地化特征简表

综合上述勘查地球化学特征，湖南郴州红旗岭矿床的勘查地球化学特征可归纳列入表 3-30 中。

表 3-30 湖南郴州红旗岭矿床勘查地球化学特征简表

矿床编号	项目名称	Ag	As	Au	B	Ba	Be	Bi	Cd	Co	Cr	Cu	F	Hg	La	Li
432301	区域富集系数	13.7	14.2	4.03	2.24	0.61	2.25	21.2	14.9	0.87	0.69	1.94	1.84	2.08	0.83	1.54
432301	区域异常分级	5	3	0	0	0	2	0	5	0	0	2	1	0	0	0
432301	普查富集系数	18.4	33.7	3.95		0.61		40.3		1.56	0.88	5.40	7.69	1.99		
432301	普查异常分级	6	5	2		0		5		2	0	7	4	1		
432301	岩石富集系数					0.34	7.34	92.3		0.14	0.11	1.77	17.1		1.13	2.89
432301	岩石异常分级					0	3	4		0	0	0	3		0	1
矿床编号	项目名称	Mo	Nb	Ni	Pb	Sb	Sn	Sr	Th	U	V	W	Y	Zn	Zr
432301	区域富集系数	2.05	1.20	0.99	12.3	11.0	16.1	0.24	1.29	1.69	1.56	10.5	0.80	2.27	0.39
432301	区域异常分级	0	0	0	7	2	5	0	1	1	0	3	1	3	0
432301	普查富集系数	2.65		0.91	27.1	17.6	125	0.15			0.87	23.7		7.92	
432301	普查异常分级	3		0	7		7				0	7		7	
432301	岩石富集系数	91.0	1.74	0.15	4.04		33.9	0.67	3.26	8.04	0.11	93.1	3.78	2.39	0.41
432301	岩石异常分级	5	1	0	2		4	0	0	0	0	5	3	1	0

注：该表可与矿床基本信息、地质特征简表依据矿床编号建立对应关系。

3.4.4 地质地球化学找矿模型

湖南郴州红旗岭锡多金属矿床为一大型矿床，位于湖南省郴州市苏仙区白露塘镇境内，矿体呈出露状态。赋矿地层为新元古界变质细砂岩。成矿与千里山复式花岗岩体关系密切，成矿岩体岩性为黑云母花岗岩，其成岩年龄约 152Ma。锡矿体受断裂控制明显，矿石类型主要为锡石-硫化物型和石英脉型，矿体形态呈脉状，成矿年龄约 153Ma。围岩蚀变主要为硅化、绢云母化、绿泥石化、电气石化等。矿床类型属于脉型。

湖南郴州红旗岭锡多金属矿床区域化探找矿指示元素组合为 W、Sn、Bi、Cu、Pb、Zn、Cd、Ag、As、Sb、Be、F、Th、U、Y 共计 15 种，其中 Pb 具有 7 级异常，Sn、Cd、Ag 具有 5 级异常，Bi 具有 4 级异常，W、Zn、As 具有 3 级异常，Cu、Sb、Be 具有 2 级异常，F、Th、U、Y 具有 1 级异常。化探普查找矿指示元素组合为 W、Sn、Mo、Bi、Cu、Pb、Zn、Au、Ag、As、Sb、Hg、F、Co 共计 14 种，其中 Sn、Cu、Pb、Zn、W 具有 7 级异常，Ag 具有 6 级异常，Bi、As 具有 5 级异常，F 具有 4 级异常，Mo、Sb 具有 3 级异常，

Au、Co 具有 2 级异常，Hg 具有 1 级异常。矿区岩石化探找矿指示元素组合为 W、Sn、Mo、Bi、Pb、Zn、F、Li、Be、Nb、Th、U、Y 共计 13 种，其中 W、Mo 具有 5 级异常，Sn、Bi 具有 4 级异常，F、Be、U、Y 具有 3 级异常，Pb 具有 2 级异常，Zn、Li、Nb、Th 具有 1 级异常。

3.5 湖南郴州白腊水锡矿床

3.5.1 矿床基本信息

表 3-31 为湖南郴州白腊水锡矿床基本信息表。

表 3-31 湖南郴州白腊水锡矿床基本信息表[①]

序号	项目名称	项目描述	序号	项目名称	项目描述
0	矿床编号	432302	4	矿床规模	超大型
1	经济矿种	锡	5	主矿种资源量	42.2[②]
2	矿床名称	湖南郴州白腊水锡矿床	6	伴生矿种资源量	无
3	行政隶属地	湖南省郴州市北湖区芙蓉镇	7	矿体出露状态	出露

①同表 2-1 标注；②经济矿种资源量数据引自雷泽恒等（2009）。

3.5.2 矿床地质特征

3.5.2.1 区域地质特征

湖南郴州白腊水锡矿床位于湖南省郴州市北湖区芙蓉镇，距郴州市区约 40km（黎传标，2010），在成矿带划分上白腊水矿床位于华南成矿省南岭成矿带的南岭中段（湘南-粤北坳陷）成矿亚带（徐志刚等，2008）。

区域内出露地层有泥盆系、石炭系、二叠系、三叠系、白垩系和第四系，如图 3-20 所示。区域内地层大多呈北东向分布，二叠系砂岩、灰岩和石炭系灰岩为区域主要赋矿建造（黄革非等，2005；毛景文等，2004）。

区域内岩浆岩发育，主要出露的岩浆岩为骑田岭复式花岗岩体。骑田岭岩体面积约 520km^2（邓希光等，2005），可以划分为三个侵入阶段（朱金初等，2009）：第一阶段侵位于 161Ma 左右，主要为黑云母二长花岗岩，出露面积约占 45%，在研究区内分布在岩体西部靠边缘部位；第二阶段侵位于 157Ma 左右，主要为黑云母花岗岩，出露面积约占 40%，主要分布在岩体的中部和南部；第三阶段侵位于 149Ma 左右，主要为细粒黑云母花岗岩，出露面积约占 12%，主要出露在岩体的中部和南部。

区域内断裂构造发育，按展布方向可划分为北东向和近南北向两组，其中北东向断裂是区域内的主要断裂（薛志远，2009；康卫清等，2005）。

区域内矿产资源以锡矿为主，代表性矿床有白腊水超大型锡矿床、麻子坪大型锡矿床（许以明等，2000）、黑山里大型锡矿床和狗头岭中型锡矿床（魏绍六等，2002；黄革非等，2001）。

3.5.2.2 矿区地质特征

湖南郴州白腊水锡矿床位于骑田岭复式花岗岩体西南端外接触带内，如图 3-21 所示。矿区内出露地层有中石炭统、下二叠统、上二叠统和下三叠统。区内地层大多呈北东向分布。上二叠统砂岩、灰岩和中石炭统灰岩是白腊水锡矿的主要赋矿建造（蔡锦辉等，2004a）。

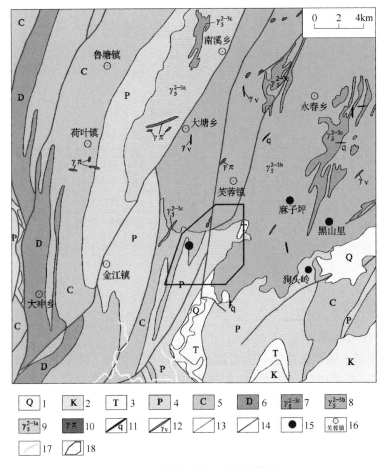

| Q | 1 | K | 2 | T | 3 | P | 4 | C | 5 | D | 6 | γ_5^{2-3c} | 7 | γ_5^{2-3b} | 8 |

| γ_5^{2-3a} | 9 | $\gamma\pi$ | 10 | q | 11 | γ_v | 12 | | 13 | | 14 | ● | 15 | 芙蓉镇 | 16 |

| | 17 | | 18 |

图 3-20　白腊水锡矿区域地质图

(据中国地质调查局 1：200000 地质图修编和朱金初等（2009）修编，

下文 1：200000 地球化学剖析图采用此范围)

1—第四系河流相沉积物；2—白垩系砂岩、粉砂岩及泥岩；3—三叠系砂岩、页岩；

4—二叠系砂岩、灰岩；5—石炭系灰岩；6—泥盆系灰岩、白云质灰岩；7—细粒黑云母花岗岩；

8—黑云母花岗岩；9—黑云母二长花岗岩；10—花岗斑岩；11—石英脉；12—细粒花岗岩脉；

13—岩性界线；14—断层；15—锡矿床；16—地名；17—河流；18—白腊水锡矿矿区范围

矿区内岩浆岩发育，出露的岩体主要为骑田岭复式花岗岩体，分布在矿区的东部和北部。与矿体在空间和成因上关系密切的为第二阶段侵位的黑云母花岗岩，其成岩年龄约157Ma（朱金初等，2009；丁正兴等，2007）。

矿区内断裂构造以近南北向和北东向为主（蔡锦辉等，2004a），两者是本区主要的控矿构造，对矿体的形态、产状和分布范围控制明显（黎川标，2010）。

3.5.2.3　矿体地质特征

A　矿体特征

白腊水矿区目前发现以矽卡岩型和蚀变岩体型为主的各类锡矿脉（体）有 40 多条，如图 3-21 所示。由北向南，矿脉规模逐渐变大，具有一定规模的锡矿脉数量增多，锡矿品位也有逐渐增高的趋势。矽卡岩型锡矿是区内最主要的锡矿类型，主要分布于矿区中南部，其锡矿体规模大的单矿体可达大型以上，如 19 号矿脉。蚀变岩体型锡矿是区内主要的锡矿类型之一，主要分布于白腊水矿区中北部，锡矿脉体在近地表处厚度较大，锡品位变化不大，如 10 号矿脉（蔡锦辉等，2002）。

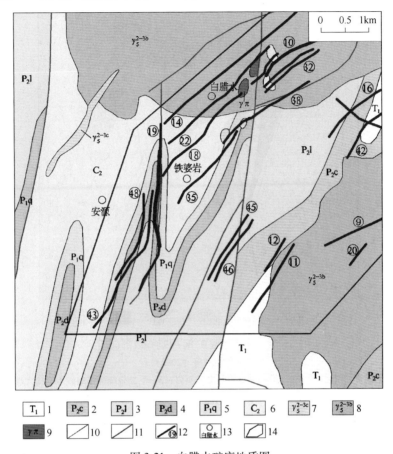

图 3-21 白腊水矿床地质图

（据中国地质调查局 1∶200000 地质图和雷泽恒等（2009）修编，

下文 1∶50000 地球化学剖析图采用此范围）

1—下三叠统灰色薄层状灰岩、竹叶状灰岩；2—上二叠统大隆组泥质灰岩、硅质灰岩、钙质页岩；

3—上二叠统龙潭组砂岩、砂质页岩、黏土页岩；4—上二叠统当冲组黑色、灰黑色含铁锰质硅质岩；

5—下二叠统栖霞组灰黑色、浅灰色灰岩夹白云岩、白云质灰岩；6—中石炭统浅灰、

灰白色白云岩夹白云质灰岩及灰岩；7—细粒黑云母花岗岩；8—黑云母花岗岩；9—花岗斑岩；

10—岩性界线；11—断层；12—锡矿脉及编号；13 地名；14—白腊水锡矿矿区范围

19 号矿脉发育于二叠系栖霞组矽卡岩化大理岩与岩体的接触部位，明显受一组近南北向断裂的控制（见图 3-22），矿体形态呈似层状、透镜状、脉状。李华芹等（2006）通过对 19 号矿脉中 4 件矽卡岩型矿石的单矿物-全岩 Sm-Nd 等时线测年获得其年龄为（133±15）Ma，通过对矿区内 6 件蚀变花岗岩型锡矿石 Rb-Sr 等时线测年获得其年龄为（137±5）Ma，两者的误差范围相一致，即白腊水锡矿的成矿年龄约 133Ma。

　　B　矿石特征

白腊水矿床矿石类型主要为矽卡岩型锡矿石和蚀变岩体型锡矿石（蔡锦辉等，

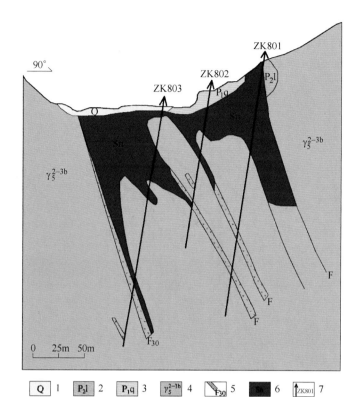

图 3-22　白腊水锡矿 80 号勘探线剖面图

（据魏绍六等（2002））

1—第四系沉积物；2—上二叠统龙潭组粉砂质页岩；3—下二叠统栖霞组矽卡岩化大理岩；

4—黑云母花岗岩；5—断层破碎带及编号；6—锡矿体；7—钻孔及编号

2004a）。金属矿物以锡石为主，伴生磁铁矿、黄铁矿、黄铜矿、方铅矿、闪锌矿等（王琳，2006）。矿石的结构主要有晶粒结构、交代结构、交代残余结构和显微鳞片结构，矿石的构造主要有浸染状构造、块状构造、条带状构造和角砾状构造等（车勤建，2005）。

C　围岩蚀变

白腊水矿床的围岩蚀变主要有矽卡岩化、大理岩化、角岩化、钠长石化、绿泥石化、云英岩化、绢云母化、钾长石、萤石化、碳酸盐化等，其中矽卡岩化、钠长石化和云英岩化与成矿关系最为密切（蔡锦辉等，2004b；黄革非等，2005）。

3.5.2.4　勘查开发概况

白腊水矿床的地质勘探工作始于 20 世纪 90 年代。湖南省湘南地质勘查院于 1996 年组队进入该区开展锡矿普查工作，于 2005 年提交了《湖南省郴州市北湖区白腊水矿区锡矿普查报告》，针对白腊水矿区内 18 个锡矿体资源量估算共获得 333 + 334 锡金属量 42.2 万吨，锡平均品位 0.237% ~ 3.096%（魏绍六等，2002；王芳等，2008；雷泽恒等，2009）。

3.5.2.5　矿床类型

根据黄革非等（2001）、蔡锦辉（2002，2004b）和康卫青等（2005）的研究成果，认为湖南郴州白腊水锡矿床的矿床类型为矽卡岩型矿床。

3.5.2.6 地质特征简表

综合上述矿床地质特征，除矿床基本信息表（见表3-31）中所表达的信息以外，白腊水锡矿床的地质特征可归纳列入表3-32中。

表 3-32 白腊水锡矿床地质特征简表

序号	项目名称	项目描述	序号	项目名称	项目描述
10	赋矿地层时代	二叠系、石炭系	17	成矿年龄/Ma	133
11	赋矿地层岩性	砂岩、灰岩	18	矿石矿物	锡石、磁铁矿、黄铁矿、黄铜矿、闪锌矿等
12	相关岩体岩性	黑云母花岗岩			
13	相关岩体年龄/Ma	157	19	围岩蚀变	矽卡岩化、大理岩化、角岩化、钠长石化、云英岩化、绢云母化、绿泥石化、萤石化等
14	是否断裂控矿	是			
15	矿体形态	似层状、透镜状			
16	矿石类型	矽卡岩型、蚀变岩体型	20	矿床类型	矽卡岩型

注：序号从10开始是为了和数据库保持一致。

3.5.3 地球化学特征

3.5.3.1 区域化探

A 元素含量统计参数

本研究收集到研究区内1∶200000水系沉积物225件样品的39种元素含量数据。计算水系沉积物中元素平均值相对其在中国水系沉积物（CSS）中的富集系数，将其地球化学统计参数列于表3-33中。

表 3-33 研究区 1∶200000 区域化探元素含量[①]统计参数

元素	Ag	As	Au	B	Ba	Be	Bi	Cd	Co	Cr	Cu	F	Hg
最大值	7810	1420	9.2	648	1361	35	65	8920	34.6	166	790	6800	680
最小值	35	5.5	0.2	7.8	112	0.8	0.22	75	1.4	8	8	220	25
中位值	120	23	1.6	79	289	3.7	1.3	420	11.4	55	26	630	80
平均值	192	53	2.1	86	319	5.6	2.8	629	11.8	56	32	918	107
标准差	533	150	1.7	81	139	5.6	5.7	754	5.6	33	54	946	101
富集系数[②]	2.50	5.27	1.62	1.84	0.65	2.67	9.00	4.49	0.98	0.94	1.47	1.87	2.96
元素	La	Li	Mo	Nb	Ni	Pb	Sb	Sn	Sr	Th	U	V	W
最大值	117	333	23.6	95	181	791	24.8	1137	169	84.4	30.4	258	153
最小值	20.0	28	0.40	12.5	16	16	0.22	1.8	21	4.0	1.56	16	2.0
中位值	39.3	58	1.9	22.3	25	54	1.4	17.9	61	19.6	6.03	84	8.0
平均值	45.7	67	2.9	28.7	35	66	2.2	39.2	63	31.0	9.62	92	15.1
标准差	17.7	47	3.2	14.0	27	61	3.3	90.3	25	21.5	6.76	44	22.6
富集系数[②]	1.17	2.09	3.45	1.79	1.38	2.76	3.14	13.1	0.43	2.6	3.93	1.15	8.38

续表3-33

元素	Y	Zn	Zr	SiO$_2$	Al$_2$O$_3$	Fe$_2$O$_3$	K$_2$O	Na$_2$O	CaO	MgO	Ti	P	Mn
最大值	89	562	564	84.37	23.13	9.71	5.51	2.20	10.19	4.69	11330	917	4105
最小值	10	23	51	49.69	6.23	2.03	0.71	0.03	0.14	0.21	779	174	232
中位值	30	97	125	65.27	13.78	5.39	1.81	0.35	0.56	0.70	4676	480	619
平均值	33	110	142	65.46	14.10	5.38	2.54	0.39	1.33	0.77	4847	498	827
标准差	13.5	62	68	5.50	3.25	1.47	1.36	0.34	1.81	0.53	1729	146	614
富集系数②	1.33	1.57	0.52	1.00	1.10	1.19	1.07	0.30	0.74	0.56	1.18	0.86	1.24

①元素含量的单位见表2-4;②富集系数=平均值/CSS,CSS(中国水系沉积物)数据详见表2-4。

与中国水系沉积物相比,研究区内微量元素富集系数介于10~100之间的有Sn,介于3~10之间的有Bi、W、As、Cd、U、Mo、Sb,介于2~3之间的有Hg、Pb、Be、Th、Ag、Li,介于1.2~2之间的有F、B、Nb、Au、Zn、Cu、Ni、Y。研究区内富集系数大于1.2的微量元素共计22种,其中热液成矿元素有W、Sn、Mo、Bi、Cu、Pb、Zn、Cd、Au、Ag、As、Sb、Hg,即13种热液成矿元素均明显富集;热液运矿元素有F、B;造岩微量元素有Li、Be;酸性微量元素有Nb、Th、U、Y;基性微量元素有Ni。

在研究区内已发现有超大型锡矿床,上述Sn的富集系数为13.1。

B　地球化学异常剖析图

依据研究区内1∶200000化探数据,采用全国变值七级异常划分方案制作29种微量元素的单元素地球化学异常图,其异常分级结果见表3-34。

表3-34　白腊水矿区1∶200000区域化探元素异常分级

元素	Ag	As	Au	B	Ba	Be	Bi	Cd	Co	Cr	Cu	F	Hg	La	Li
异常分级	5	5	2	2	0	4	5	4	0	1	5	3	2	0	3

元素	Mo	Nb	Ni	Pb	Sb	Sn	Sr	Th	U	V	W	Y	Zn	Zr
异常分级	3	0	3	5	3	7	0	2	3	2	5	2	3	0

注:0代表在白腊水矿区基本不存在异常,不作为找矿指示元素。

从表3-34可以看出,在白腊水矿区存在异常的微量元素有W、Sn、Mo、Bi、Cu、Pb、Zn、Cd、Au、Ag、As、Sb、Hg、F、B、Li、Be、Th、U、Y、V、Cr、Ni共计23种。这23种微量元素在研究区内的地球化学异常剖析图如图3-23所示。

上述23种元素可作为白腊水锡矿在区域化探工作阶段的找矿指示元素组合。在这23种元素中,Sn具有7级异常,W、Bi、Cu、Pb、Ag、As具有5级异常,Cd、Be具有4级异常,Mo、Zn、Sb、F、Li、U、Ni具有3级异常,Au、Hg、B、Th、Y、V具有2级异常,Cr具有1级异常。由此看出,这种组合元素多且强度强的异常特征与白腊水锡矿床矿体呈出露状态相一致。

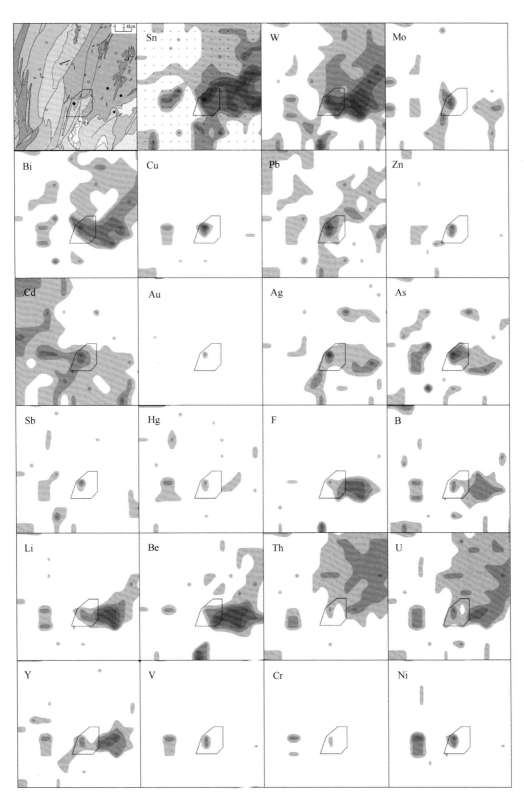

图 3-23 区域化探地球化学异常剖析图

（地质图为图 3-20 白腊水锡矿区域地质图）

3.5.3.2 化探普查

A 元素含量统计参数

本研究收集到研究区内 1：50000 水系沉积物 185 件样品的 19 种微量元素及 Ti、Mn 的含量数据。计算水系沉积物中元素平均值相对其在中国水系沉积物（CSS）中的富集系数，将其地球化学统计参数列于表 3-35 中。

表 3-35　研究区 1：50000 化探普查元素含量①统计参数

元素	Ag	As	Au	Ba	Bi	Co	Cr	Cu	F	Hg	Mo
最大值	50000	102900	150	683	150	52	313	3750	7130	480	44
最小值	40	20.1	0.1	52	0.5	3	7	4	360	10	1.0
中位值	150	74	2.4	299	4.5	20	63	43	990	130	3.0
平均值	933	2178	6.9	306	15	21	73	176	1720	151	4.8
标准差	5025	12489	22	138	34	10.5	57	555	1490	97	5.6
富集系数②	12.1	218	5.24	0.62	49.4	1.76	1.24	8.02	3.51	4.19	5.68
元素	Ni	Pb	Sb	Sn	Sr	V	W	Zn	Ti	Mn	
最大值	444	3750	182	3200	303	778	2470	3750	10160	7480	
最小值	3	10	0.5	1.7	9	14	2	35	744	40	
中位值	34	115	3.4	58	55	103	20	187	4460	902	
平均值	62	235	11	176	61	129	67	309	4381	1449	
标准差	69	460	27	372	35	98	249	454	1731	1359	
富集系数②	2.48	9.79	15.5	58.7	0.42	1.61	37.1	4.41	1.07	2.16	

①元素含量的单位见表 2-4；②富集系数=平均值/CSS，CSS（中国水系沉积物）数据详见表 2-4。

与中国水系沉积物相比，化探普查微量元素富集系数大于 100 的有 As，介于 10~100 之间的有 Sn、Bi、W、Sb、Ag，介于 3~10 之间的有 Pb、Cu、Mo、Au、Zn、Hg、F，介于 2~3 之间的有 Ni；介于 1.2~2 之间的微量元素有 Co、V、Cr。在所研究的 19 种微量元素中，富集系数大于 1.2 的共计 17 种，仅 Ba、Sr 富集系数小于 1.2。

在研究区内发育超大型锡矿床，Sn 的富集系数高达 58.7。

B 地球化学异常剖析图

依据研究区内 1：50000 化探数据，采用全国定值七级异常划分方案制作 19 种微量元素及 Mn 的单元素地球化学异常图，其异常分级结果见表 3-36。

表 3-36　白腊水矿区 1：50000 化探普查元素异常分级

元素	Ag	As	Au	Ba	Bi	Co	Cr	Cu	F	Hg	Mo	Ni	Pb	Sb	Sn	Sr	V	W	Zn	Ti	Mn
异常分级	7	7	5	0	5	3	1	7	3	1	4	4	7	4	7	0	4	7	6	0	3

注：0 代表在白腊水矿区基本不存在异常，不作为找矿指示元素。

从表 3-36 可以看出，在白腊水矿区存在异常的微量元素有 W、Sn、Mo、Bi、Cu、Pb、Zn、Au、Ag、As、Sb、Hg、F、Co、Ni、V、Cr 共计 17 种。这 17 种微量元素及 Mn 在研究区内的地球化学异常剖析图如图 3-24 所示。

上述 17 种微量元素可以作为白腊水锡矿在化探普查工作阶段的找矿指示元素组合。

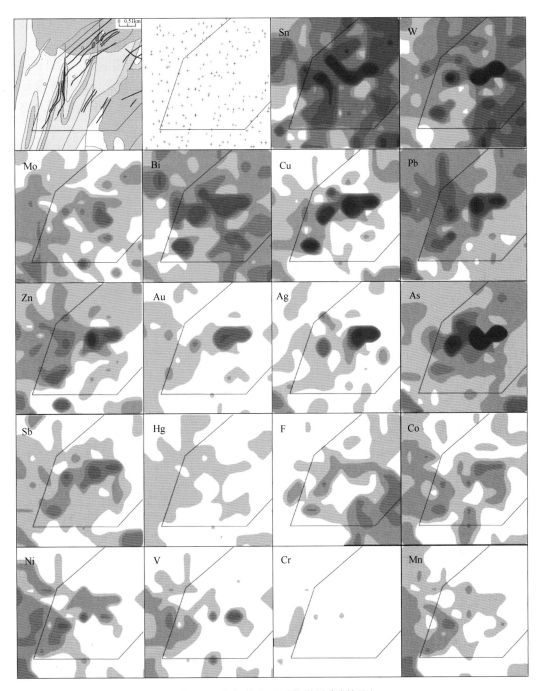

图 3-24　化探普查地球化学异常剖析图

（地质图为图 3-21 白腊水锡矿地质图）

在这 17 种元素中，Sn、W、Cu、Pb、Ag、As 具有 7 级异常，Zn 具有 6 级异常，Bi、Au 具有 5 级异常，Mo、Sb、Ni、V 具有 4 级异常，F、Co 具有 3 级异常，Hg、Cr 具有 1 级异常。由此看出，这种组合元素多且强度强的异常特征与白腊水锡矿床矿体呈出露状态相一致。

3.5.3.3 岩石地球化学勘查

A 元素含量统计参数

本研究收集到矿区内岩石48件样品的25种微量元素含量数据（招湛杰，2011；双燕等，2006；蔡锦辉等，2004a），其中不同类型的矿石14件、蚀变岩6件、较新鲜岩石28件。计算岩石中元素平均值相对其在中国水系沉积物（CSS）中的富集系数，将其地球化学统计参数列于表3-37中。

表 3-37　白腊水矿区岩石样品元素含量[①]统计参数[②]

元素	Ag	As	Ba	Be	Bi	Cd	Co	Cr	Cu	Hg	La	Li	Mo
样品数	33	33	11	44	44	11	44	11	44	11	27	11	11
最大值	35000	127060	1420	382	1528	7790	164	32.1	43000	10330	302	82	12.0
最小值	34	1.1	90	3.2	0.1	60	1.0	5.7	3.6	820	2.9	16	1.87
中位值	410	13	529	9.3	3.3	400	11.3	11.8	18	4200	115	37	4.55
平均值	2084	4489	573	38	57	1418	14.6	15.5	1306	5037	128	48	5.71
标准差	6147	22166	386	80	233	2381	23.8	8.4	6680	3442	81	25	3.38
富集系数[③]	27.1	449	1.17	18.2	183	10.1	1.21	0.26	59.3	140	3.28	1.51	6.80
元素	Nb	Ni	Pb	Sb	Sn	Sr	Th	V	W	Y	Zn	Zr	
样品数	23	33	43	33	44	33	11	11	44	15	44	11	
最大值	79	16	1688	75.9	6920	694	156	78	262	68	2060	529	
最小值	1.5	1.4	4.3	0.02	4.7	2.9	36	6.9	3.1	13	7.9	151	
中位值	20	12	83	0.74	130	70	61	26	9.8	40	115	234	
平均值	28	10.3	190	5.60	694	131	72	35	26	38	262	287	
标准差	21	3.8	291	16.1	1281	162	34	25	50	17	387	137	
富集系数[③]	1.72	0.41	7.90	8.11	231	0.91	6.05	0.43	14.4	1.53	3.74	1.06	

[①]元素含量的单位见表2-4；[②]数据引自招湛杰（2011）、双燕等（2006）、蔡锦辉等（2004a）；[③]富集系数＝平均值/CSS，CSS数据详见表2-4。

与中国水系沉积物相比，研究区内微量元素富集系数大于100的有As、Sn、Bi、Hg，介于10～100之间的有Cu、Ag、Be、W、Cd，介于3～10之间的有Sb、Pb、Mo、Th、Zn、La，介于1.2～2之间的有Nb、Y、Li、Co。富集系数大于1.2的微量元素共计19种，其中热液成矿元素有W、Sn、Mo、Bi、Cu、Pb、Zn、Cd、Ag、As、Sb、Hg共计12种，即所讨论的12种热液成矿元素均明显富集；造岩微量元素有Li、Be；酸性微量元素有Nb、Th、Y、La；基性微量元素有Co。

在研究区内已发现有超大型锡矿床，上述Sn的富集系数高达231。

B 地球化学异常剖面图

由于收集资料的局限性，本研究未能制作出矿区地球化学异常剖面图。本研究在矿区范围内所收集的岩石有矿石、蚀变岩和较新鲜岩石，元素含量可采用平均值来表征，该平均值的大小取决于所收集岩石中矿石和蚀变岩相对较新鲜岩石的多少。

依据上述矿区岩石中元素含量的平均值，采用全国定值七级异常划分方案评定25种微量元素的异常分级，结果见表3-38。

表 3-38　白腊水矿区岩矿石中元素异常分级

元素	Ag	As	Ba	Be	Bi	Cd	Co	Cr	Cu	Hg	La	Li	Mo
异常分级	3	5	0	4	4	2	0	0	6	3	2	0	2
元素	Nb	Ni	Pb	Sb	Sn	Sr	Th	V	W	Y	Zn	Zr	
异常分级	1	0	3	1	6	0	2	0	3	1	2	0	

注：0代表在白腊水矿区基本不存在异常，不作为找矿指示元素。

从表3-38可以看出，在白腊水矿区存在异常的微量元素有 W、Sn、Mo、Bi、Cu、Pb、Zn、Cd、Ag、As、Sb、Hg、Be、Nb、Th、La、Y 共计17种，这17种元素可作为白腊水锡矿床在岩石地球化学勘查工作阶段的找矿指示元素组合。在这17种元素中，Sn、Cu具有6级异常，As具有5级异常，Bi、Be具有4级异常，W、Pb、Ag、Hg具有3级异常，Mo、Zn、Cd、Th、La具有2级异常，Sb、Nb、Y具有1级异常。由此看出，这种矿区岩石的强异常特征与白腊水矿床的主经济矿种相一致。

3.5.3.4　勘查地化特征简表

综合上述勘查地球化学特征，湖南郴州白腊水矿床的勘查地球化学特征可归纳列入表3-39中。

表 3-39　湖南郴州白腊水矿床勘查地球化学特征简表

矿床编号	项目名称	Ag	As	Au	B	Ba	Be	Bi	Cd	Co	Cr	Cu	F	Hg	La	Li
432302	区域富集系数	2.50	5.27	1.62	1.84	0.65	2.67	9.00	4.49	0.98	0.94	1.47	1.87	2.96	1.17	2.09
432302	区域异常分级	5	5	2	2	0	4	5	4	0	1	5	3	2	0	3
432302	普查富集系数	12.1	218	5.24		0.62		49.4			1.76	1.24	8.02	3.51	4.19	
432302	普查异常分级	7	7	5		0		5			3	1	7	3	1	
432302	岩石富集系数	27.1	449			1.17	18.2	183	10.1	1.21	0.26	59.3		140	3.28	1.51
432302	岩石异常分级	3	5			0	4	4	2	0	0			3	2	0

矿床编号	项目名称	Mo	Nb	Ni	Pb	Sb	Sn	Sr	Th	U	V	W	Y	Zn	Zr
432302	区域富集系数	3.45	1.79	1.38	2.76	3.14	13.1	0.43	2.6	3.93	1.15	8.38	1.33	1.57	0.52
432302	区域异常分级	3	4	3	5	3	7	0	2	3	2	5	2	3	0
432302	普查富集系数	5.68		2.48	9.79	15.5	58.7	0.42			1.61	37.1		4.41	
432302	普查异常分级	4		4	5	4	7				4	4		6	
432302	岩石富集系数	6.80	1.72	0.41	7.90	8.11	231	0.91	6.05		0.43	14.4	1.53	3.74	1.06
432302	岩石异常分级	2	1	0	3	3	6	0	2		0	3	1	2	0

注：该表可与矿床基本信息、地质特征简表依据矿床编号建立对应关系。

3.5.4　地质地球化学找矿模型

湖南郴州白腊水锡矿床为一超大型矿床，位于湖南省郴州市北湖区芙蓉镇境内，矿体呈出露状态。赋矿地层为二叠系砂岩、灰岩和石炭系灰岩。成矿与骑田岭复式花岗岩体关系密切，成矿岩体岩性为黑云母花岗岩，其成岩年龄约 157Ma。锡矿体受断裂控制明显，矿石类型主要为矽卡岩型和蚀变岩体型，矿体形态呈似层状、透镜状等，成矿年龄约 133Ma。围岩蚀变主要为矽卡岩化、大理岩化、角岩化、钠长石化、云英岩化、绢云母化、绿泥石化、萤石化和碳酸盐化等。矿床类型属于矽卡岩型。

湖南郴州白腊水锡矿床区域化探找矿指示元素组合为 W、Sn、Mo、Bi、Cu、Pb、Zn、Cd、Au、Ag、As、Sb、Hg、F、B、Li、Be、Th、U、Y、V、Cr、Ni 共计 23 种，其中 Sn 具有 7 级异常，W、Bi、Cu、Pb、Ag、As 具有 5 级异常，Cd、Be 具有 4 级异常，Mo、Zn、Sb、F、Li、U、Ni 具有 3 级异常，Au、Hg、B、Th、Y、V 具有 2 级异常，Cr 具有 1 级异常。化探普查找矿指示元素组合为 W、Sn、Mo、Bi、Cu、Pb、Zn、Au、Ag、As、Sb、Hg、F、Co、Ni、V、Cr 共计 17 种，其中 Sn、W、Cu、Pb、Ag、As 具有 7 级异常，Zn 具有 6 级异常，Bi、Au 具有 5 级异常，Mo、Sb、Ni、V 具有 4 级异常，F、Co 具有 3 级异常，Hg、Cr 具有 1 级异常。矿区岩石化探找矿指示元素组合为 W、Sn、Mo、Bi、Cu、Pb、Zn、Cd、Ag、As、Sb、Hg、Be、Nb、Th、La、Y 共计 17 种，其中 Sn、Cu 具有 6 级异常，As 具有 5 级异常，Bi、Be 具有 4 级异常，W、Pb、Ag、Hg 具有 3 级异常，Mo、Zn、Cd、Th、La 具有 2 级异常，Sb、Nb、Y 具有 1 级异常。

3.6 广东信宜银岩锡多金属矿床

3.6.1 矿床基本信息

表 3-40 为广东信宜银岩锡多金属矿床基本信息表。

表 3-40 广东信宜银岩锡多金属矿床基本信息表[①]

序号	项目名称	项目描述	序号	项目名称	项目描述
0	矿床编号	442301	4	矿床规模	大型
1	经济矿种	锡、钨、钼	5	主矿种资源量	10.32[②]
2	矿床名称	广东信宜银岩锡多金属矿床	6	伴生矿种资源量	暂无
3	行政隶属地	广东省信宜市钱排镇	7	矿体出露状态	出露

①同表 2-1 标注；②经济矿种资源量数据引自广东地质局 704 队（1986）。

3.6.2 矿床地质特征

3.6.2.1 区域地质特征

广东信宜银岩锡多金属矿床位于广东省信宜市钱排镇水口村，矿区距信宜县城东约 36km。在成矿带划分上银岩矿床位于华南成矿省粤西-桂东南成矿带的云开（隆起）成矿亚带（徐志刚等，2008）。

区域内出露地层为新元古代青白口系云开群沙坪湾组、中元古代蓟县系兰坑组以及丰垌口组、罗罅组和元古代混合岩，如图 3-25 所示。区域内中元古代云开群兰坑组变质砂岩为锡矿的主要赋矿建造，同时中元古代云开群兰坑组变质砂岩、中元古代罗罅组灰绿色变粒岩、绢云母片岩夹斜长角闪岩以及石炭纪二长花岗岩、奥陶纪二长花岗岩和花岗闪长岩为主要金矿的赋矿建造（俞受鋆，1988）。

区域内岩浆岩发育，以侵入岩为主，从早到晚出露有元古代二长花岗岩、奥陶系二长花岗岩、花岗闪长岩与花岗岩、石炭系二长花岗岩与花岗岩、三叠系花岗岩、早白垩统二长花岗岩与花岗岩（俞受鋆，1988）。

区域内构造以断层为主，主要发育北西向和北东向断裂，北西向断裂成带出现，且发育断裂破碎带，与北东向断裂切割处，常是控岩控矿的位置；局部发育近南北向断裂。

区域内矿产资源丰富，以锡、金为主。区域内的代表性锡矿床有银岩大型锡多金属矿床，代表性金矿床有东坑金矿（方月新，2003）。

3.6.2.2 矿区地质特征

广东信宜银岩锡多金属矿床矿区出露地层为中元古代云开群兰坑组，地层大多呈北西向和北东向分布，如图 3-26 所示。中元古代云开群蓟县系兰坑组石英云母片岩、变质长石石英砂岩为广东信宜银岩锡多金属矿床的主要赋矿建造（吕东霖，2016）。

矿区内燕山期岩浆活动频繁，矿区出露中元古代云开群兰坑组白云母长石石英片岩和变粒岩、眼球状黑云母混合花岗岩以及条带状混合花岗岩。岩体定位于中元古代地层中，

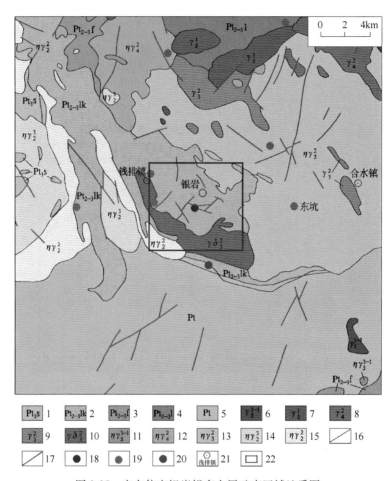

图 3-25 广东信宜银岩锡多金属矿床区域地质图

（据中国地质调查局 1∶200000 地质图修编，下文 1∶200000 地球化学剖析图采用此范围）

1—新元古代云开群沙坪湾组灰绿色二云母石英岩、绢云母千枚岩夹硅质岩、斜长角闪岩；

2—中元古代云开群兰坑组灰绿色变质砂岩、千枚岩、含磷片岩、条带状铁矿、含铁砂岩、大理岩；

3—中元古代丰垌口组灰绿色变质砂岩、千枚岩夹黑色炭质千枚岩；4—中元古代罗罅组灰绿色变粒岩、

绢云母片岩夹斜长角闪岩、绿帘石岩、磁铁矿；5—元古代混合岩；6—（早白垩世）花岗岩；

7—（三叠纪）花岗岩；8—（石炭纪）花岗岩；9—（奥陶纪）花岗岩；10—（奥陶纪）花岗闪长岩；

11—（早白垩世）二长花岗岩；12—（石炭纪）二长花岗岩；13—（奥陶纪）二长花岗岩；

14—（新元古代）二长花岗岩；15—（中元古代）二长花岗岩；16—岩性界线；17—断层；

18—锡矿床；19—金矿床；20—磁铁矿床；21—地名；22—矿区范围

K-Ar 法同位素年龄测定结果为 80.08Ma～92.27Ma、U-Pb 法测定结果为 78.10Ma、全岩 Rb-Sr 等时线同位素年龄为 86Ma。根据这些测试结果，此处暂取 80Ma 来代表上述成岩年龄，属燕山晚期（李中庆，1993）。

区域内断裂构造比较发育，断裂主要有北西向和近东西向两组。褶皱以单斜构造为主，地层中岩石片理因受挤压而形成紧闭和密集的小褶皱、虚脱，剧变地段常是控矿的有利部位（周纯明，2007）。

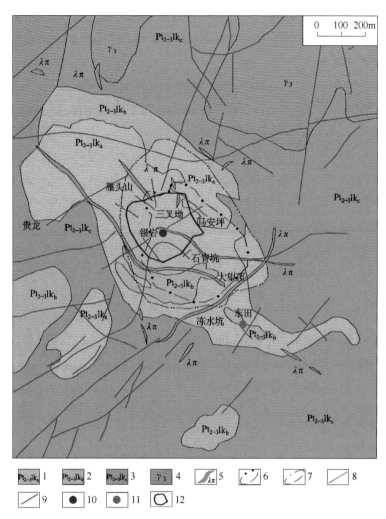

图 3-26　广东信宜银岩锡多金属矿床地质图

（据姚贤德（1993）修编）

1—中元古代云开群兰坑组白云母长石石英片岩和变粒岩；2—中元古代云开群兰坑组条带状混合岩；

3—中元古代云开群兰坑组眼球状黑云母混合岩；4—混合花岗岩；5—石英闪长岩；6—绿泥石化带；

7—石英斑岩脉；8—岩性界线；9—断层；10—锡矿床；11—金矿床；12—含矿隐伏斑岩体在地表的投影

3.6.2.3　矿体地质特征

A　矿体特征

广东信宜银岩锡多金属矿床矿区共查明 51 个矿体，其中 6 号是主矿体。主矿体长 400m、宽 90~490m、厚 2~275m，其储量约占矿区总储量的 89%（广东地质局 704 队，1986）。

银岩矿区矿体主要为斑岩型锡矿体，赋矿花岗斑岩体呈隐伏状态，在地表仅出露数条石英斑岩脉和含矿花岗斑岩脉。坑道工程显示，在距地表深 200m 处花岗斑岩体面积为 0.22km²，平面形态呈椭圆形，如图 3-27 所示。花岗斑岩体在垂向上表现为一筒状体，与围岩呈突变侵入接触关系，接触面陡而平直，如图 3-28 所示。岩体顶部具有明显爆破特征，爆破角砾岩及面积小于 0.6km²。据钾长石化和黑云母化蚀变所形成的钾长石和黑云母作 K-Ar 法测定其年龄为 68.85Ma~83.08Ma（傅昌来，1992），此处暂取 80Ma 来代表银岩锡多金属矿床的成矿年龄。

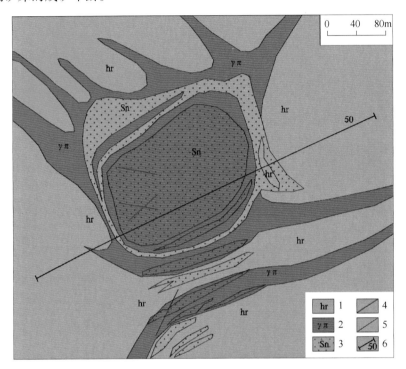

图 3-27　银岩锡矿区 1050m 中段平面图

（据胡祥昭（1989）修编）

1—角岩；2—花岗斑岩；3—锡矿体；4—断层；5—矿体及岩性界线；6—勘探线及编号

B　矿石特征

矿区矿石类型主要有斑岩锡矿石和角岩锡矿石。矿石中的金属矿物有锡石、辉钼矿、黑钨矿、辉铋矿、泡铋矿、黄铜矿、黄铁矿、辉铜矿、方铅矿、闪锌矿、磁铁矿、赤铁矿、锆石等；非金属矿物主要有石英、绿泥石、黄玉、绢云母、萤石等，少量钾长石、电气石、白钛矿、磷钇矿等（李中庆，1988）。

矿石有结晶结构和交代结构两种。前者为他形半自形粒状结构，后者为粒间充填结构和裂隙充填结构。矿石构造主要有浸染状、细脉状、细脉-浸染状等（李中庆，1988）。

C　围岩蚀变

银岩矿区主要蚀变类型有钾长石化、黑云母化、硅化、黄玉化、绿泥石化及黏土化等。蚀变具有分带性，由中心向外依次为强硅化带（硅化核）→硅化石英网脉带→绿泥石化带→角岩带，呈环状套合分布（傅昌来，1992）。含矿花岗斑岩体自下而上可依次划分为弱钾长石化带→黑鳞云母云英岩化带→黄玉云英岩化带→绢英岩化带→硅化带（朱正书，1988）。

含矿斑岩体与围岩接触形成宽广的接触变质晕，表现为角岩化和破碎岩化。岩体在上

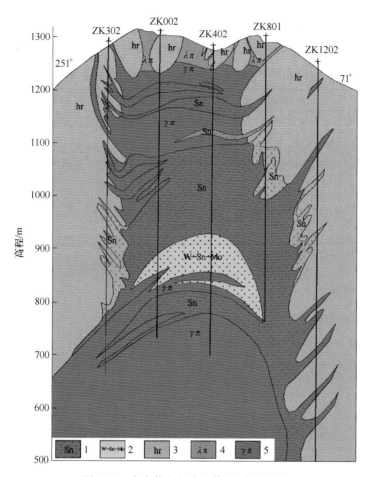

图 3-28 广东信宜银岩矿体 50 线剖面图

（据李中庆（1988）修编）

1—锡矿体；2—花岗斑岩中的锡钨钼矿体；3—角岩；4—石英斑岩；5—花岗斑岩

侵的过程中受构造应力作用，使围岩岩石碎裂而形成碎裂岩，在隐伏岩体的上方尤为剧烈。含矿的残余熔浆沿着这种构造脆弱带运移和填充，于是在隐伏岩体的上部外接触带形成网状石英细脉，成为隐伏岩体的地表标志。在岩体的外接触带普遍遭受角岩化和形成角岩圈，同时在外接触带形成大量锡石硫化物矿脉（吴之良，1983）。

3.6.2.4 勘查开发概况

银岩锡多金属矿床是我国 20 世纪 80 年代初发现和评价的首例大型斑岩型锡矿（广东地质局 704 队，1986）。1986 年广东地质局 704 队提交的《广东信宜银岩锡矿区初步勘探地质报告》，初步查明银岩锡多金属矿床的矿体及岩体形态，矿区共查明 51 个矿体，探明锡储量 10.32 万吨，矿石锡平均品位 0.50%、钨平均品位 0.16%、钼平均品位 0.05%。

3.6.2.5 矿床类型

根据李中庆（1988）、朱正书（1988）、姚德贤（1993）和任立国（2014）等的研究成果，认为广东信宜银岩锡矿床应属于斑岩型锡矿床。

3.6.2.6 地质特征简表

综合上述矿床地质特征,除矿床基本信息表(见表 3-40)中所表达的信息以外,广东信宜银岩锡多金属矿床的地质特征可归纳列入表 3-41 中。

表 3-41 广东信宜银岩锡多金属矿床地质特征简表

序号	项目名称	项目描述	序号	项目名称	项目描述
10	赋矿地层时代	中元古代	16	矿石类型	斑岩型、角岩型
11	赋矿地层岩性	云母片岩、石英砂岩	17	成矿年龄/Ma	80
12	相关岩体岩性	花岗斑岩	18	矿石矿物	锡石、黑钨矿、辉钼矿、辉铋矿、黄铜矿、黄铁矿、方铅矿、闪锌矿等
13	相关岩体年龄	暂无			
14	是否断裂控矿	是	19	围岩蚀变	云英岩化、硅化、黄铁绢英岩化、黄玉化等
15	矿体形态	筒状、脉状	20	矿床类型	斑岩型

注:序号从 10 开始是为了和数据库保持一致。

3.6.3 地球化学特征

3.6.3.1 区域化探

A 元素含量统计参数

本研究收集到研究区内 1:200000 水系沉积物 225 件样品的 39 种元素含量数据。计算水系沉积物中元素平均值相对其在中国水系沉积物(CSS)中的富集系数,将其地球化学统计参数列于表 3-42 中。

表 3-42 研究区 1:200000 区域化探元素含量[①]统计参数

元素	Ag	As	Au	B	Ba	Be	Bi	Cd	Co	Cr	Cu	F	Hg
样品数	225	225	225	225	225	225	225	225	225	225	225	225	225
最大值	6939	2225	450	230	947	3.6	75.76	8900	21.9	71	430	4500	3438
最小值	0.25	1.3	0.1	8.6	53	1.1	0.11	2	2.5	4.6	1.1	175	11
中位值	46	3.6	0.48	27	588	2.0	0.4	70	7.6	23	11	488	48
平均值	108	15	6.10	33	565	2.1	1.09	125	7.9	25	15	515	78
标准差	502	148	43.33	25	189	0.45	5.48	596	2.7	12	32	317	230
富集系数[②]	1.40	1.48	4.62	0.71	1.15	1.01	3.50	0.89	0.65	0.42	0.70	1.05	2.16
元素	La	Li	Mo	Nb	Ni	Pb	Sb	Sn	Sr	Th	U	V	W
样品数	225	225	225	225	225	225	225	225	225	225	225	225	225
最大值	83	66	17.2	28	38	698	4.02	450	97	50.4	15	142	42
最小值	13	7.3	0.4	7	3.5	13	0.07	0.5	6	6.8	0.25	10	1.5
中位值	43	30	1	18	12	35	0.17	5.4	33	26.8	4	74	4
平均值	42	30	1.18	18	13	41	0.21	15	32	26.1	4.23	73	4.7
标准差	12	8.6	1.31	4.2	5.7	50	0.27	57	12	7.2	3.41	24	3.2
富集系数[②]	1.07	0.93	1.41	1.14	0.52	1.70	0.30	5.12	0.22	2.20	1.73	0.92	2.63

续表 3-42

元素	Y	Zn	Zr	SiO₂	Al₂O₃	Fe₂O₃	K₂O	Na₂O	CaO	MgO	Ti	P	Mn
样品数	225	225	225	225	225	225	225	225	225	225	225	225	225
最大值	112	736	1661	81.32	36.15	8.1	6.44	1.03	0.89	1.2	6901	858	1012
最小值	17	22	125	50.49	10.84	1.6	0.97	0.1	0.13	0.19	1217	69	84
中位值	66	64	584	61.13	22.22	4.3	3.5	0.26	0.25	0.54	4341	409	396
平均值	63	68	614	61.71	22.32	4.3	3.47	0.28	0.28	0.55	4303	425	412
标准差	20	51	276	5.01	4.29	1.1	1.17	0.10	0.10	0.17	1066	146	152
富集系数②	2.53	0.97	2.27	0.94	1.74	0.95	1.47	0.21	0.15	0.40	1.05	0.73	0.62

①元素含量的单位见表 2-4；②富集系数=平均值/CSS，CSS（中国水系沉积物）数据详见表 2-4。

与中国水系沉积物相比，研究区内微量元素富集系数介于 3~10 之间的有 Sn、Au、Bi，介于 2~3 之间的有 W、Y、Zr、Th、Hg，介于 1.2~2 之间的有 U、Pb、As、Mo、Ag。富集系数大于 1.2 的微量元素共计 13 种，其中热液成矿元素有 W、Sn、Mo、Bi、Pb、Au、Ag、As、Hg 计 9 种；酸性微量元素有 Zr、Th、U、Y 计 4 种。

在研究区内已发现有大型锡多金属矿床和金矿床，上述 Sn、Au 的富集系数分别为 5.12 和 4.62。

B　地球化学异常剖析图

依据研究区内 1:200000 化探数据，采用全国变值七级异常划分方案制作 29 种微量元素的单元素地球化学异常图，其异常分级结果见表 3-43。

表 3-43　广东信宜银岩矿区 1:200000 区域化探元素异常分级

元素	Ag	As	Au	B	Ba	Be	Bi	Cd	Co	Cr	Cu	F	Hg	La	Li
异常分级	3	0	3	0	0	0	4	1	0	0	3	2	0	0	0
元素	Mo	Nb	Ni	Pb	Sb	Sn	Sr	Th	U	V	W	Y	Zn	Zr	
异常分级	2	0	0	3	0	5	0	0	0	0	3	2	0	0	

注：0 代表在银岩矿区基本不存在异常，不作为找矿指示元素。

从表 3-43 可以看出，在广东信宜银岩矿区存在异常的微量元素有 W、Sn、Mo、Bi、Cu、Pb、Cd、Au、Ag 计 9 种热液成矿元素；热液运矿元素有 F；酸性微量元素有 Y，即共计 11 种。这 11 种微量元素在研究区内的地球化学异常剖析图如图 3-29 所示。

上述 11 种微量元素可以作为银岩锡多金属矿床在区域化探工作阶段的找矿指示元素组合。在这 11 种元素中，Sn 具有 5 级异常，Bi 具有 4 级异常，W、Cu、Pb、Au、Ag 具有 3 级异常，Mo、F、Y 具有 2 级异常，Cd 具有 1 级异常。

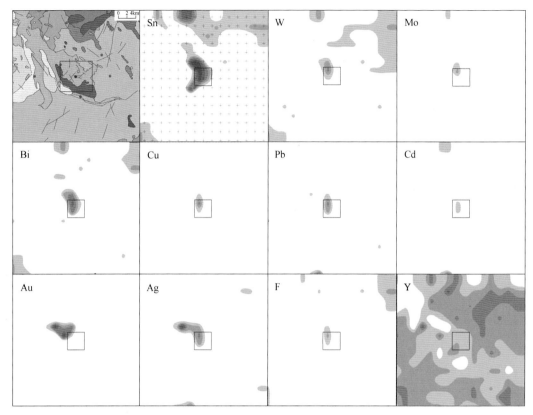

图 3-29 区域化探地球化学异常剖析图

（地质图为图 3-25 广东信宜锡多金属矿床区域地质图）

3.6.3.2 岩石地球化学勘查

A 元素含量统计参数

本研究收集到矿区内岩石 18 件样品的 21 种微量元素含量数据（俞受鉴，1988；朱正书，1988；张定源，1989），其中矿石 2 件、蚀变岩 9 件、较新鲜围岩 7。计算岩石中元素平均值相对其在中国水系沉积物（CSS）中的富集系数，将其地球化学统计参数列于表 3-44 中。

表 3-44 广东信宜银岩矿区岩石样品元素含量[①]统计参数[②]

元素	Ag	Ba	Be	Bi	Co	Cr	Cu	F	Li	Mo	Nb
样品数	7	12	7	3	12	11	15	14	9	10	16
最大值	1180	830	10.2	175	5	155	195	45700	1600	540	406
最小值	240	1	1.2	1.1	0.1	10	18	800	10	2	20
中位值	500	20	3.5	6.3	2	67	66	19870	152	43	45
平均值	536	95	4.2	60.8	2.0	74	79	19887	316	104	70
标准差	300	224	2.7	80.78	1.7	38	53	12135	470	155	88
富集系数[③]	6.96	0.19	2.0	196	0.17	1.26	3.59	41	9.9	123	4.35

元素	Ni	Pb	Sn	Sr	Th	U	V	W	Zn	Zr
样品数	12	14	15	12	5	5	6	16	9	6
最大值	8	185	3910	300	50	20	40	1738	205	254
最小值	0.68	0.06	3	5.5	18	3.5	3	1.5	0.05	54
中位值	2.2	45.5	475	9	32	17	7.5	72	102	82
平均值	3.07	58	847	34	31.4	15	12.4	232	92	122
标准差	2.22	55	1016	80	10.8	5.9	12.5	418	64	76
富集系数[③]	0.12	2.4	282	0.24	2.64	0.19	6.9	9.3	1.32	0.45

①元素含量的单位见表 2-4；②数据引自俞受鉴（1988）、朱正书（1988）、张定源（1989）；③富集系数＝平均值/CSS，CSS 数据引自迟清华和鄢明才（2007）。

与中国水系沉积物相比，研究区内微量元素富集系数大于 100 的有 Sn、Bi、Mo，介于 10~100 之间的有 F，介于 3~10 之间的有 Li、W、Ag、V、Nb、Cu，介于 2~3 之间的有 Th、Pb、Be，介于 1.2~2 之间的有 Zn、Cr。富集系数大于 1.2 的微量元素共计 15 种，其中热液成矿元素有 W、Sn、Mo、Bi、Cu、Pb、Zn、Ag 计 8 种；热液运矿元素有 F；造岩微量元素有 Li、Be；酸性微量元素有 Nb、Th；基性微量元素有 V、Cr。

在研究区内已发现有大型锡矿床，上述锡的富集系数高达 282。

B　地球化学异常剖面图

由于收集资料的局限性，本研究未能制作出矿区地球化学异常剖面图。本研究在矿区范围内所收集的岩石有矿石、蚀变岩和较新鲜的围岩三种类型，元素含量采用平均值来表征，该平均值的大小取决于所收集岩石中矿石和蚀变岩相对于较新鲜围岩样品的多少。

依据上述矿区岩石中元素含量的平均值，采用全国定值七级异常划分方案评定 21 种微量元素的异常分级，结果见表 3-45。

表 3-45　广东信宜银岩矿区岩矿石中元素异常分级

元素	Ag	Ba	Be	Bi	Co	Cr	Cu	F	Li	Mo	Nb	Ni	Pb	Sn	Sr	Th	U	V	W	Zn	Zr
异常分级	2	0	1	4	0	0	1	4	3	5	3	0	1	6	0	1	2	0	6	0	0

注：0 代表在广东信宜银岩矿区基本不存在异常，不作为找矿指示元素。

从表 3-45 可以看出，在银岩矿区存在异常的微量元素有 Sn、W、Mo、Bi、Cu、Pb、Ag、F、Li、Be、Nb、Th、U 共计 13 种，这 13 种元素可作为广东信宜银岩锡多金属矿床在岩石地球化学勘查工作阶段的找矿指示元素组合。在这 13 种元素中，Sn、W 具有 6 级异常，Mo 具有 5 级异常，Bi、F 具有 4 级异常，Li、Nb 具有 3 级异常，Ag、U 具有 2 级异常，Cu、Pb、Be、Th 具有 1 级异常。由此看出，这种组合元素多的异常特征与广东信宜银岩多金属矿床经济矿种相一致。

3.6.3.3　勘查地化特征简表

综合上述勘查地球化学特征，广东信宜银岩锡多金属矿床的勘查地球化学特征可归纳列入表 3-46 中。

表 3-46　广东信宜银岩锡矿床勘查地球化学特征简表

矿床编号	项目名称	Ag	As	Au	B	Ba	Be	Bi	Cd	Co	Cr	Cu	F	Hg	La	Li
442301	区域富集系数	1.40	1.48	4.62	0.71	1.15	1.01	3.50	0.89	0.65	0.42	0.70	1.05	2.16	1.07	0.93
442301	区域异常分级	3	0	3	0	0	0	4	1	0	0	3	2	0	0	0
442301	岩石富集系数	6.96			0.19	2.0	196		0.17	1.26	3.59	41			9.9
442301	岩石异常分级	2			0	1	4		0	0	1	4			3
矿床编号	项目名称	Mo	Nb	Ni	Pb	Sb	Sn	Sr	Th	U	V	W	Y	Zn	Zr
442301	区域富集系数	1.41	1.14	0.52	1.70	0.30	5.12	0.22	2.20	1.73	0.92	2.63	2.53	0.97	2.27
442301	区域异常分级	2	0	0	3	0	5	0	0	0	0	3	2	0	0
442301	岩石富集系数	123	4.35	0.12	2.4		282	0.24	2.64	0.19	6.9	9.3		1.32	0.45
442301	岩石异常分级	5	3	0	1		6	0	1	2	0	6		0	0

注：该表可与矿床基本信息表采用矿床编号建立关系。

3.6.4　地质地球化学找矿模型

　　广东信宜银岩锡多金属矿床为一大型锡矿床，位于广东省信宜市钱排镇水口村，矿体呈出露状态。赋矿建造为中元古代云母片岩、石英砂岩和燕山晚期花岗斑岩。成矿与银岩隐伏花岗斑岩关系密切，成岩年龄暂无。锡矿体受断裂控制明显，矿石类型有斑岩型和角岩型锡矿石，其中以斑岩型为主。矿体形态呈筒状、脉状，成矿年龄约 80Ma。围岩蚀变主要为云英岩化、硅化、黄铁绢英岩化、黄玉化等。矿床类型属于斑岩型。

　　广东信宜银岩锡多金属矿床区域化探找矿指示元素组合为 W、Sn、Mo、Bi、Cu、Pb、Cd、Au、Ag、F、Y 共计 11 种，Sn 具有 5 级异常，Bi 具有 4 级异常，W、Cu、Pb、Au、Ag 具有 3 级异常，Mo、F、Y 具有 2 级异常，Cd 具有 1 级异常。矿区岩石化探找矿指示元素组合为 Sn、W、Mo、Bi、Cu、Pb、Ag、F、Li、Be、Nb、Th、U 共计 13 种元素，其中 Sn、W 具有 6 级异常，Mo 具有 5 级异常，Bi、F 具有 4 级异常，Li、Nb 具有 3 级异常，Ag、U 具有 2 级异常，Cu、Pb、Be、Th 具有 1 级异常。

3.7 广西贺州水岩坝锡矿床

3.7.1 矿床基本信息

表 3-47 为广西贺州水岩坝锡矿床基本信息表。

表 3-47 广西贺州水岩坝锡矿床基本信息表[①]

序号	项目名称	项目描述	序号	项目名称	项目描述
0	矿床编号	452301	4	矿床规模	大型
1	经济矿种	锡、钨	5	主矿种资源量	5.4[②]
2	矿床名称	广西贺州水岩坝锡矿床	6	伴生矿种资源量	0.5 WO$_3$
3	行政隶属地	广西壮族自治区贺州市八步区黄田镇	7	矿体出露状态	出露

①同表 2-1 标注；②经济矿种资源量数据引自赖汝林和潘其云（1994）。

3.7.2 矿床地质特征

3.7.2.1 区域地质特征

广西贺州水岩坝锡矿床位于广西壮族自治区贺州市八步区黄田镇境内，距市区约 12km（赖汝林和潘其云，1994）。在成矿带划分上水岩坝矿床位于华南成矿省南岭成矿带的南岭西段（湘西南-桂东北隆起）成矿亚带（徐志刚等，2008）。

区域内出露地层有寒武系、泥盆系、石炭系、二叠系、三叠系、侏罗系、第三系和第四系，如图 3-30 所示。除第四系外，地层大多呈北西向和近南北向分布。泥盆系大理岩化灰岩为主要赋矿建造（张诗启等，2010）。

区域内岩浆活动强烈，以姑婆山花岗岩基为主，大面积出露于区域的东北部，此外多处还发现存在有隐伏小岩体。

姑婆山花岗岩基岩性主要包括中粗粒似斑状黑云母花岗岩、中细粒似斑状黑云母花岗岩和细粒黑云母花岗岩（康志强等，2012）。按空间姑婆山花岗岩基可进一步划分为东岩体、西岩体和里松岩体，其 LA-ICP-MS 锆石 U-Pb 年龄分别为（160.8±1.6）Ma、（165.0±1.9）Ma 和（163.0±1.3）Ma（顾晟彦等，2006）。此处暂取 163Ma 代表姑婆山花岗岩基的成岩年龄，姑婆山花岗岩基与水岩坝锡矿床成矿关系密切（刘文龙等，1989；谢国源和胡火炎，1994a）。

区域内构造发育，主要有北西向断裂，其次为北东向断裂。褶皱构造不很发育，主要为北西向和近东西向小型背、向斜。区内岩石节理、微裂隙也较为发育（廖家飞等，2012），北西向构造为本区的重要控矿构造（谢国源和胡火炎，1994b）。

区域内矿产资源以锡钨矿为主，代表性锡矿床有水岩坝、白面山（刘文龙等，1989）、六合坳（顾晟彦等，2007）大型锡矿床，枫木冲和姜家坳（顾晟彦等，2007）中型锡矿床，金鸡岭小型锡矿床（陆小平等，2005）等，代表性钨矿床有位于区域西北部的可达大型钨矿床（陆小平等，2005）。

3.7.2.2 矿区地质特征

水岩坝矿床包括烂头山和人庙山两个矿段，如图 3-31 所示。矿区内出露地层有中晚

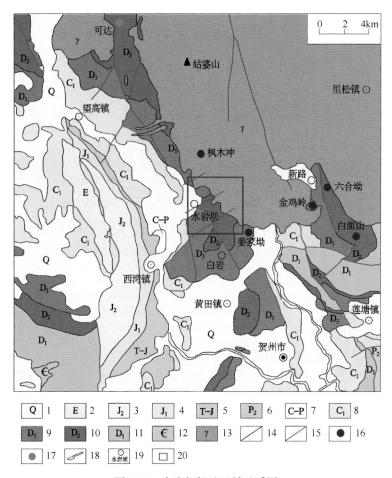

图 3-30 水岩坝锡矿区域地质图

（据中国地质调查局 1∶200000 地质图修编，下文 1∶200000 地球化学剖析图采用此范围）

1—第四系河流相沉积物；2—第三系砾岩、砂岩；3—中侏罗统砂岩；4—早侏罗统灰岩、泥质灰岩夹页岩；

5—三叠系-侏罗系砾岩、砂岩、页岩；6—晚二叠统炭质页岩、砂岩；7—石炭系-二叠系灰色白云岩；

8—早石炭统变质砂岩、灰岩、页岩；9—晚泥盆统灰岩、页岩；10—中泥盆统灰岩、变质砂岩；

11—早泥盆统砾岩、砂岩、粉砂岩；12—寒武系砂岩、炭质页岩；13—花岗岩；14—岩性界线；

15—断层；16—锡矿床；17—钨矿床；18—河流；19—地名；20—水岩坝矿区范围

泥盆统、早石炭统和第四系。中泥盆系统东岗岭组大理岩化灰岩为主要赋矿建造（张诗启等，2010）。

矿区侵入岩以姑婆山西岩体为主，位于矿区东北部，其 LA-ICP-MS 锆石 U-Pb 年龄为（165.0±1.9）Ma，与水岩坝锡矿成矿关系密切（顾晟彦等，2006）。此外，矿区中部沿烂头山至老虎坳一带发育有一系列北东向的玢岩脉、伟晶岩脉及花岗斑岩脉（廖家飞等，2012）。矿区钻孔资料揭示，在深约 300m 处发育有隐伏细粒花岗岩体（蔡明海等，2013）。

区内构造以北西向和北东向断裂为主，北西向断裂具有先压后张多期活动性，主要由向南西倾斜的正断层组成；北东向也具有先压后张多期活动性，主要由向南东倾斜的正断层组成（欧阳成甫等，1993）。北西向构造为本区最主要的控矿构造，对矿体的形态、产

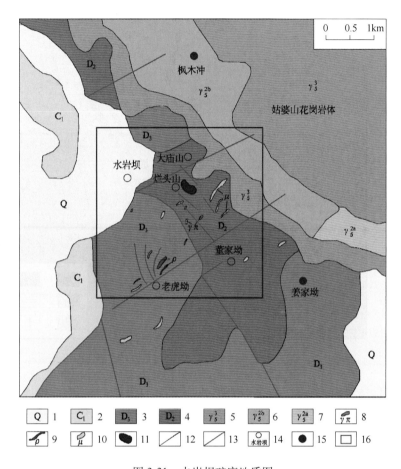

图 3-31 水岩坝矿床地质图

（据中国地质调查局 1∶200000 地质图和廖家飞等（2012）修编）

1—第四系河流相沉积物；2—早石炭统变质砂岩、灰岩、页岩；3—晚泥盆统灰岩、页岩；

4—中泥盆统灰岩、变质砂岩；5—细粒花岗岩；6—中粒花岗岩；7—粗粒花岗岩；8—花岗斑岩脉；9—伟晶岩脉；

10—玢岩脉；11—锡矿露头；12—岩性界线；13—断层；14—地名；15—锡矿床；16—水岩坝矿区范围

状和分布范围控制明显（谢国源和胡火炎，1994a；刘国庆，1991）。此外，烂头山矿段的节理和微裂隙比较发育，局部呈密集网格状，多被方解石脉或暗色矿物充填（廖家飞等，2012）。

3.7.2.3 矿体地质特征

A 矿体特征

水岩坝矿床的烂头山矿段和大庙山矿段矿体类型均为石英脉型（蔡明海等，2013；康志强等，2012）。烂头山矿段矿体依矿体走向可划分为近东西向、北西向、近南北向和北东向四组，但以北西向矿体为主。矿体呈脉状赋存于中泥盆统大理岩化灰岩中（谢国源和胡火炎，1994a；陆小平等，2005；蔡明海等，2013），目前发现锡钨石英脉约有 60 条，其中有工业意义的有 44 条，上部矿脉倾向北东，下部矿脉倾向南西，构成向北东凸出的弧形脉带，如图 3-32 所示。

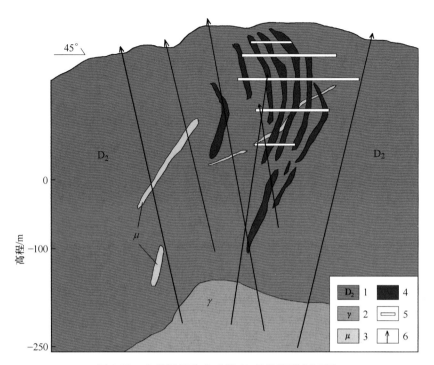

图 3-32　水岩坝烂头山矿段 22 号勘探线剖面图

（据谢国源和胡火炎（1994a）、欧阳成甫等（1993）修编）

1—中泥盆统灰岩、变质砂岩；2—花岗岩；3—玢岩；4—脉状矿体；5—巷道；6—勘探线

烂头山矿段含矿石英脉中白云母 Ar-Ar 坪年龄为（162.5±1.2）Ma，相应的等时线年龄为（162.0±1.9）Ma，即成矿年龄为 162Ma（康志强等，2012）。

B　矿石特征

水岩坝矿床矿石类型主要为石英脉型。矿区的矿石矿物主要有锡石、黄铁矿、黑钨矿、白钨矿、磁黄铁矿等（蔡明海等，2013）；脉石矿物主要为石英、萤石、白云母为主，斜长石、含锂云母、绿泥石、方解石次之（张诗启，2010）。

矿石构造有致密块状、透镜状、角砾状、网脉状、细脉状、浸染状等；矿石结构主要有自形粒状结构、碎裂结构、充填交代结构（欧阳成甫等，1993）。

C　围岩蚀变

区内围岩蚀变类型比较简单，主要有大理岩化、云英岩化、硅化、萤石化等，其次为矽卡岩化、绿泥石化，偶见孔雀石化。其中，云英岩化和萤石化与成矿关系最为密切（张诗启等，2010）。

3.7.2.4　勘查开发概况

水岩坝矿床自 20 世纪 50 年代开始普查。1954 年，中南（长沙）地质勘探公司 204 地质队对望高河水系，自立头、水岩坝至西湾一带进行 1∶50000 重砂测量，发现锡石重砂异常，并指出立头、白岩（大东）为找矿远景区段。1955 年该队决定对立头、白岩（大东）进行普查，发现沿河谷平原长 6km、宽 600～1500m 的范围内，品位均达工业要求，于是转入勘探，年底提交年度地质勘探总结报告，控制锡储量达中型，从而为矿山提供第一批可供利用的砂锡矿储量。1965 年 5 月，该队对砂矿勘查工作进行全面系统的总结，提交了《广西富贺钟锡矿田水岩坝盆地砂锡矿床储量总结报告书》，探明烂头山矿段锡金属储量为 51045 吨，大庙山脚矿段锡金属储量 2893 吨（赖汝林和潘其云，1994）。

截至 1994 年，水岩坝矿区经广西 204 地质队及矿山广大地质工作者 30 多年勘查，在 12 处矿产地投入 1∶10000 地质测量 60km²，1∶2000 地质测量 18.66km²，钻探 47000m，坑探 4378m，槽探 30 万立方米，累计探明锡金属储量 5.4 万吨，三氧化钨 0.5 万吨（赖汝林和潘其云，1994）。

3.7.2.5 矿床类型

据杨正文（1986）、罗年华（1989）、谢国源和胡火炎（1994a）、陆小平等（2005）、顾晟彦等（2007）、张诗启等（2010）的研究成果，认为广西贺州水岩坝锡矿床应为石英脉型锡矿床。

3.7.2.6 地质特征简表

综合上述矿床地质特征，除矿床基本信息表（见表 3-47）中所表达的信息以外，广西贺州水岩坝矿床的地质特征可归纳列入表 3-48 中。

表 3-48 广西贺州水岩坝矿床地质特征简表

序号	项目名称	项目描述	序号	项目名称	项目描述
10	赋矿地层时代	泥盆系	16	矿石类型	石英脉型
11	赋矿地层岩性	灰岩	17	成矿年龄/Ma	162
12	相关岩体岩性	花岗岩	18	矿石矿物	锡石、黄铁矿、黑钨矿、白钨矿、磁黄铁矿
13	相关岩体年龄/Ma	165	19	围岩蚀变	大理岩化、云英岩化、萤石化、矽卡岩化等
14	是否断裂控矿	是	20	矿床类型	脉型
15	矿体形态	脉状			

注：序号从 10 开始是为了和数据库保持一致。

3.7.3 地球化学特征

3.7.3.1 区域化探

A 元素含量统计参数

本研究收集到研究区内 1∶200000 水系沉积物 210 件样品的 39 种元素含量数据。计算水系沉积物中元素平均值相对其在中国水系沉积物（CSS）中的富集系数，将其地球化学统计参数列于表 3-49 中。

表 3-49 研究区 1∶200000 区域化探元素含量[①]统计参数

元素	Ag	As	Au	B	Ba	Be	Bi	Cd	Co	Cr	Cu	F	Hg
最大值	3400	1680	58.4	730	506	68.4	61.3	15200	36.7	193	417	1390	919
最小值	19	6.2	0.3	8.4	71	0.54	0.2	53	1.7	8.1	4	230	27
中位值	120	36.7	2.1	61	223	3.7	1.3	265	11.8	57.8	30	583	89
平均值	232	99.1	3.44	64	234	5.5	3.3	929	12.8	57.7	41	598	109
标准差	370	192.3	5.87	58	87	6.8	6.5	1976	6.8	34.9	49	225	84
富集系数[②]	3.01	9.91	2.61	1.37	0.48	2.64	10.74	6.63	1.05	0.98	1.86	1.22	3.02

续表 3-49

元素	La	Li	Mo	Nb	Ni	Pb	Sb	Sn	Sr	Th	U	V	W
最大值	162	212	14.2	131.8	161	1575	624	940	140	132	28.67	818	353
最小值	20.7	15	0.45	7.9	2	15.1	0.48	2	12.8	6.2	1.62	16.5	1.1
中位值	56.6	53.8	2.4	34.3	28.2	53	4.5	24	41	29.9	5.22	106	11.0
平均值	59.6	56.5	2.9	43.5	37.3	110	16.7	70	47	41.7	8.29	123	19.4
标准差	26.3	27.4	2.1	28.3	31.8	203	56.6	134	22	28.4	6.56	95	34.2
富集系数②	1.53	1.77	3.47	2.72	1.49	4.59	24.2	23.5	0.32	3.50	3.39	1.54	10.8
元素	Y	Zn	Zr	SiO_2	Al_2O_3	Fe_2O_3	K_2O	Na_2O	CaO	MgO	Ti	P	Mn
最大值	136.8	2288	1116	88.38	25.56	18.74	5.84	2.26	5.56	2.46	10426	1915	8756
最小值	16.11	21	99	38.57	5.77	1.90	0.42	0.04	0.07	0.13	1060	154	62
中位值	51.0	104	343	60.86	16.48	5.06	1.77	0.12	0.41	0.52	4372	537	675
平均值	57.1	199	380	61.50	15.80	5.44	2.31	0.35	0.66	0.56	4473	580	997
标准差	28.9	298	140	10.35	4.22	2.32	1.49	0.46	0.81	0.31	1879	265	1120
富集系数②	2.29	2.84	1.41	0.94	1.23	1.21	0.98	0.26	0.37	0.41	1.09	1.00	1.49

①元素含量的单位见表2-4；②富集系数＝平均值/CSS，CSS（中国水系沉积物）数据详见表2-4。

与中国水系沉积物相比，研究区内微量元素富集系数介于 10~100 之间的有 Sb、Sn、W、Bi，介于 3~10 之间的有 As、Cd、Pb、Th、Mo、U、Hg、Ag，介于 2~3 之间的有 Zn、Nb、Be、Au、Y，介于 1.2~2 之间的有 Cu、Li、V、La、Ni、Zr、B、F。富集系数大于 1.2 的微量元素有 25 种，其中热液成矿元素有 W、Sn、Mo、Bi、Cu、Pb、Zn、Cd、Au、Ag、As、Sb、Hg 计 13 种，即热液成矿元素均明显富集；热液运矿元素有 B、F；造岩微量元素有 Li、Be；酸性微量元素有 Zr、Nb、Th、U、La、Y；基性微量元素有 V、Ni。

在研究区内已发现有大型锡、钨矿床，上述 Sn、W 的富集系数分别为 23.5 和 10.8。

B 地球化学异常剖析图

依据研究区内 1∶200000 化探数据，采用全国变值七级异常划分方案制作 29 种微量元素的单元素地球化学异常图，其异常分级结果见表 3-50。

表 3-50 水岩坝矿区 1∶200000 区域化探元素异常分级

元素	Ag	As	Au	B	Ba	Be	Bi	Cd	Co	Cr	Cu	F	Hg	La	Li
异常分级	4	3	0	2	0	5	2	4	0	0	1	0	0	0	2
元素	Mo	Nb	Ni	Pb	Sb	Sn	Sr	Th	U	V	W	Y	Zn	Zr	
异常分级	0	0	0	6	4	6	0	1	0	0	4	2	4	0	

注：0 代表在水岩坝矿区基本不存在异常，不作为找矿指示元素。

从表 3-50 可以看出，在水岩坝矿区存在异常的微量元素有 Sn、W、Bi、Cu、Pb、Zn、Cd、Ag、As、Sb 计 10 种热液成矿元素；热液运矿元素 B；造岩微量元素 Li 和 Be，酸性微量元素有 Th、Y，共计 15 种。这 15 种微量元素在研究区内的地球化学异常剖析图如图 3-33 所示。

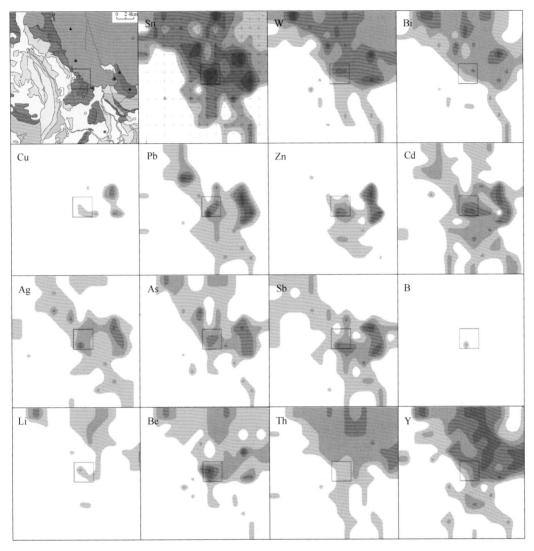

图 3-33 区域化探地球化学异常剖析图

（地质图为图 3-30 水岩坝锡矿区域地质图）

上述 15 种元素可以作为水岩坝锡矿在区域化探工作阶段的找矿指示元素组合。在这 15 种元素中，Sn、Pb 具有 6 级异常，Be 具有 5 级异常，W、Zn、Cd、Ag、Sb 具有 4 级异常，As 具有 3 级异常，Bi、B、Li、Y 具有 2 级异常，Cu、Th 具有 1 级异常。由此看出，这种组合元素多且强度强的异常特征与水岩坝矿床主要经济矿种和矿体呈出露状态相一致。

3.7.3.2　岩石地球化学勘查

A　元素含量统计参数

本研究收集到矿区内岩石 41 件样品的 19 种微量元素含量数据（杨正文，1986；朱金初等，2006a，2006b；顾晟彦等，2006，2007），样品均取自水岩坝矿区较新鲜花岗岩体。计算岩石中元素平均值相对其在中国水系沉积物（CSS）中的富集系数，将其地球化学统计参数列于表 3-51 中。

表 3-51　矿区岩石样品中元素含量[①]统计参数[②]

元素	Ba	Be	Co	Cu	F	La	Li	Mo	Nb	Ni
样品数	37	13	15	3	6	28	16	3	41	6
最大值	2011	17.6	21.1	47.6	5300	115.8	107.1	8.5	76.1	106.3
最小值	0.17	4.48	0.57	13	1558	0.046	3.79	4	0.09	8.71
中位值	333.9	7.22	4.4	22.3	1890	62.3	43.8	5.7	46.9	44.0
平均值	446	8	8	28	2423	54	45	6	46	49
标准差	467	3	7	18	1426	33	30	2	19	40
富集系数[③]	0.91	3.92	0.63	1.26	4.94	1.39	1.40	7.22	2.86	1.95
元素	Pb	Sn	Sr	Th	U	W	Y	Zn	Zr	
样品数	12	20	31	30	9	10	37	3	37	
最大值	95	59.7	395	96.26	19.2	153.3	132.3	81.8	458.5	
最小值	16.7	1.25	0.95	18.23	8.3	1.119	0.31	57	0.25	
中位值	31.1	7.86	68	44.5	13.7	13.8	56.8	80	265	
平均值	39	12	95	46	14	38	60	73	237	
标准差	23	14	102	17	4	52	36	14	131	
富集系数[③]	1.64	4.07	0.66	3.89	5.73	21.38	2.41	1.04	0.88	

①元素含量的单位见表 2-4；②数据引自杨正文（1986）、朱金初等（2006a，2006b）、顾晟彦等（2006，2007）；③富集系数＝平均值/CSS，CSS 数据详见表 2-4。

　　与中国水系沉积物相比，研究区内微量元素富集系数介于 10～100 之间的有 W，介于 3～10 之间的有 Mo、U、F、Sn、Be、Th，介于 2～3 之间的有 Nb、Y；介于 1.2～2 之间的有 Ni、Pb、Li、La、Cu。富集系数大于 1.2 的微量元素共计 14 种，其中热液成矿元素有 W、Sn、Mo、Cu、Pb 计 5 种；热液运矿元素有 F；造岩微量元素有 Li、Be；基性微量元素有 Ni；酸性微量元素有 Nb、Th、U、La、Y。

　　在研究区内已发现有大型锡且伴生钨矿床，上述 Sn、W 的富集系数分别为 4.07 和 21.38。

　　B　地球化学异常剖面图

　　由于收集资料的局限性，本研究未能制作出矿区地球化学异常剖面图。本研究在矿区范围内所收集的岩石均为较新鲜的岩石，元素含量采用最大值来表征以突出矿化作用，该最大值的大小取决于所收集较新鲜岩石的蚀变或矿化程度。

　　依据上述矿区岩石中元素含量的最大值，采用全国定值七级异常划分方案评定 19 种微量元素的异常分级，结果见表 3-52。

表 3-52　水岩坝矿区岩矿石中元素异常分级

元素	Ba	Be	Co	Cu	F	La	Li	Mo	Nb	Ni	Pb	Sn	Sr	Th	U	W	Y	Zn	Zr
异常分级	1	3	1	1	3	2	2	2	3	2	2	3	1	3	3	5	4	0	0

注：0 代表在水岩坝矿区基本不存在异常，不作为找矿指示元素。

从表 3-52 可以看出，在水岩坝矿区存在异常的微量元素有 W、Sn、Mo、Cu、Pb、F、Li、Be、Sr、Ba、Co、Ni、Nb、Th、U、La、Y 共计 17 种，这 17 种元素可作为水岩坝锡矿床在岩石地球化学勘查工作阶段的找矿指示元素组合。在这 17 种元素中，W 具有 5 级异常，Y 具有 4 级异常，Sn、F、Be、Nb、Th、U 具有 3 级异常，Mo、Pb、Li、Ni、La 具有 2 级异常，Cu、Sr、Ba、Co 具有 1 级异常。由此看出，这种矿区岩石的组合元素多且强度强的异常特征与水岩坝矿床的主要经济矿种一致。

3.7.3.3 勘查地化特征简表

综合上述勘查地球化学特征，广西贺州水岩坝锡矿床的勘查地球化学特征可归纳列入表 3-53。

表 3-53 广西贺州水岩坝锡矿床勘查地球化学特征简表

矿床编号	项目名称	Ag	As	Au	B	Ba	Be	Bi	Cd	Co	Cr	Cu	F	Hg	La	Li
452301	区域富集系数	3.01	9.91	2.61	1.37	0.48	2.64	10.7	6.63	1.05	0.98	1.86	1.22	3.02	1.53	1.77
452301	区域异常分级	4	3	0	2	0	5	2	4	0	0	1	0	0	0	2
452301	岩石富集系数					0.91	3.92			0.63		1.26	4.94		1.39	1.40
452301	岩石异常分级					1	3			1		1	3		2	2

矿床编号	项目名称	Mo	Nb	Ni	Pb	Sb	Sn	Sr	Th	U	V	W	Y	Zn	Zr
452301	区域富集系数	3.47	2.72	1.49	4.59	24.2	23.5	0.32	3.50	3.39	1.54	10.8	2.29	2.84	1.41
452301	区域异常分级	0	0	0	6	4	6	0	1	0	0	4	4	4	0
452301	岩石富集系数	7.22	2.86	1.95	1.64		4.07	0.66	3.89	5.73		21.4	2.41	1.04	0.88
452301	岩石异常分级	2	3	2	2		3	1	3	3		5	4	0	0

注：该表可与矿床基本信息表采用矿床编号建立关系。

3.7.4 地质地球化学找矿模型

广西贺州水岩坝锡矿床为一大型矿床，位于广西壮族自治区贺州市八步区黄田镇境内，矿体呈出露状态。赋矿地层为泥盆系的大理岩化灰岩。成矿与姑婆山花岗岩体关系密切，姑婆山花岗岩成岩年龄约 165Ma。锡矿体受断裂控制明显，矿石类型属石英脉型，矿体形态呈脉状，成矿年龄约 162Ma。围岩蚀变主要有大理岩化、云英岩化、萤石化、矽卡岩化等。矿床类型属于脉型。

广西贺州水岩坝锡矿床区域化探找矿指示元素组合为 W、Sn、Bi、Cu、Pb、Zn、Cd、Ag、As、Sb、B、Li、Be、Y、Th 共计 15 种，其中 Sn、Pb 具有 6 级异常，Be 具有 5 级异常，W、Cd、Sb、Zn 具有 4 级异常，Ag、As 具有 3 级异常，B、Bi、Li、Y 具有 2 级异常，Cu、Th 具有 1 级异常。矿区岩石化探找矿指示元素组合为 W、Sn、Mo、Cu、Pb、F、Li、Be、Sr、Ba、Co、Ni、Y、Nb、La、Th、U 共计 17 种，其中 W 具有 5 级异常，Y 具有 4 级异常，Sn、F、Be、Nb、Th、U 具有 3 级异常，Mo、Pb、Li、Ni、La 具有 2 级异常，Cu、Sr、Ba、Co 具有 1 级异常。

3.8 广西钟山珊瑚钨锡矿床

3.8.1 矿床基本信息

表3-54为广西钟山珊瑚钨锡矿床基本信息表。

表3-54 广西钟山珊瑚钨锡矿床基本信息表[①]

序号	项目名称	项目描述	序号	项目名称	项目描述
0	矿床编号	452302	4	矿床规模	大型
1	经济矿种	锡、钨	5	主矿种资源量	6.6[②]
2	矿床名称	广西钟山珊瑚钨锡矿床	6	伴生矿种资源量	22 WO₃
3	行政隶属地	广西壮族自治区贺州市钟山县珊瑚镇	7	矿体出露状态	出露

①同表2-1标注；②经济矿种资源量数据引自肖荣等（2011）、徐文杰等（2012）。

3.8.2 矿床地质特征

3.8.2.1 区域地质特征

广西钟山珊瑚钨锡矿床位于广西壮族自治区贺州市钟山县珊瑚镇境内，距钟山县城约30km（杨明德等，2007），在成矿带划分上珊瑚钨锡矿床位于华南成矿省南岭成矿带的南岭西段（湘西南-桂东北隆起）成矿亚带（徐志刚等，2008）。

区域内出露地层有寒武系、泥盆系、石炭系、二叠系、三叠系、侏罗系和第四系，如图3-34所示。泥盆系碳酸盐岩及碎屑岩在区域内大面积出露，为珊瑚钨锡矿床的主要赋矿建造（康永孚等，1994；王乾等，2011）。

区域内岩浆岩不太发育。在珊瑚钨锡矿区西部约4km处仅见盐田岭花岗岩株，地表出露面积约0.14km²，岩性为细粒花岗岩，但云英岩化蚀变比较普遍（康永孚等，1994）。珊瑚钨锡矿区及其东北方向有规模较大的航磁异常，推测与隐伏岩体有关（康永孚等，1994；邓江等，2012）。

区域内的构造以断裂为主，褶皱强度较低。断裂主要有近南北向、北东向和北西向，其中北东向断裂是珊瑚矿区的主要控矿断裂（康永孚等，1994）。

区域内矿产以钨、锡为主，次为铜、锌、锑、萤石等，代表性矿床为珊瑚钨锡矿床，总面积40多平方千米（肖荣等，2011）。

3.8.2.2 矿区地质特征

珊瑚钨锡矿床主要包括长营岭和葫芦岭两个矿区，如图3-35所示。长营岭矿区主要包括长营岭石英脉型钨锡矿段、杉木冲-龙门冲萤石石英脉型钨锑矿段和八步岭-旗岭-九华-大冲山石英角砾脉型钨矿段。葫芦岭矿区主要包括大槽萤石石英脉型钨锑矿段、天柱岭石英角砾脉型钨矿段和盐田岭似层状锡多金属矿段（康永孚等，1994）。

矿区出露地层为下泥盆统莲花山组砂岩和那高岭组砂页岩，中泥盆统郁江组砂页岩和东岗岭组灰岩，上泥盆统桂林组灰岩、白云质灰岩（邓江等，2012），即泥盆系砂岩和灰岩为珊瑚钨锡矿床的主要赋矿建造。

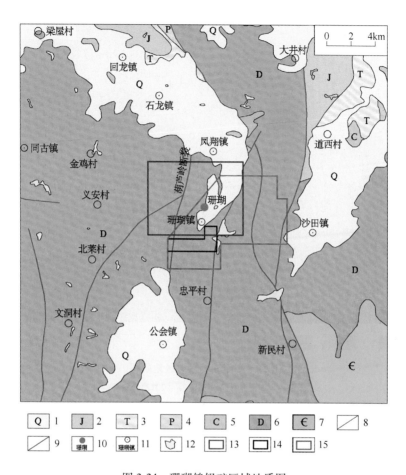

图 3-34　珊瑚钨锡矿区域地质图

（据中国地质调查局 1∶200000 地质图修编，下文 1∶200000 地球化学剖析图采用此范围）

1—第四系松散堆积物；2—侏罗系页岩、泥质灰岩；3—三叠系页岩；4—二叠系页岩、泥质岩；

5—石炭系白云岩、灰岩；6—泥盆系砂岩、页岩、灰岩和白云岩；7—寒武系砂页岩；8—岩性界线；

9—断层；10—钨矿床；11—地名；12—湖泊；13—珊瑚长营岭钨锡矿矿区范围；

14—矿区南部 1∶10000 土壤调查范围；15—矿区及外围 1∶50000 化探范围

　　矿区内岩浆岩不发育，在矿区西部盐田岭矿段出露盐田岭花岗岩株，此外在矿区坑道里可见有正长岩脉。据地物化综合资料推断，在长营岭矿段深部存在有隐伏花岗岩体（王强，2010；邓江，2012）。盐田岭花岗岩株的 LA-ICP-MS 锆石 U-Pb 年龄为（106±13）Ma，热液蚀变绢云母 Ar-Ar 坪年龄为（103.6±1.2）Ma、等时线年龄为（103.9±2.1）Ma（余勇等，2014）。此处暂取 104Ma 来代表矿区花岗岩的成岩年龄。

　　矿区内褶皱和断裂发育，主要构造线方向为北北东向，规模较大的褶皱构造有葫芦岭短轴背斜和旗岭背斜。近矿床部位还普遍发育北东东向呈雁行状排列的短轴倾伏褶皱，断裂构造主要以北东向和北西向为主。在北东向笔架山断裂和石灰山断裂之间的区域内，北东和北西向次级断裂也非常发育，形成网格状构造。矿床即产于这些网格断裂的特定部位，且多数靠近笔架山断裂的上盘（康永孚等，1994；邓江等，2012）。

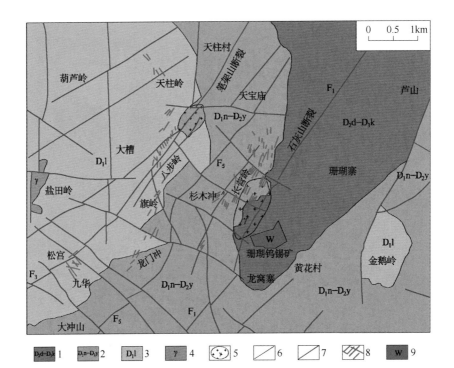

图 3-35 珊瑚钨锡矿区地质图

(据肖荣等（2011）、邓江等（2012）修编)

1—中晚泥盆统砂岩；2—早中泥盆统砂页岩；3—早泥盆统碳酸盐岩；4—花岗岩；
5—隐伏花岗岩地表投影范围；6—岩性界线；7—断层；8—钨锡矿脉；9—钨矿体

3.8.2.3 矿体地质特征

A 矿体特征

珊瑚长营岭钨锡矿区产出钨锡石英脉型、钨锑萤石石英脉型、含钨石英角砾脉型和锡多金属硫化物四种矿床类型，均产于特定的构造部位，钨锡石英脉型为最主要的矿床类型（邓江等，2012）。

长营岭石英脉型钨锡矿体主要产于矿区中部北北东向 F1 与 F5 挤压带及其伴生的脆韧性剪切带中（邓江等，2012），是珊瑚钨锡矿床的主矿体。矿化面积约 2km²，整体脉带的平均方向为 33°，长 2.3km、宽 0.6～1.0km，延伸大于 0.9km，已知工业矿脉有 200 多条（康永孚等，1994）。在整个脉带中可以分成六个大致平行的脉带，编号为Ⅰ～Ⅵ，其中以Ⅱ、Ⅲ、Ⅳ号脉带规模最大（康永孚等，1994）。这些脉带在平面上呈左行侧现，剖面上为后行侧列，如图 3-36 所示。

矿床中矿脉形态、蚀变矿物组合和微量元素都有明显的垂向分带特征（程小昆，2009）。根据矿脉形态矿床中的矿脉可划为线脉、细脉、薄-中脉、大脉等四类。不同矿脉在平面上和剖面上均表现出分带特点。脉体既具有类同于华南地区石英脉型钨矿床"五层楼式"的分带特征，又因Ⅱ、Ⅲ和Ⅵ的脉带重叠、后行侧幕而复杂化。从线脉带→细脉带→中脉带→下部大脉带，上部为白云母、黄玉、萤石、锡石、石英组合；中部到中下部以黑钨矿、块状石英为主，形成矿脉主体；中下部往深部金属硫化物和碳酸盐矿物增多。

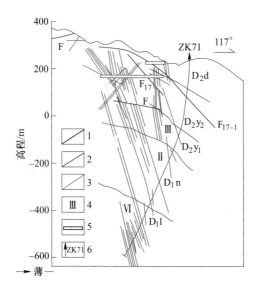

图 3-36　珊瑚长营岭钨锡矿区 7 线剖面图

(据杨明德等（2007）修编)

D_2d—东岗岭组灰岩；D_2y_2—中泥盆统郁江组上段砂岩、页岩；

D_2y_1—中泥盆统郁江组下段页岩；D_1n—早泥盆统那高岭组页岩；D_1l—早泥盆统莲花山组砂岩；

1—岩性界线；2—断层；3—钨锡矿脉；4—矿脉带号；5—坑道；6—钻孔及编号

元素分带为地表 Li、F→上部 Sn(W)、Pb、As→下部 W(Sn)、Cu、Zn、Ag、S（程小昆，2009），即珊瑚钨锡矿床具有垂直逆向分带特征，上部富锡，中部富钨锡，下部富钨、硫化物和银（王乾等，2011）。

长营岭石英脉型钨锡矿石中两件白云母样品的 Ar-Ar 坪年龄分别为（100.8±0.7）Ma 和（102.7±1.7）Ma，表明珊瑚钨锡矿成矿年龄约 102Ma，属于白垩纪（肖荣等，2011）。

盐田岭锡多金属矿段产于盐田岭花岗岩外接触带，分布在下泥盆统莲花山组上段和那高岭组下段中的白云岩夹层中。矿体呈似层状及透镜状，矿床规模为小型。成矿组分以 W、Sn、Zn 为主，矿化极不均匀（王强，2010）。

B　矿石特征

珊瑚钨锡矿区矿石类型主要为钨锡石英脉型、钨锑萤石石英脉型、含钨石英角砾脉型及锡多金属似层状型等四种（钱建平，1998）。

组成石英脉型钨锡矿石的金属矿物主要有黑钨矿、锡石、白钨矿、毒砂、闪锌矿和黄铜矿，其次为黄铁矿、磁黄铁矿、黝锡矿、黝铜矿、白铁矿、方铅矿、绿柱石、深红银矿、自然铋等。非金属矿物主要有石英、白（绢）云母、萤石、黄玉、方解石和白云石，其次有铁锰矿、电气石、磷灰石、叶蜡石、绿泥石和高岭石等（康永孚等，1994）。矿石中 W、Sn 是主要有益元素，Cu、Zn 等可综合利用（康永孚等，1994；程小昆，2009）。

盐田岭锡多金属矿区矿石矿物组合是锡石、黑钨矿、白钨矿、辉锑矿、闪锌矿、黄铁矿、黄铜矿、石英、透闪石、透辉石、萤石、重晶石、方解石等（王强，2010）。

矿石结构按成因可分为结晶结构、交代结构、固溶体分离结构和压碎结构，以前两种最为普遍。矿石构造主要有条带状构造、角砾状构造、晶洞构造、梳状构造和脉状构造，其次有浸染状构造、块状构造和网脉状构造（程小昆，2009；王强，2010；邓江等，2012）。

C 围岩蚀变

长营岭石英脉型钨锡矿区主要蚀变作用为绢云母化、萤石化、黄玉化、电气石化、绿泥石化、毒砂化、黄铁矿化、硅化、碳酸盐化等（邓江等，2012）。

盐田岭锡多金属矿区围岩蚀变类型有硅化、矽卡岩化、萤石化、黄铁矿化、碳酸盐化等（王强，2010）。

3.8.2.4 勘查开发概况

珊瑚钨锡矿床于1933年被发现后由当地群众开采（张辰光，2010）。1968年204队提交了《广西珊瑚钨锡矿储量总结报告书》，1980年提交了《广西钟山县珊瑚盐田岭锡矿床普查评价地质报告》（邓江，2012），珊瑚长营岭矿区探获 WO_3 储量约11.9万吨、Sn约4万吨（肖荣等，2011）。

20世纪80年代以后，先后有多家科研单位、高等院校在珊瑚矿区开展过以找矿预测为主要目的的科研工作。2000年，宋慈安出版了《珊瑚钨锡矿床》专著（邓江，2012）。2007年全国危机矿山接替资源勘查新开项目"广西钟山县珊瑚钨锡矿接替资源勘查"对珊瑚长营岭矿区的深部找矿和外围远景靶区圈定进行了详细研究（王强，2010），新增资源量 WO_3 金属量10多万吨、Sn金属量约2.6万吨（徐文杰等，2012）。

累加上述已探明资源量可知，珊瑚钨锡矿床 WO_3 金属量约22万吨、Sn金属量约6.6万吨。

3.8.2.5 矿床类型

根据宋慈安（1993）、程小昆（2009）、王强（2010）、邓江等（2012）、韦安伟等（2015）的研究成果，认为广西钟山珊瑚钨锡矿床应属于石英脉型钨锡矿床。

3.8.2.6 地质特征简表

综合上述矿床地质特征，除矿床基本信息表（见表3-54）中所表达的信息以外，广西钟山珊瑚钨锡矿床的地质特征可归纳列入表3-55中。

表3-55 广西钟山珊瑚钨锡矿床地质特征简表

序号	项目名称	项目描述	序号	项目名称	项目描述
10	赋矿地层时代	泥盆系	16	矿石类型	石英脉型
11	赋矿地层岩性	砂岩、灰岩	17	成矿年龄/Ma	102
12	相关岩体岩性	花岗岩	18	矿石矿物	黑钨矿、白钨矿、锡石、辉锑矿、毒砂、闪锌矿、方铅矿、黄铁矿、黄铜矿等
13	相关岩体年龄/Ma	104			
14	是否断裂控矿	是	19	围岩蚀变	绢云母化、硅化、矽卡岩化、萤石化等
15	矿体形态	脉状、似层状	20	矿床类型	石英脉型

注：序号从10开始是为了和数据库保持一致。

3.8.3 地球化学特征

3.8.3.1 区域化探

A 元素含量统计参数

本研究收集到研究区内1∶200000水系沉积物256件样品的39种元素含量数据。计上述 14 种元素可作为珊瑚钨锡矿在区域化探工作阶段的找矿指示元素组合。在这 14 种元素中，W 具有 7 级异常，Sn、Ag、As、Sb、Be 具有 4 级异常，Cd、F 具有 3 级异常，B 具有 2 级异常，Bi、Pb、Hg、Li、Sr 具有 1 级异常。由此看出，这种组合元素多且强度强的异常特征与珊瑚钨锡矿床经济矿种及矿体呈出露状态相一致。

3.8.3.2 化探普查

A 元素含量统计参数

本研究收集到珊瑚矿区及外围 1∶50000 水系沉积物 449 件样品的 8 种微量元素含量数据的统计参数（程小昆，2009）。计算水系沉积物中元素平均值相对其在中国水系沉积物（CSS）中的富集系数，将其地球化学统计参数及计算结果列于表 3-58 中。

表 3-58　研究区 1∶50000 化探普查元素含量①统计参数②

元素	Ag	Be	Cu	Mo	Pb	Sn	W	Zn
最大值	5000	100	327	15.2	675	200	500	1100
最小值	21	1.3	4	0.22	11.4	1.1	2	29
平均值	110	3.3	25	0.5	44	5.1	4.5	100
富集系数③	1.43	1.57	1.14	0.60	1.83	1.70	2.50	1.43

①元素含量的单位见表 2-4；②参数数据引自程小昆（2009）；③富集系数=平均值/CSS，CSS（中国水系沉积物）数据详见表 2-4。

与中国水系沉积物相比，化探普查微量元素富集系数介于 2~3 之间的有 W，介于 1.2~2 之间的微量元素有 Pb、Sn、Be、Ag、Zn。在所研究的 8 种微量元素中，除 Cu、Mo 外其余 6 种元素的富集系数均大于 1.2。

B 地球化学异常剖析图

由于收集资料的局限性，本研究未能制作出矿区地球化学异常剖析图。依据上述化探普查中元素含量的平均值，采用全国定值七级异常划分方案评定上述 8 种微量元素的异常分级，结果见表 3-59。

表 3-59　珊瑚矿区及外围 1∶50000 化探普查元素异常分级

元素	Ag	Be	Cu	Mo	Pb	Sn	W	Zn
异常分级	0	0	0	0	0	0	1	0

注：0 代表在研究区基本不存在异常，不作为找矿指示元素。

从表 3-59 可以看出，在珊瑚矿区及外围存在异常的微量元素仅有 W，在所研究的 8 种微量元素中仅 W 在研究区存在异常且为 1 级异常，这可能是由于化探普查工作范围主要在矿区外围（见图 3-34）所致。因此，其异常分析结果不作为判定是否能成为找矿指示元素的依据。

3.8.3.3 化探详查

A 元素含量统计参数

本研究收集到珊瑚矿区南部黄花村工区 1∶10000 土壤地球化学调查的数据特征参数，见表 3-60。黄花村工区 1∶10000 土壤地球化学调查面积共 4km² （见图 3-34），取样网度采用线距 100m、点距 40m，共计土壤样品 1226 件，分析元素 8 种（程小昆，2009；王强，

2010）。计算黄花村工区 8 种微量元素平均含量相对其在中国水系沉积物（CSS）中的富集系数，并将其也列在表 3-60 中。

表 3-60 研究区 1∶10000 化探详查元素含量①统计参数②

元素	Ag	Be	Cu	Mo	Pb	Sn	W	Zn
最大值	470	9.7	114	9.49	170	27.6	35.7	262
最小值	8	1.0	4.8	0.24	13.6	1.4	2.0	26
平均值	75	2.92	25.1	0.74	51.2	4.43	4.82	79.4
标准差	47	0.87	10.4	0.44	18.2	1.58	2.13	32.9
富集系数③	0.97	1.39	1.14	0.88	2.13	1.48	2.68	1.13

①元素含量的单位见表 2-4；②参数数据引自程小昆（2009）、王强（2010）；③富集系数＝平均值/CSS，CSS（中国水系沉积物）数据详见表 2-4。

与中国水系沉积物相比，化探详查微量元素富集系数介于 2~3 之间的有 W、Pb；介于 1.2~2 之间的微量元素有 Sn、Be。在所研究的 8 种微量元素中，仅 W、Pb、Sn、Be 计 4 种元素的富集系数大于 1.2。

B　地球化学异常剖析图

由于收集资料的局限性，本研究未能制作出研究区地球化学异常剖析图。依据上述化探详查中元素含量的平均值，采用全国定值七级异常划分方案评定上述 8 种微量元素的异常分级，结果见表 3-61。

表 3-61 珊瑚矿区南部工区 1∶10000 化探详查元素异常分级

元素	Ag	Be	Cu	Mo	Pb	Sn	W	Zn
异常分级	0	0	0	0	1	0	1	0

注：0 代表在研究区基本不存在异常，不作为找矿指示元素。

从表 3-61 可以看出，在珊瑚矿区南部工区存在异常的微量元素仅有 W 和 Pb，即在所研究的 8 种微量元素中仅 W 和 Pb 在研究区存在异常且为 1 级异常，这可能是由于化探详查工作范围主要在矿区外围（见图 3-34）所致。因此，其异常分析结果不作为判定是否能成为找矿指示元素的依据。

3.8.3.4　岩石地球化学勘查

A　元素含量统计参数

本研究收集到珊瑚矿区内 47 件样品的 21 种微量元素含量数据（宋慈安，1996；王强，2010；李红亮等，2012；邓江，2012），其中不同类型的矿石 17 件、蚀变岩 7 件、较新鲜岩石 23 件。计算岩石中元素平均值相对其在中国水系沉积物（CSS）中的富集系数，将其地球化学统计参数列于表 3-62 中。

与中国水系沉积物相比，矿区岩石中微量元素富集系数大于 100 的有 W、Sn、Cu、Ag、Sb，介于 10~100 之间的有 Mo、Bi、Pb、Cd、As、Ni，介于 3~10 之间的有 Zn、F、B，介于 2~3 之间的有 Be、Nb，介于 1.2~2 之间的有 Co。在上述 21 种微量元素中富集系数大于 1.2 的共计 17 种，其中热液成矿元素有 W、Sn、Mo、Bi、Cu、Pb、Zn、Cd、Ag、As、Sb；热液运矿元素有 B、F；造岩微量元素有 Be；酸性微量元素有 Nb；基性微量元素有 Co、Ni。

在研究区内已发现有大型锡、钨矿床，上述 Sn、W 的富集系数分别高达 391 和 1458，这是由于所收集的岩石样品中矿石和蚀变岩较多所致。

表 3-62　矿区岩石样品中元素含量[①]统计参数[②]

元素	Ag	As	B	Ba	Be	Bi	Cd	Co	Cr	Cu	F
样品数	30	32	12	12	12	23	18	26	11	40	33
最大值	89000	2200	279	795	13	89	58000	31	116	99129	16000
最小值	100	14	65	107	3.2	1.2	1200	5.0	2.5	7.6	25
中位值	230	173	183	376	5.5	7.4	4350	15	7.1	65	1862
平均值	9424	510	180	425	5.9	19	11951	16	30	3279	3447
标准差	20329	690	79	250	2.5	22	16523	8.5	39	15712	3505
富集系数[③]	122	51.0	3.83	0.87	2.81	59.8	85.4	1.30	0.51	149	7.03
元素	Mo	Nb	Ni	Pb	Sb	Sn	Sr	V	W	Zn	
样品数	20	3	26	30	12	45	12	23	36	41	
最大值	125	54	5000	4100	7961	9791	546	173	15084	10518	
最小值	1.1	29	4.7	8.9	4.0	7.0	39	5.0	4	34	
中位值	3.3	35	21	34	15	106	120	74	43	80	
平均值	13	39	403	410	698	1173	166	70	2624	652	
标准差	30	11	1327	1002	2191	1995	133	49	4786	1780	
富集系数[③]	15.9	2.46	16.1	17.1	1012	391	1.14	0.87	1458	9.3	

①元素含量的单位见表 2-4；②数据引自宋慈安（1996）、王强（2010）、李红亮等（2012）、邓江（2012）；③富集系数＝平均值/CSS，CSS 数据详见表 2-4。

B　地球化学异常剖面图

由于收集资料的局限性，本研究未能制作出矿区地球化学异常剖面图。本研究在矿区范围内所收集的岩石有较新鲜的岩石、蚀变岩和矿石，为反映微量元素的富集特征，此处选择平均值来表征岩石中元素的含量特征，该平均值的大小取决于所收集岩石中新鲜岩石与矿石（及蚀变岩）的相对多少。

依据上述矿区岩石中元素含量的平均值，采用全国定值七级异常划分方案评定 21 种微量元素的异常分级，结果见表 3-63。

表 3-63　珊瑚矿区岩矿石中元素异常分级

元素	Ag	As	B	Ba	Be	Bi	Cd	Co	Cr	Cu	F	Mo	Nb	Ni	Pb	Sb	Sn	Sr	V	W	Zn
异常分级	5	3	1	0	1	3	4	0	0	7	2	3	2	4	4	5	7	0	0	7	3

注：0 代表在珊瑚矿区基本不存在异常，不作为找矿指示元素。

从表 3-63 可以看出，在珊瑚矿区存在异常的微量元素有 W、Sn、Mo、Bi、Cu、Pb、Zn、Cd、Ag、As、Sb、B、F、Be、Nb、Ni 共计 16 种，这 16 种元素可作为珊瑚钨锡矿床在岩石地球化学勘查工作阶段的找矿指示元素组合。在这 16 种元素中，W、Sn、Cu 具有 7 级异常，Ag、Sb 具有 5 级异常，Pb、Cd、Ni 具有 4 级异常，Mo、Bi、Zn、As 具有 3 级异常，F、Nb 具有 2 级异常，B、Be 具有 1 级异常。

3.8.3.5 勘查地化特征简表

综合上述勘查地球化学特征，广西钟山珊瑚钨锡矿床的勘查地球化学特征可归纳列入表 3-64 中。

表 3-64　广西钟山珊瑚钨锡矿床勘查地球化学特征简表

矿床编号	项目名称	Ag	As	Au	B	Ba	Be	Bi	Cd	Co	Cr	Cu	F	Hg	La	Li
452302	区域富集系数	2.02	3.20	1.48	2.39	0.67	1.10	1.58	1.93	1.21	1.17	1.22	1.08	2.65	0.96	1.34
452302	区域异常分级	4	4	0	2	0	4	1	3	0	0	0	3	1	0	1
452302	岩石富集系数	122	51.0		3.83	0.87	2.81	59.8	85.4	1.30	0.51	149	7.03			
452302	岩石异常分级	5	3		1	0	1	3	4	0	0	7	2			
矿床编号	项目名称	Mo	Nb	Ni	Pb	Sb	Sn	Sr	Th	U	V	W	Y	Zn	Zr	
452302	区域富集系数	1.33	1.12	1.20	1.40	19.4	2.06	0.53	1.55	1.04	1.27	10.6	1.13	1.20	1.15	
452302	区域异常分级	0	0	0	1	4	4	1	0	0	0	7	0	0	0	
452302	岩石富集系数	15.9	2.46	16.1	17.1	1012	391	1.14			0.87	1458			9.3	
452302	岩石异常分级	3	2	4	4	5	7	0			0	7			3	

注：该表可与矿床基本信息、地质特征简表依据矿床编号建立对应关系。

3.8.4　地质地球化学找矿模型

广西钟山珊瑚钨锡矿床为一大型矿床，位于广西壮族自治区贺州市钟山县珊瑚镇境内，矿体呈出露状态。赋矿地层为泥盆系砂岩和灰岩。成矿与矿区隐伏花岗岩体关系密切，岩体成岩年龄约 104Ma。钨矿体受断裂带控制明显，矿石类型以石英脉型为主，矿体形态主要呈脉状、似层状，成矿年龄约 102Ma。围岩蚀变主要有绢云母化、硅化、矽卡岩化、萤石化等。矿床类型属石英脉型。

广西钟山珊瑚钨锡矿床区域化探找矿指示元素组合为 W、Sn、Bi、Pb、Cd、Ag、As、Sb、Hg、B、F、Li、Be、Sr 共计 14 种，其中 W 具有 7 级异常，Sn、Ag、As、Sb、Be 具有 4 级异常，Cd、F 具有 3 级异常，B 具有 2 级异常，Bi、Pb、Hg、Li、Sr 具有 1 级异常。矿区岩石化探找矿指示元素组合为 W、Sn、Mo、Bi、Cu、Pb、Zn、Cd、Ag、As、Sb、B、F、Be、Nb、Ni 共计 16 种，其中 W、Sn、Cu 具有 7 级异常，Ag、Sb 具有 5 级异常，Pb、Cd、Ni 具有 4 级异常，Mo、Bi、Zn、As 具有 3 级异常，F、Nb 具有 2 级异常，B、Be 具有 1 级异常。

3.9 广西恭城栗木锡多金属矿床

3.9.1 矿床基本信息

表 3-65 为广西恭城栗木锡多金属矿床基本信息表。

表 3-65 广西恭城栗木锡多金属矿床基本信息表[①]

序号	项目名称	项目描述	序号	项目名称	项目描述
0	矿床编号	452303	4	矿床规模	大型
1	经济矿种	锡、钨、铌、钽	5	主矿种资源量	12.1[②]
2	矿床名称	广西恭城栗木锡多金属矿床	6	伴生矿种资源量	4.22 WO_3，0.63 Nb_2O_5，0.57 Ta_2O_5
3	行政隶属地	广西壮族自治区恭城县栗木镇	7	矿体出露状态	半出露

①同表2-1标注；②经济矿种资源量数据引自覃斌贤（2013）和覃宗光等（2012）。

3.9.2 矿床地质特征

3.9.2.1 区域地质特征

广西恭城栗木锡多金属矿床位于广西壮族自治区桂林市恭城瑶族自治县栗木镇，南距恭城县城 50km（曹瑞欣，2009）。在成矿带划分上广西恭城栗木锡多金属矿床位于南岭成矿带的南岭西段（湘西南-桂东北隆起）成矿亚带（徐志刚等，2008）。

区域内出露地层有寒武系、奥陶系、泥盆系、石炭系和第四系，如图 3-38 所示。其中，中泥盆统和下石炭统灰岩为该区主要赋矿建造（梁玲慧，2013）。

区域内岩浆岩不很发育，主要有位于区域中部的栗木花岗岩体和区域东北部出露的都庞岭花岗岩体。栗木岩体呈小岩株产出，出露面积 1.5km²，岩性为细-中粒白云母花岗岩及细-中粒铁锂云母钠长石花岗岩，与栗木锡多金属矿床成矿关系密切（梁玲慧，2013）。都庞岭花岗岩体主体岩性为细-中粒黑云母花岗岩（梁玲慧，2013）。

区域内构造发育，以断裂为主。区域内断裂以近南北向为主，其次为北东向和北北东向（董业才和庄晓蕊，2014）。

区域内矿产资源以锡矿为主，代表性矿床有栗木大型锡多金属矿床（覃宗光和姚锦其，2008）、马路桥中型锡矿床以及豹子山小型铅锌矿床。

3.9.2.2 矿区地质特征

广西恭城栗木锡多金属矿床主要包括金竹源、老虎头、香檀岭、牛栏岭、鱼菜、三个黄牛和水溪庙等七个矿段（见图 3-39），其中，金竹源、三个黄牛和水溪庙三个矿段锡金属量均达中型以上。

矿区内出露地层有寒武系、泥盆系、石炭系和第四系，如图 3-39 所示。地层大多呈近南北向分布，泥盆系和石炭系灰岩是栗木锡多金属矿床的主要赋矿建造（梁玲慧，2013）。

区域内岩浆岩主要为栗木花岗岩体。栗木花岗岩体为多阶段复式岩体，可划分为三个阶段：第一阶段为细粒斑状云母花岗岩（γ_5^{1-2}），分布在泡水岭地区；第二阶段为细-中粒

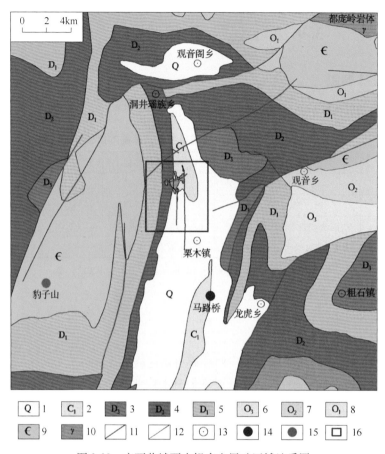

图 3-38　广西恭城栗木锡多金属矿区域地质图

(据中国地质调查局 1∶200000 地质图修编，下文 1∶200000 地球化学剖析图采用此范围)

1—第四系河流相沉积物；2—早石炭统灰岩、硅质灰岩、粉砂岩等；3—晚泥盆统白云质灰岩、白云岩；
4—中泥盆统白云质灰岩、泥灰岩、粉砂岩、泥岩等；5—早泥盆统细砂岩、粉砂岩、泥岩、页岩；
6—晚奥陶统岩屑砂岩、杂砂岩、粉砂岩，夹砂质页岩（板岩）、黑色页岩；7—中奥陶统硅质岩、炭质
页岩，夹薄层粉砂岩；8—早奥陶统页岩、粉砂岩、细砂岩；9—寒武系边溪组砂岩、页岩、灰岩、泥质灰岩；
10—花岗岩；11—断层；12—岩性界线；13—地名；14—锡矿床；15—铅锌矿床；16—栗木矿区范围

斑状云母花岗岩 (γ_5^{1-3a})，分布于香坛岭和牛栏岭地区，是栗木岩体的主要组成部分；第三阶段为中-细粒花岗岩 (γ_5^{1-3b})，主要分布于老虎头地区，矿区工程证实其在水溪庙、金竹源等地以隐伏状态产出（林德松和王开选，1987）。此外，矿区局部还出露有近南北向展布的花岗斑岩脉。

　　泡水岭花岗岩体其 LA-ICP-MS 锆石 U-Pb 年龄为（239±4）Ma（娄峰等，2014）。牛栏岭花岗岩的 LA-ICP-MS 锆石 U-Pb 年龄为 224Ma（张怀峰等，2013）。金竹源和三个黄牛隐伏花岗岩体的 SHRIMP 锆石 U-Pb 年龄分别为（214.0±5.0）Ma 和（218.3±2.4）Ma（康志强等，2012），水溪庙隐伏花岗岩的 SHRIMP 锆石 U-Pb 年龄为（212.3±1.8）Ma（马丽艳等，2013），此处暂取 214Ma 来代表栗木花岗岩体第三阶段的成岩年龄，即栗木花岗岩体三个阶段的成岩年龄分别约为 239Ma、224Ma 和 214Ma。

　　区域内断裂构造以近南北向和近东西向两组为主，其次为北东向和北西向。近南北向

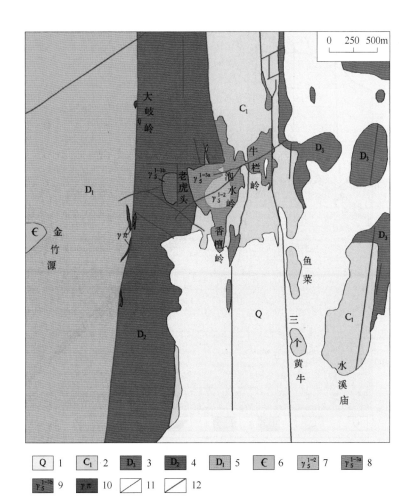

图 3-39　广西栗木锡多金属矿区地质图

（据中国地质调查局 1∶200000 地质图、张怀峰等（2014）修编）

1—第四系河流相沉积物；2—早石炭统砂岩、泥质灰岩、白云质灰岩等；3—晚泥盆统融县组白云质

灰岩、白云岩；4—中泥盆统东岗岭组和郁江组并层：灰岩夹白云质灰岩、白云岩、泥质粉砂岩等；

5—早泥盆统那高岭组和莲花山组并层：细砂岩、粉砂岩、泥岩、页岩夹钙质粉砂岩；6—寒武系边溪组砂岩、

页岩、泥灰岩、灰岩；7—栗木第一阶段花岗岩 γ_5^{1-2}；8—栗木第二阶段花岗岩 γ_5^{1-3a}；

9—栗木第三阶段花岗岩 γ_5^{1-3b}；10—花岗斑岩；11—岩性界线；12—断层

和近东西向断裂为本区主要的控矿构造，对矿体的形态、产状和分布范围控制明显（汪恕生等，2008；梁玲慧，2013）。

3.9.2.3　矿体地质特征

A　矿体特征

栗木锡多金属矿床发现具有工业意义的矿石类型主要有花岗岩型锡铌钽矿石、石英脉型锡钨矿石和花岗伟晶岩脉型钽铌矿石三种（康志强等，2012）。

（1）花岗岩型锡铌钽矿石产于水溪庙和金竹源矿段，主要赋存于栗木第三阶段花岗岩体的顶突部位。矿体呈厚薄不均的似层状或皮壳状（见图3-40），局部有夹石表现为两层矿（汪恕生等，2008）。

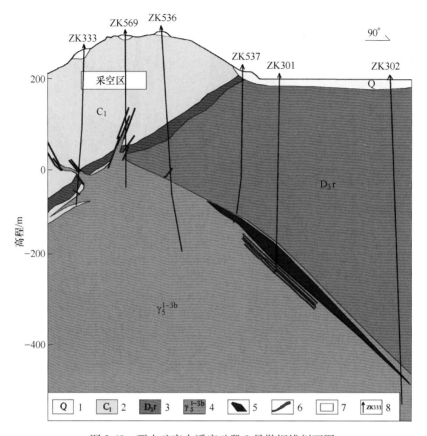

图 3-40　栗木矿床水溪庙矿段 3 号勘探线剖面图

（据覃宗光等（2012）修编）

1—第四系水系沉积物；2—早石炭统灰岩；3—晚泥盆统融县组灰岩；
4—栗木第三阶段花岗岩；5—锡矿体；6—铌钽矿体；7—采空区；8—钻孔及编号

（2）石英脉型钨锡矿石产于牛栏岭、香檀岭矿段，主要赋存于栗木第二阶段花岗岩体内接触带。矿脉充填于岩体边缘的冷缩张裂隙中，呈侧幕状展开。矿脉约有 60 条，单脉厚 0.3~1m，延伸 60~80m，走向近南北，倾向东，倾角陡（梁玲慧，2013）；在水溪庙矿段主要赋存于栗木第三阶段花岗岩体外接触带的灰岩中，矿脉有 36 条，单脉短小，密集成组，呈雁行排列，如图 3-40 所示。

（3）花岗伟晶岩脉型钽铌矿石产于水溪庙矿段，主要赋存于栗木第三阶段花岗岩体外接触带灰岩或大理岩的构造裂隙中。矿脉根部与岩体相连，走向近南北，倾向西，形态复杂，分支复合变化明显，规模小（汪恕生，2009）。

上述三种矿石类型以花岗岩型锡铌钽矿石为主，代表性矿段为水溪庙矿段，矿体具有明显的垂直分带特征，如图 3-40 所示。

栗木老虎头矿区赋存锡铌钽矿体的云英岩化花岗岩中白云母 Ar-Ar 坪年龄和等时线年龄分别为（214.1±1.9）Ma 和（214.3±4.5）Ma（杨锋等，2009），栗木水溪庙矿区锂云母 K-Ar 年龄为（215±2）Ma（曹瑞欣，2009），即广西恭城栗木锡多金属矿床成矿年龄为 214Ma。

B 矿石特征

矿石矿物主要为锡石、铌钽锰矿，其次为细晶石、钽金红石、黑钨矿、胶态锡石、黝锡矿、毒砂、磁黄铁矿、黄铁矿等。脉石矿物主要有石英、钠长石、锂云母、微斜长石、黄玉、氟磷锰矿以及萤石、绢云母、碳酸盐等（汪恕生，2009）。

矿石结构有自形粒状结构、压碎结构和交代结构。矿石构造以浸染状为主，次为条带状构造。浸染状构造较普遍，而条带状构造主要见于水溪庙矿床（汪恕生等，2008）。

C 围岩蚀变

围岩蚀变有钠长石化、云英岩化、硅化、绢云母化、大理岩化、萤石化、黄玉化等，其中钠长石化、云英岩化、萤石化与成矿关系密切（覃斌贤，2013）。

3.9.2.4 勘查开发概况

广西恭城栗木锡多金属矿床是一个具有 60 多年开采历史的老矿山，经历了多次普查及勘探，矿床规模逐渐扩大，储量不断增加，迄今已成为一个大型锡钽铌多金属矿床。

1950~1992 年，栗木矿床相继在牛栏岭、香檀岭、三个黄牛、大岐岭、老虎头、水溪庙、金竹源等矿段开展了普查、详查工作，完成了 1∶200000、1∶50000 区域地质调查及矿产调查、矿区及外围锡重砂测量、1∶50000 次生晕测量、1∶25000 高精度磁测及电测深测量、区域重力测量等，发现了花岗岩型锡铌钽矿、石英脉型钨锡矿和花岗伟晶岩脉型钽铌矿，累计探明锡约 67283t、WO_3 约 18909t、Ta_2O_5 约 4675t、Nb_2O_5 约 4446t、Rb_2O 约 9952t（覃斌贤，2013）。2006~2009 年，在水溪庙、鱼菜、三个黄牛等矿段开展了槽探、钻探、高精度磁测、激电测井、土壤化探详查及烃、汞气、氡气剖面测量等探矿和测量工作，新增锡储量 53971t、WO_3 为 23315t、Ta_2O_5 为 1052t、Nb_2O_5 为 1805t（覃宗光等，2012）。因此，在栗木锡多金属矿区累计探明储量为 12.1 万吨 Sn、4.22 万吨 WO_3、6251t Nb_2O_5 和 5727t Ta_2O_5。

3.9.2.5 矿床类型

据林德松和王开选（1987）、汪恕生（2009）、康志强等（2012）、梁玲慧（2013）、夏瑜（2013）的研究成果，认为广西恭城栗木锡多金属矿床含有花岗岩型、石英脉型和花岗伟晶岩脉型三种矿床类型，以花岗岩型即岩体型为主要类型。

3.9.2.6 地质特征简表

综合上述矿床地质特征，除矿床基本信息表（见表 3-65）中所表达的信息以外，广西栗木锡多金属矿床的地质特征可归纳列入表 3-66 中。

表 3-66 广西恭城栗木矿床地质特征简表

序号	项目名称	项目描述	序号	项目名称	项目描述
10	赋矿地层时代	泥盆系和石炭系	16	矿石类型	花岗岩型、石英脉型
11	赋矿地层岩性	灰岩	17	成矿年龄/Ma	214
12	相关岩体岩性	花岗岩	18	矿石矿物	锡石、细晶石、黝锡矿、钽铌锰矿、钽金红石、黑钨矿、毒砂、黄铁矿等
13	相关岩体年龄/Ma	214			
14	是否断裂控矿	是	19	围岩蚀变	钠长石化、云英岩化、萤石化、大理岩化等
15	矿体形态	似层状、脉状	20	矿床类型	岩体型

注：序号从 10 开始是为了和数据库保持一致。

3.9.3 地球化学特征

3.9.3.1 区域化探

A 元素含量统计参数

本研究收集到研究区内 1：200000 水系沉积物 209 件样品的 39 种元素含量数据。计算水系沉积物中元素平均值相对其在中国水系沉积物（CSS）中的富集系数，将其地球化学统计参数列于表 3-67 中。

表 3-67 栗木矿区 1：200000 区域化探元素含量[1]统计参数

元素	Ag	As	Au	B	Ba	Be	Bi	Cd	Co	Cr	Cu	F	Hg
最大值	1200	415	873.7	195	819	46.3	6.4	2600	29.3	105	175	6450	350
最小值	25	5.1	0.2	40	150	1.1	0.2	36	5.7	33.5	10.6	218	41
中位值	58	13.8	1.3	91.6	391	2	0.43	210	12	54.9	22.1	408	87
平均值	88.3	25.1	6.06	93.7	401	2.78	0.57	336.6	12.8	56.9	26.1	509	103.3
标准差	114.3	40.7	60.4	27.8	136	4.59	0.61	381.8	4.06	13.1	16.7	580	53.4
富集系数[2]	1.15	2.51	4.59	1.99	0.82	1.32	1.85	2.40	1.06	0.96	1.19	1.04	2.87

元素	La	Li	Mo	Nb	Ni	Pb	Sb	Sn	Sr	Th	U	V	W
最大值	69.9	200	9.5	33.2	81	539	19.6	379	330	28	6.1	229	226
最小值	27.4	19.3	0.22	10.1	13.6	16.5	0.69	1.6	15	8.8	1.8	43.7	0.55
中位值	40.1	33.8	0.82	15.6	21.5	29	2.2	3.2	45	12.1	3	74.9	3.4
平均值	41.09	39.4	1.01	16.3	25.9	39.6	3.26	12.6	57.2	12.6	3.11	81.3	8.08
标准差	7.89	22.3	0.80	3.65	12.8	51.1	2.88	40.2	49.0	2.62	0.68	26.9	23.2
富集系数[2]	1.05	1.23	1.20	1.02	1.04	1.65	4.73	4.18	0.39	1.06	1.27	1.02	4.49

元素	Y	Zn	Zr	SiO_2	Al_2O_3	Fe_2O_3	K_2O	Na_2O	CaO	MgO	Ti	P	Mn
最大值	69.7	877	539	86.12	20.09	8.69	3.04	3.50	7.95	3.19	8646	1015	2156
最小值	16.5	33.4	236	51.47	5.46	2.36	0.89	0.04	0.08	0.31	2754	281	102
中位值	28.3	67.6	357	70.70	9.99	3.98	1.96	0.11	0.23	0.60	4065	529	706
平均值	29.2	86.5	357	70.23	10.35	4.25	1.97	0.13	0.41	0.74	4216	563	816
标准差	7.46	75.5	50.1	6.50	2.53	1.14	0.48	0.24	0.67	0.42	930	153	425
富集系数[2]	1.17	1.24	1.32	1.08	0.81	0.94	0.83	0.10	0.23	0.54	1.03	0.97	1.22

①元素含量的单位见表 2-4；②富集系数＝平均值/CSS，CSS（中国水系沉积物）数据详见表 2-4。

与中国水系沉积物相比，研究区内微量元素富集系数介于 3~10 之间的有 Sb、Au、W、Sn，介于 2~3 之间的有 Hg、As、Cd，介于 1.2~2 之间的有 B、Bi、Pb、Be、Zr、U、Zn、Li、Mo。富集系数大于 1.2 的微量元素有 16 种，其中热液成矿元素有 W、Sn、Mo、Bi、Pb、Zn、Cd、Au、As、Sb、Hg 计 11 种；热液运矿元素有 B；造岩微量元素有 Li、Be；酸性微量元素有 Zr、U。

在研究区内已发现有大型锡矿床且伴生钨，上述 Sn、W 的富集系数分别为 4.18 和 4.49。

B 地球化学异常剖析图

依据研究区内 1∶200000 化探数据，采用全国变值七级异常划分方案制作 29 种微量元素的单元素地球化学异常图，其异常分级结果见表 3-68。

表 3-68 栗木矿区 1∶200000 区域化探元素异常分级

元素	Ag	As	Au	B	Ba	Be	Bi	Cd	Co	Cr	Cu	F	Hg	La	Li
异常分级	3	2	0	0	0	4	2	3	0	0	2	2	0	0	1
元素	Mo	Nb	Ni	Pb	Sb	Sn	Sr	Th	U	V	W	Y	Zn	Zr	
异常分级	0	0	0	0	1	5	0	0	0	0	5	0	0	0	

注：0 代表在栗木矿区基本不存在异常，不作为找矿指示元素。

从表 3-68 可以看出，在栗木矿区存在异常的微量元素有 Sn、W、Bi、Cu、Cd、Ag、As、Sb 计 8 种热液成矿元素；热液运矿元素 F；造岩微量元素 Li 和 Be，共计 11 种。这 11 种微量元素在研究区内的地球化学异常剖析图如图 3-41 所示。

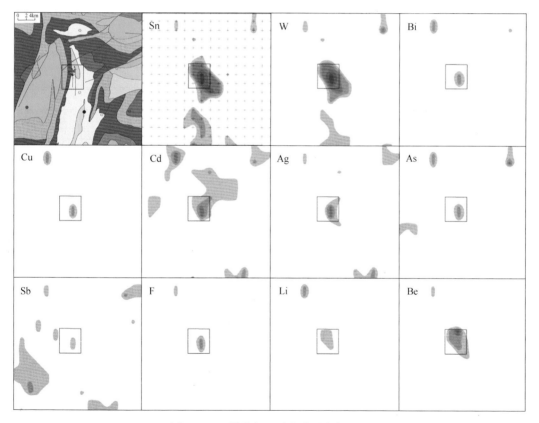

图 3-41 区域化探地球化学异常剖析图
（地质图为图 3-38 广西恭城栗木锡多金属矿区域地质图）

上述 11 种元素可以作为栗木锡多金属矿床在区域化探工作阶段的找矿指示元素组合。在这 11 种元素中，Sn、W 具有 5 级异常，Be 具有 4 级异常，Cd、Ag 具有 3 级异常，As、Bi、Cu、F 具有 2 级异常，Li、Sb 具有 1 级异常。由此看出，这种组合元素多且强度强的异常特征与栗木矿床主要经济矿种和矿体呈出露状态相一致。

3.9.3.2 岩石地球化学勘查

A 元素含量统计参数

本研究收集到矿区内岩石 68 件样品的 24 种微量元素含量数据（徐启东和章锦统，1988；曹瑞欣，2009；夏瑜，2013；谭斌贤，2013；张怀峰等，2013、2014；董业才和庄晓蕊，2014），其中不同类型的矿石样品 29 件、较新鲜岩石样品 39 件，这 39 件样品均取自栗木矿区花岗岩体。计算岩石中元素平均值相对其在中国水系沉积物（CSS）中的富集系数，将其地球化学统计参数列于表 3-69 中。

表 3-69 矿区岩石样品中元素含量[①]统计参数[②]

元素	Ba	Be	Bi	Cd	Co	Cr	Cu	F	La	Li	Mo	Nb
样品数	46	23	18	18	18	9	18	28	44	42	9	55
最大值	147	54.7	20	5040	0.8	40.4	70.1	21900	12.2	1300	1.01	210
最小值	3.7	1	1.07	10	0.25	1.7	1.4	0.19	0.17	182	0.17	12.7
中位值	13.7	5.3	3.73	670	0.41	3.5	14.8	0.83	3.8	477	0.3	43.3
平均值	26.3	6.87	6.31	954	0.45	9.02	19.5	2236	4.21	561	0.39	48.0
标准差	30.8	10.9	6.23	1200	0.16	12.2	19.1	5295	3.53	308	0.25	32.2
富集系数[③]	0.05	3.27	20.4	6.80	0.04	0.15	0.88	4.56	0.11	17.5	0.46	3.00
元素	Ni	Pb	Sb	Sn	Sr	Th	U	V	W	Y	Zn	Zr
样品数	9	18	9	47	47	23	23	18	46	49	18	23
最大值	23.7	23.6	0.9	18000	40	18.5	20.8	5.8	4599	30	73.9	75.1
最小值	0.9	8	0.33	4.5	0.41	5.88	4.9	0.47	5.8	1.4	10	17
中位值	2.3	13.0	0.42	69	12.1	13	15.7	2.54	25.0	8.8	40.1	33.1
平均值	5.20	15.0	0.55	1327	13.9	12.7	14.5	2.68	219	11.1	39.9	40.9
标准差	7.07	5.39	0.35	3159	8.50	3.15	4.26	1.78	715	7.66	16.97	17.4
富集系数[③]	0.21	0.63	0.80	442	0.10	1.07	5.91	0.03	122	0.44	0.57	0.15

①元素含量的单位见表 2-4；②数据引自曹瑞欣（2009）、董业才和庄晓蕊（2014）、夏瑜（2013）、谭斌贤（2013）、张怀峰等（2013，2014）、徐启东和章锦统（1988）；③富集系数=平均值/CSS，CSS 数据详见表 2-4。

与中国水系沉积物相比，研究区内微量元素富集系数大于 100 的有 Sn、W，介于 10~100 之间的有 Bi、Li，介于 3~10 之间的有 Cd、U、F、Be、Nb，其余元素的富集系数均小于 1.2。富集系数大于 1.2 的微量元素共计 9 种，其中热液成矿元素有 W、Sn、Bi、Cd 计 4 种；热液运矿元素有 F；造岩微量元素有 Li、Be；酸性微量元素有 Nb、U。

在研究区内已发现有大型锡矿床且伴生钨、铌，上述 Sn、W、Nb 的富集系数分别为 442、122 和 3.00。

B 地球化学异常剖面图

由于收集资料的局限性，本研究未能制作出矿区地球化学异常剖面图。本研究在矿区范围内所收集的岩石包含矿石和较新鲜的岩石，但矿石中仅收集到 Ba、Be、F、La、Li、Nb、Sn、Sr、Th、U、W、Y、Zr 计 13 种元素的含量，而其他 11 种元素的含量为较新鲜岩石中的含量，故此处对 Ba、Be、F、La、Li、Nb、Sn、Sr、Th、U、W、Y、Zr 计 13 种元素的含量采用平均值来表征，该平均值的大小取决于所收集岩石中矿石相对较新鲜岩石的多少；对其他 11 种元素含量采用最大值来表征以突出矿化作用，该最大值的大小取决于所收集较新鲜岩石的蚀变或矿化程度。

依据上述矿区岩石中元素含量的平均值（适用于 13 种元素）和最大值（适用于 11 种元素），采用全国定值七级异常划分方案评定 24 种微量元素的异常分级，结果见表 3-70。

表 3-70　栗木矿区岩矿石中元素异常分级

元素	Ba	Be	Bi	Cd	Co	Cr	Cu	F	La	Li	Mo	Nb	Ni	Pb	Sb	Sn	Sr	Th	U	V	W	Y	Zn	Zr
异常分级	0	1	3	3	0	0	1	2	0	4	0	2	0	0	0	7	0	0	2	0	5	0	0	0

注：0 代表在栗木矿区基本不存在异常，不作为找矿指示元素。

从表 3-70 可以看出，在栗木矿区存在异常的微量元素有 W、Sn、Bi、Cu、Cd、F、Li、Be、Nb、U 共计 10 种，这 10 种元素可作为栗木锡多金属矿床在岩石地球化学勘查工作阶段的找矿指示元素组合。在这 10 种元素中，Sn 具有 7 级异常，W 具有 5 级异常，Li 具有 4 级异常，Bi、Cd 具有 3 级异常，F、Nb、U 具有 2 级异常，Cu、Be 具有 1 级异常。由此看出，这种矿区岩石的强异常特征与栗木矿床的主经济矿种相一致。

3.9.3.3　勘查地化特征简表

综合上述勘查地球化学特征，广西恭城栗木锡多金属矿床的勘查地球化学特征可归纳列入表 3-71 中。

表 3-71　广西恭城栗木锡多金属矿床勘查地球化学特征简表

矿床编号	项目名称	Ag	As	Au	B	Ba	Be	Bi	Cd	Co	Cr	Cu	F	Hg	La	Li
452303	区域富集系数	1.15	2.51	4.59	1.99	0.82	1.32	1.85	2.40	1.06	0.96	1.19	1.04	2.87	1.05	1.23
452303	区域异常分级	3	2	0	0	0	4	2	3	0	0	2	2	0	0	1
452303	岩石富集系数					0.05	3.27	20.4	6.80	0.04	0.15	1.26	4.56		0.11	17.5
452303	岩石异常分级					0	1	3	3	0	0	1	2		0	4

矿床编号	项目名称	Mo	Nb	Ni	Pb	Sb	Sn	Sr	Th	U	V	W	Y	Zn	Zr
452303	区域富集系数	1.20	1.02	1.04	1.65	4.73	4.18	0.39	1.06	1.27	1.02	4.49	1.17	1.24	1.32
452303	区域异常分级	0	2	0	0	0	7	0	0	2	0	5	0	0	0
452303	岩石富集系数	0.46	3.00	0.21	0.63	0.80	442	0.10	1.07	5.91	0.03	122	0.44	0.57	0.15
452303	岩石异常分级	0	2	0	0	0	7	0	0	2	0	5	0	0	0

注：该表可与矿床基本信息表采用矿床编号建立关系。

3.9.4　地质地球化学找矿模型

广西恭城栗木锡多金属矿床为一大型矿床，位于广西壮族自治区桂林市恭城瑶族自治县栗木镇境内，矿体呈半出露状态。赋矿地层为泥盆系和石炭系的灰岩。成矿与栗木花岗岩体关系密切，栗木花岗岩成岩年龄约 214Ma。锡矿体受断裂控制明显，矿石类型属花岗岩型、石英脉型，矿体形态呈似层状、脉状，成矿年龄约 214Ma。围岩蚀变主要有钠长石化、云英岩化、萤石化、大理岩化等。矿床类型属岩体型。

广西恭城栗木锡多金属矿床区域化探找矿指示元素组合为 W、Sn、Bi、Cu、Cd、Ag、

As、Sb、F、Li、Be 共计 11 种，其中 Sn、W 具有 5 级异常，Be 具有 4 级异常，Cd、Ag 具有 3 级异常，As、Bi、Cu、F 具有 2 级异常，Li、Sb 具有 1 级异常。矿区岩石化探找矿指示元素组合 W、Sn、Bi、Cu、Cd、F、Li、Be、Nb、U 共计 10 种，其中 Sn 具有 7 级异常，W 具有 5 级异常，Li 具有 4 级异常，Bi、Cd 具有 3 级异常，F、Nb、U 具有 2 级异常，Cu、Be 具有 1 级异常。

3.10 广西南丹大厂锡多金属矿床

3.10.1 矿床基本信息

表3-72为广西南丹大厂锡多金属矿床基本信息表。

表 3-72 广西南丹大厂锡多金属矿床基本信息表[①]

序号	项目名称	项目描述	序号	项目名称	项目描述
0	矿床编号	452304	4	矿床规模	大型
1	经济矿种	锡、锌、铅、锑	5	主矿种资源量	14.19[②]
2	矿床名称	广西南丹大厂锡多金属矿床	6	伴生矿种资源量	51.5 Zn, 21.7 Pb, 11.0 Sb
3	行政隶属地	广西壮族自治区南丹县大厂镇	7	矿体出露状态	出露

①同表2-1标注；②经济矿种资源量数据引自叶绪孙和潘其云（1994）。

3.10.2 矿床地质特征

3.10.2.1 区域地质特征

广西南丹大厂锡多金属矿床位于广西壮族自治区南丹县东南大厂镇，距南丹县城42km（胡志军，2008）。在成矿带划分上大厂矿床位于华南成矿省桂西-黔西南-滇东南北部成矿区（徐志刚等，2008）。

区域内出露地层有泥盆系、石炭系、二叠系和三叠系，如图3-42所示。地层大多呈北西向分布，泥盆系灰岩和页岩为主要赋矿建造（陈毓川等，1993）。

区域内岩浆岩主要以岩脉、岩株、岩床产出，属于浅成-超浅成岩浆岩（陈毓川等，1993）。侵入岩体岩性主要为花岗斑岩和闪长玢岩等，脉岩岩性主要为花岗斑岩和（石英）闪长玢岩等。矿区东北部龙箱盖处含斑黑云母花岗岩的成岩年龄为（93±1）Ma，斑状花岗岩、石英闪长玢岩脉、花岗斑岩脉的成岩年龄均为（91±1）Ma（蔡明海等，2006）。

区域构造以北西向褶皱和断裂为主导，北东向断裂次之。

区域内矿产资源丰富，以锡、锌、铜、锑为主。代表性锡矿床有大厂锡矿床（大型）、大福楼锡多金属矿床（大型）、灰乐锡多金属矿床（大型），代表性铅锌矿床有鱼泉洞铅锌矿床（大型）、龙箱盖铅锌矿床（大型）、拉么铅锌矿床（大型）、亢马铅锌矿床（大型），代表性锑矿床有茶山锑矿床（中型）（范森葵，2011）。

上述矿床组成了著名的大厂矿田，依据空间分布特征，大厂矿田可划分为西、中、东三个矿带。西带由鱼泉洞、大厂矿床组成，中带由龙箱盖、拉么、茶山等矿床组成，东带由大福楼、灰乐、亢马等矿床组成（范森葵等，2008）。

3.10.2.2 矿区地质特征

大厂锡多金属矿床矿区内出露地层有泥盆系、石炭系和二叠系，如图3-43所示。其中，中-晚泥盆统的灰岩、页岩为主要赋矿建造（范森葵，2011；刘陈明，2011）。

矿区范围主要包括铜坑、长坡、巴力-龙头山和黑水沟四个矿段，如图3-43所示。铜坑、长坡、巴力-龙头山矿段为锡石-硫化物型锡多金属矿床，黑水沟矿段为矽卡岩型铅锌

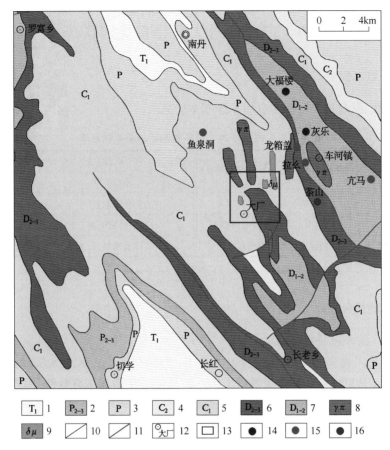

图 3-42 大厂锡矿区域地质图

(据中国地质调查局 1 ∶ 200000 地质图修编，下文 1 ∶ 200000 地球化学剖析图采用此范围)

1—早三叠统紫红色粉砂岩、页岩；2—早-中二叠统灰岩、玄武岩、泥岩、页岩；

3—二叠系砂岩、页岩；4—中石炭统灰岩；5—早石炭统灰岩和页岩；6—中-晚泥盆统页岩、灰岩、硅质岩；

7—早-中泥盆统灰岩、页岩；8—花岗斑岩；9—闪长玢岩；10—岩性界线；11—断层；

12—地名；13—矿区范围；14—锡矿床；15—铅锌矿床；16—锑矿床

矿床 (范森葵等，2008)。

矿区内侵入岩体主要为隐伏的黑云母花岗岩体以及一些花岗斑岩、闪长玢岩岩体等，脉岩主要发育有花岗斑岩脉和闪长玢岩脉 (范森葵，2010)。花岗岩体在矿区为隐伏岩体，地表仅少部分出露。矿区岩脉走向以近南北向为主，次为北西向，岩脉可断续延长数十米至数千米，宽 2~130m，如图 3-43 所示。

矿区东北部龙箱盖处出露的含斑黑云母花岗岩，在地表分布面积仅 0.5km²，但经钻孔和坑道揭露，地表出露的小岩体向下成为一个巨大的隐伏岩株，并延伸到了大厂矿床的巴力-龙头山、铜坑、长坡矿段，其岩体主要由黑云母花岗岩和斑状黑云母花岗岩组成 (蔡明海等，2006)。因此，可认为该地区黑云母花岗岩的成岩年龄和笼箱盖地区的成岩年龄一致，即约 93Ma。

矿区构造主要由大厂复式 (倒转) 背斜和一系列断裂组成。断裂主要由北西向、北东向和近南北向断裂组成 (刘陈明，2011)，其中北西向断裂以大厂复背斜核部的纵向

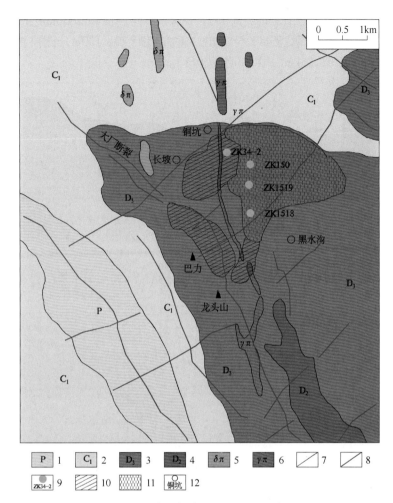

图 3-43　大厂锡多金属矿矿区地质图

（据范森葵（2011）修编）

1—二叠系遂石灰岩、碳质页岩；2—早石炭统灰岩、白云质灰岩；

3—晚泥盆统页岩、扁豆状条带状灰岩、硅质岩；4—中泥盆统泥页岩、灰岩；5—闪长玢岩；

6—花岗斑岩；7—岩性界线；8—断层；9—钻孔及编号；10—锡矿体；11—铅锌矿体；12—地名

断裂为代表；北东向断裂为横向断裂，呈大致等间距分布；近南北向断裂常被脉岩充填（范森葵等，2010）。北西向断裂是矿区主要控矿断裂，而北东向断裂可能为北西向构造体系的配套构造，铜坑矿段细脉状矿体和大脉状矿体主要受北东向断裂控制（刘陈明，2011）。

3.10.2.3　矿体地质特征

A　矿体特征

大厂锡多金属矿床主要为锡石-硫化物型矿石和矽卡岩型矿石（范森葵等，2010）。矿体主要包括铜坑-长坡矿段的 92 号、91 号锡矿脉以及巴力-龙头山矿段的 96 号、95 号铅锌矿脉组成（见图 3-44），矿体局部在地表出露。矿体以层状、似层状和网脉状产于泥盆系地层中，其中 91 号矿脉沿走向长 480m，倾向延伸约 1000m，平均厚度超过 4m，最厚处达 50m；95 号矿脉已控制长 3157m，宽 173~1860m，控制面积 2.56km²；96 号矿脉位于 95 号矿脉下部，与 95 号矿脉近于平行产出，垂直相距 70~130m，已控制长 2575m，宽 100~1747m，控制面积 1.75km²（刘陈明，2011）。

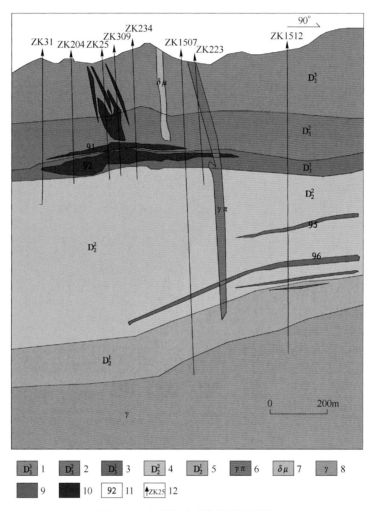

图 3-44　大厂锡矿矿体地质剖面图
（据刘陈明（2011）、范森葵（2008）等修编）
1—上泥盆统同车江组灰岩、页岩；2—上泥盆统五指山组扁豆状、条带状灰岩；
3—上泥盆统榴江组硅质岩；4—中泥盆统罗富组泥灰岩、泥岩；5—中泥盆统罗富组礁灰岩；
6—花岗斑岩；7—闪长玢岩；8—花岗岩；9—铅锌矿体；10—锡多金属矿体；11—矿脉代号；12—钻孔编号

铜坑-长坡矿段 91 号矿脉中透长石和石英的常规 Ar-Ar 和激光 Ar-Ar 微区原位定年研究，获得成矿年龄为 91.4Ma~94.5Ma（王登红等，2004）。92 号矿脉中石英流体包裹体的 Rb-Sr 年龄约 93.4Ma（蔡明海等，2006）。此处暂取大厂矿床的成矿年龄为 93Ma。

B　矿石特征

大厂锡多金属矿床主要矿化类型为锡多金属硫化物型和矽卡岩型，矿石矿物有锡石、方铅矿、黄铁矿、磁黄铁矿、闪锌矿、辉锑矿、脆硫锑铅矿等；脉石矿物有石英、方解石、黑云母、透辉石、透闪石、绿泥石、绿帘石等（梁婷，2008）。

矿石结构类型主要有自形结构、半自形结构、他形结构及少量的交代、压碎结构，其中锡石呈浅色到浅米黄色，细粒，不规则形状，无解理，结晶环带构造，多色性差（韩发，1997）。矿石构造主要有层纹状、条带状构造、透镜状、细脉状构造、网脉状构造、浸染状构造（胡志军，2008）。

　　C　围岩蚀变

大厂矿区内蚀变作用强烈，岩体普遍发育有钾长石化、钠长石化、硅化、电气石化和白云母化。脉状锡石-硫化物矿体的围岩蚀变强烈，主要与中高温热液蚀变有关，特别是与钾长石化、电气石化关系密切；层状矽卡岩型矿体围岩蚀变主要为矽卡岩化（雷良奇，1998）。

　　3.10.2.4　勘查开发概况

大厂矿田位于广西壮族自治区南丹县，是一个开采历史悠久的老矿区。据史料记载，采锡始于宋朝。矿区最早地质调查首推 1928 年两广地质调查所的调查，此后陆续做过一些地质工作。新中国成立后，对该区做了大量地质测量、普查和勘探工作。自 1954 年起，广西 215 地质队对大厂锡矿田进行了系统的地质调查工作，经过近 40 年的勘查，在大厂锡多金属矿田累计探明锡金属储量 116.3 万吨、锌 471.5 万吨、铅 107.5 万吨、锑 91.8 万吨、铜 17.5 万吨等（叶绪孙和潘其云，1994），其中 1958 年提交的《广西南丹大厂锡矿原生矿床储量总结报告书》中，大厂矿床已探明锡 14.19 万吨、锌 51.5 万吨、铅 21.7 万吨、锑 11.0 万吨、铜 2.1 万吨（项仁杰，1999）。在矿山开采过程中，矿山下属的地测科也都开展了大量"探边摸底"的找矿工作（梁婷，2008）。

　　3.10.2.5　矿床类型

据陈毓川等（1993）、雷良奇等（1998）、梁婷（2008）和范森葵（2011）的研究成果，认为广西南丹大厂锡多金属矿床应属于矽卡岩型锡矿床。

　　3.10.2.6　地质特征简表

综合上述矿床地质特征，除矿床基本信息表（见表 3-72）中所表达的信息以外，广西南丹大厂锡多金属矿床的地质特征可归纳列入表 3-73 中。

表 3-73　广西大厂锡多金属矿床地质特征简表

序号	项目名称	项目描述	序号	项目名称	项目描述
10	赋矿地层时代	泥盆系	16	矿石类型	锡石硫化物型和矽卡岩型
11	赋矿地层岩性	灰岩和页岩	17	成矿年龄/Ma	93
12	相关岩体岩性	花岗斑岩	18	矿石矿物	锡石、方铅矿、黄铁矿、闪锌矿、辉锑矿
13	相关岩体年龄/Ma	93	19	围岩蚀变	钾长石化、云英岩化、硅化、矽卡岩化、电气石化
14	是否断裂控矿	是	20	矿床类型	矽卡岩型
15	矿体形态	层状、似层状			

　　注：序号从 10 开始是为了和数据库保持一致。

3.10.3　地球化学特征

3.10.3.1　区域化探

　　A　元素含量统计参数

本研究收集到研究区内 1∶200000 水系沉积物 227 件样品的 39 种元素含量数据。计算水系沉积物中元素平均值相对其在中国水系沉积物（CSS）中的富集系数，将其地球化学统计参数列于表 3-74 中。

表 3-74　研究区 1∶200000 区域化探元素含量[①]统计参数

元素	Ag	As	Au	B	Ba	Be	Bi	Cd	Co	Cr	Cu	F	Hg
最大值	12900	960	24	318	963	4.5	20.3	15100	25	102	190	4500	710
最小值	48	5.6	0.3	23	36	0.5	0.14	130	4.6	35	11	248	59
中位值	200	17	1.4	78	373	1.7	0.41	960	12	58	36	704	190
平均值	563	60	2.03	85	367	1.76	0.73	1374	12.8	60	38	734	196
标准差	1402	146	2.77	42	175	0.66	1.83	1581	4.05	13	20	344	89
富集系数[②]	7.31	5.99	1.54	1.80	0.75	0.84	2.35	9.81	1.06	1.01	1.74	1.50	5.45
元素	La	Li	Mo	Nb	Ni	Pb	Sb	Sn	Sr	Th	U	V	W
最大值	164	105	11	35	80	991	433	210	376	18.7	4.8	397	167
最小值	16	13	0.4	3.5	12	9.8	0.7	1.1	14	3.7	1.0	28	0.2
中位值	43	38	2.1	14	37	35	4.2	4.3	74	9.4	2.6	106	1.3
平均值	46.1	43	2.68	14	39.0	71	21	13	95.5	9.6	2.7	112	3.6
标准差	19.8	19	2.08	4.7	14.4	119	56	26	68.1	2.9	0.7	53	14.2
富集系数[②]	1.18	1.35	3.19	0.89	1.56	2.96	31.1	4.40	0.66	0.81	1.1	1.40	1.99
元素	Y	Zn	Zr	SiO$_2$	Al$_2$O$_3$	Fe$_2$O$_3$	K$_2$O	Na$_2$O	CaO	MgO	Ti	P	Mn
最大值	76	1989	379	97.32	18.00	8.50	3.20	0.54	6.30	2.40	6885	1508	4910
最小值	12	36	44	56.34	2.40	1.30	0.18	0.03	0.22	0.14	969	242	172
中位值	29	117	148	76.01	9.40	4.10	1.20	0.17	0.59	0.58	2926	569	946
平均值	30	185	154	76.09	9.50	4.20	1.38	0.19	0.89	0.70	3004	585	1093
标准差	8.7	230	45	8.44	3.83	1.56	0.78	0.09	0.87	0.39	886	159	696
富集系数[②]	1.18	2.64	0.57	5.93	5.28	0.93	0.58	0.14	0.68	0.01	0.73	1.01	1.63

①元素含量的单位见表 2-4；②富集系数＝平均值/CSS，CSS（中国水系沉积物）数据详见表 2-4。

与中国水系沉积物相比，研究区内微量元素富集系数介于 10～100 之间的有 Sb，介于 3～10 之间的有 Cd、Ag、As、Hg、Sn、Mo，介于 2～3 之间的有 Pb、Zn、Bi，介于 1.2～2 之间的有 W、B、Cu、Ni、Au、F、V、Li。富集系数大于 1.2 的微量元素有 18 种，其中热液成矿元素有 W、Sn、Mo、Bi、Cu、Pb、Zn、Cd、Au、Ag、As、Sb、Hg 计 13 种，热液成矿元素全部富集；热液运矿元素有 B、F；造岩微量元素有 Li；基性微量元素有 Ni、V。

在研究区内已发现有大型锡、锌、铅、锑矿床等，上述 Sn、Zn、Pb、Sb 的富集系数分别为 4.40、2.64、2.96 和 31.1。

　　B　地球化学异常剖析图

依据研究区内 1∶200000 化探数据，采用全国变值七级异常划分方案制作 29 种微量元素的单元素地球化学异常图，其异常分级结果见表 3-75。

表 3-75 大厂矿区 1∶200000 区域化探元素异常分级

元素	Ag	As	Au	B	Ba	Be	Bi	Cd	Co	Cr	Cu	F	Hg	La	Li
异常分级	5	3	0	1	1	0	1	3	0	0	0	0	1	0	0
元素	Mo	Nb	Ni	Pb	Sb	Sn	Sr	Th	U	V	W	Y	Zn	Zr	
异常分级	2	0	0	5	4	4	0	1	1	0	0	1	3	0	

注：0 代表在大厂矿区基本不存在异常，不作为找矿指示元素。

从表 3-75 可以看出，在大厂矿区存在异常的微量元素有 Sn、Mo、Bi、Pb、Zn、Cd、Ag、As、Sb、Hg 计 10 种热液成矿元素；热液运矿元素 B；造岩微量元素 Ba；酸性微量元素有 Th、U、Y，共计 15 种。这 15 种微量元素在研究区内的地球化学异常剖析图如图 3-45 所示。

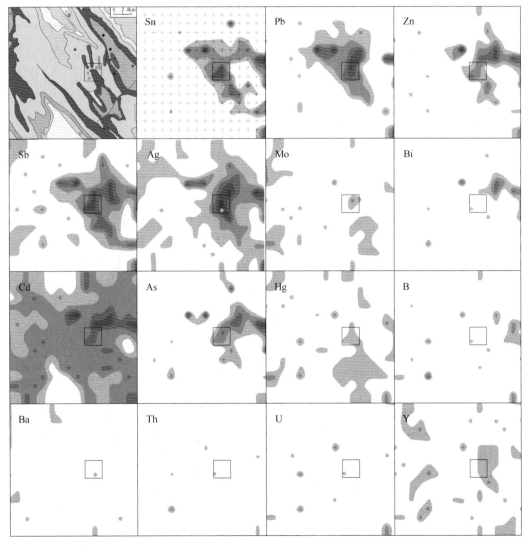

图 3-45 区域化探地球化学异常剖析图
（地质图为图 3-42 大厂锡矿区域地质图）

上述 15 种元素可以作为大厂锡多金属矿床在区域化探工作阶段的找矿指示元素组合。在这 15 种元素中，Pb、Ag 具有 5 级异常，Sn、Sb 具有 4 级异常，Zn、Cd、As 具有 3 级异常，Mo 具有 2 级异常，Bi、Hg、B、Ba、Th、U、Y 具有 1 级异常。由此看出，这种组合元素多且强度强的异常特征与大厂锡多金属矿矿体呈出露状态相一致。

3.10.3.2　岩石地球化学勘查

A　元素含量统计参数

本研究收集到矿区内岩石 41 件样品的 23 种微量元素含量数据（范森葵，2011；梁婷，2008），其中不同类型的矿石样品 19 件、岩石样品 22 件。22 件岩石样品均取自矿区黑云母花岗岩、花岗斑岩和闪长玢岩。计算岩石中元素平均值相对其在中国水系沉积物（CSS）中的富集系数，将其地球化学统计参数列于表 3-76 中。

表 3-76　研究矿区岩石样品中元素含量[①]统计参数[②]

元素	Ag	As	Ba	Bi	Co	Cr	Cu	Hg	La	Mo	Nb	Ni
样品数	11	11	30	11	11	11	11	11	11	11	30	30
最大值	4900	6307	2548	10	37.1	101	887	136	84.1	10.0	78	73.5
最小值	202	60	5.5	1.63	12	7.1	11.4	10	4.15	1.10	0.16	0.16
中位值	850	112	179	6.29	18.4	55	20.6	59	22.1	1.84	4.16	4.16
平均值	1245	980	341	6.1	21	45	109	59	25	2.92	25	14
标准差	1294	1886	525	2.9	8.3	33	247	43	22	2.48	31	22
富集系数[③]	16.2	98.0	0.70	19.6	1.73	0.75	4.97	1.63	0.65	3.48	1.56	0.55

元素	Pb	Sb	Sn	Sr	Th	U	V	W	Y	Zn	Zr	
样品数	11	11	11	30	30	19	30	11	11	11	11	
最大值	101	115	360	340	28.5	2.48	600	272	29.1	1000	217	
最小值	2.2	9.34	20.6	0.65	0.05	0.03	2.1	28	1.07	115	26	
中位值	45.5	22.5	31.5	31.7	3.57	0.72	37.3	57.2	11.2	212	64	
平均值	47	42	65	52	5.4	0.77	59	111	13	343	90	
标准差	25	33	95	76	6.6	0.54	106	90	7.7	258	57	
富集系数[③]	1.96	61.0	21.8	0.36	0.45	0.31	0.73	61.6	0.53	4.90	0.33	

①元素含量的单位见表 2-4；②数据引自范森葵（2011）、梁婷（2008）；③富集系数＝平均值/CSS，CSS 数据详见表 2-4。

与中国水系沉积物相比，研究区内微量元素富集系数介于 10~100 之间的有 As、W、Sb、Sn、Bi、Ag，介于 3~10 之间的有 Cu、Zn、Mo，介于 1.2~2 之间的有 Pb、Co、Hg、Nb。富集系数大于 1.2 的微量元素共计 13 种，其中热液成矿元素有 W、Sn、Mo、Bi、Cu、Pb、Zn、Ag、As、Sb、Hg 计 11 种；基性微量元素 Co；酸性微量元素有 Nb。

在研究区内已发现有大型锡矿床且伴生 Zn、Pb、Sb，上述 Sn、Zn、Pb、Sb 的富集系数分别为 21.8、4.90、1.96 和 61.0。

B　地球化学异常剖面图

由于收集资料的局限性，本研究未能制作出矿区地球化学异常剖面图。本研究在矿区范围内所收集的岩石包含矿石和较新鲜的岩石，但矿石中仅收集到 Ba、Nb、Ni、Sr、Th、

U、V 计 7 种元素的含量，而其他 16 种元素的含量为较新鲜岩石中的含量。此处对 Ba、Nb、Ni、Sr、Th、U、V 计 7 种元素的含量采用平均值来表征，该平均值的大小取决于所收集岩石中矿石相对较新鲜岩石的多少；对其他 16 种元素含量采用最大值来表征以突出矿化作用，该最大值的大小取决于所收集较新鲜岩石的蚀变或矿化程度。

依据上述矿区岩石中元素含量的平均值（适用于 7 种元素）和最大值（适用于 16 种元素），采用全国定值七级异常划分方案评定 23 种微量元素的异常分级，结果见表 3-77。

表 3-77 大厂矿区岩矿石中元素异常分级

元素	Ag	As	Ba	Bi	Co	Cr	Cu	Hg	La	Mo	Nb	Ni	Pb	Sb	Sn	Sr	Th	U	V	W	Y	Zn	Zr
异常分级	4	6	0	3	2	0	5	1	1	3	1	0	2	4	5	0	0	0	0	6	0	4	0

注：0 代表在大厂矿区基本不存在异常，不作为找矿指示元素。

从表 3-77 可以看出，在大厂矿区存在异常的微量元素有 W、Sn、Mo、Bi、Cu、Pb、Zn、Ag、As、Sb、Hg、Co、Nb、La 共计 14 种，这 14 种元素可作为大厂锡多金属矿床在岩石地球化学勘查工作阶段的找矿指示元素组合。在这 14 种元素中，W、As 具有 6 级异常，Sn、Cu 具有 5 级异常，Zn、Sb、Ag 具有 4 级异常，Mo、Bi 具有 3 级异常，Pb、Co 具有 2 级异常，Hg、Nb、La 具有 1 级异常。由此看出，这种组合元素多且强度强的异常特征与大厂锡多金属矿床的经济矿种相一致。

3.10.3.3 勘查地化特征简表

综合上述勘查地球化学特征，广西南丹大厂锡多金属矿床的勘查地球化学特征可归纳列入表 3-78 中。

表 3-78 广西南丹大厂锡多金属矿床勘查地球化学特征简表

矿床编号	项目名称	Ag	As	Au	B	Ba	Be	Bi	Cd	Co	Cr	Cu	F	Hg	La	Li
452304	区域富集系数	7.31	5.99	1.54	1.80	0.75	0.84	2.35	9.81	1.06	1.01	1.74	1.50	5.45	1.18	1.35
452304	区域异常分级	5	3	0	1	0	1	0	1	3	0	0	0	0	1	0	0
452304	岩石富集系数	16.2	98.0			0.70		19.6		1.73	0.75	4.97		1.63	0.65	
452304	岩石异常分级	4	6			0		3		0	0	5		1	1	

矿床编号	项目名称	Mo	Nb	Ni	Pb	Sb	Sn	Sr	Th	U	V	W	Y	Zn	Zr
452304	区域富集系数	3.19	0.89	1.56	2.96	31.1	4.40	0.66	0.81	1.1	1.40	1.99	1.18	2.64	0.57
452304	区域异常分级	2	0	0	5	4	4	0	0	0	0	3	0	0	0
452304	岩石富集系数	3.48	1.56	0.55	1.96	61.0	21.8	0.36	0.45	0.31	0.73	61.6	0.53	4.90	0.33
452304	岩石异常分级	3	1	0	2	5	0	0	0	0	6	0	4	0	0

注：该表可与矿床基本信息表采用矿床编号建立关系。

3.10.4 地质地球化学找矿模型

广西南丹大厂锡多金属矿床是一大型矿床，位于广西壮族自治区南丹县大厂镇境内，矿体呈出露状态。赋矿地层为泥盆系灰岩和页岩。成矿与隐伏黑云母花岗岩体关系密切，黑云母花岗岩成岩年龄约 93Ma。锡矿休受断裂控制明显，矿石类型为锡石硫化物型和矽卡岩型，矿体形态呈层状、似层状，成矿年龄约 93Ma。围岩蚀变主要为钾长石化、云英岩化、硅化、矽卡岩化、电气石化。矿床类型属于矽卡岩型。

广西南丹大厂锡多金属矿床区域化探找矿指示元素有 Sn、Mo、Bi、Pb、Zn、Cd、Ag、As、Sb、Hg、B、Ba、Th、U、Y 共计 15 种，其中 Pb、Ag 具有 5 级异常，Sn、Sb 具有 4 级异常，Zn、Cd、As 具有 3 级异常，Mo 具有 2 级异常，Bi、Hg、B、Ba、Th、U、Y 具有 1 级异常。矿区岩石化探找矿指示元素组合为 W、Sn、Mo、Bi、Cu、Pb、Zn、Ag、As、Sb、Hg、Co、Nb、La 共计 14 种，其中 W、As 具有 6 级异常，Sn、Cu 具有 5 级异常，Zn、Sb、Ag 具有 4 级异常，Mo、Bi 具有 3 级异常，Pb、Co 具有 2 级异常，Hg、Nb、La 具有 1 级异常。

3.11 云南马关都龙锡锌多金属矿床

3.11.1 矿床基本信息

表3-79为云南马关都龙锡锌多金属矿床基本信息表。

表3-79 云南马关都龙锡锌多金属矿床基本信息表[①]

序号	项目名称	项目描述	序号	项目名称	项目描述
0	矿床编号	532301	4	矿床规模	超大型
1	经济矿种	锡、锌	5	主矿种资源量	41[②]
2	矿床名称	云南马关都龙锡锌多金属矿床	6	伴生矿种资源量	302 Zn
3	行政隶属地	云南省马关县都龙镇	7	矿体出露状态	出露

①同表2-1标注；②经济矿种资源量数据引自何芳等（2015）。

3.11.2 矿床地质特征

3.11.2.1 区域地质特征

云南马关都龙锡锌多金属矿床位于云南省马关县都龙镇东部，距马关县城30km（周祖贵等，2002）；在成矿带划分上都龙矿床位于华南成矿省滇东南南部成矿带（徐志刚等，2008）。

区域内地层出露有寒武系、泥盆系、第三系，如图3-46所示。其中，寒武系粉砂质页岩、白云质灰岩为主要赋矿建造。

区域内岩浆岩发育，以酸性侵入岩为主（石洪召等，2011）。根据岩性、结构构造、变质变形、同位素年龄等特征，将区内岩浆活动时期划分为古元古代和白垩纪（石洪召，2010）。古元古代岩体以南温河岩体为代表，主要岩性为片麻状花岗岩（Gn）、眼球状片麻状花岗岩（aGn）、条痕状片麻状花岗岩（pGn）。白垩纪岩体以老君山复式花岗岩体为代表。

老君山复式花岗岩呈岩基状侵位于老君山穹窿核部寒武系地层中（贾福聚，2010），岩体略似长方形，南北长约15km，东西宽约10km，面积约150km²（马慧慧，2013）。该岩体为多阶段侵入的复式岩体，岩性组分比较单一，根据岩体的产状、岩石结构构造特征及同位素年龄差异可划分为三期：第一期（$\gamma_5^{2(a)}$）为中粗粒二云二长花岗岩呈岩基状产出，出露面积约占岩体的2/3，其LA-ICP-MS锆石U-Pb年龄为（87.2±0.6）Ma；第二期（$\gamma_5^{2(b)}$）为中细粒二云二长花岗岩呈岩株状侵入于第一期岩体中，出露面积约占岩体总面积的1/3，其LA-ICP-MS锆石U-Pb年龄为（86.8±0.4）Ma；第三期（$\gamma_5^{2(c)}$）为花岗斑岩呈岩脉、岩枝穿插于第一、二期花岗岩及寒武系地层中，零星分布，其LA-ICP-MS U-Pb年龄为（85.9±0.4）Ma（刘玉平等，2007；冯佳睿等，2010；张斌辉等，2012）。此处暂取87Ma代表老君山复式花岗岩体的成岩年龄。

区域内最显著的构造是老君山穹窿构造，呈椭圆状隆起为核心，围绕岩体发育一系列

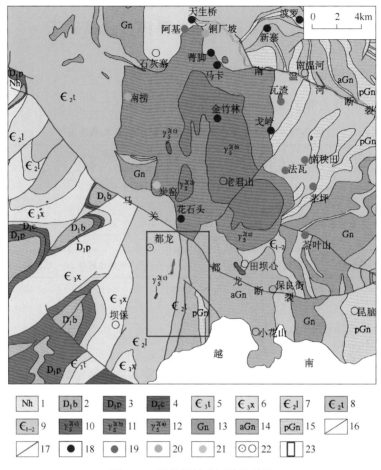

图 3-46　都龙锡锌矿区域地质图

（据中国地质调查局 1∶200000 地质图修编，下文 1∶200000 地球化学剖析图采用此范围）

1—上第三系花枝格组泥灰岩、砂砾岩，夹褐煤层；2—下泥盆统芭蕉菁组白云岩、泥灰岩；

3—下泥盆统坡脚组泥质页岩、粉砂岩；4—下泥盆统翠峰山组泥质页岩、粉砂岩；

5—上寒武统唐家坝组泥灰岩、白云质灰岩；6—上寒武统歇场组白云质灰岩、白云岩；

7—中寒武统龙哈组白云岩；8—中寒武统田蓬组粉砂质页岩、白云质灰岩；

9—下-中寒武统未分层片岩、片麻岩；10—花岗斑岩；11—中细粒二云二长花岗岩；

12—中粗粒二云二长花岗岩；13—片麻状花岗岩；14—眼球状片麻状花岗岩；

15—条痕状片麻状花岗岩；16—岩性界线；17—断层；18—锡矿床/点；19—钨矿床/点；

20—铜矿床/点；21—铍矿床/点；22—地名；23—矿区范围

断裂和褶皱，其中西翼构造轴以北东向为主、东翼以北西向为主，如图 3-46 所示。区内断裂以北西向和北东向为主，其次为近南北向。北西向断裂以南温河断裂、马关-都龙断裂为代表（石洪召，2010）。都龙锡锌多金属矿区内断裂以南北向为主导。

　　区域内矿产资源丰富，围绕老君山岩体形成了一系列的矿床或矿点，以钨、锡为主，铍、铜、铅、锌等次之，如图 3-46 所示（贾福聚，2010）。代表性钨矿床为南秧田（包括瓦渣、南秧田、法瓦等矿段）、岩脚、茶叶山等矿床；锡矿床以花石头、马卡、新寨、金竹林等矿床为代表；铍矿床有炭窑铍矿床；铜矿床有铜厂坡铜矿床；多金属矿床以都龙矽卡岩型锡锌多金属矿床为代表。

3.11.2.2 矿区地质特征

云南马关都龙锡锌多金属矿床主要由自北向南的铜街、曼家寨、金石坡、辣子寨、五口硐、南当厂共计6个矿段组成（见图3-47），矿区南北长约8km，东西宽约2km，面积约为16km²。

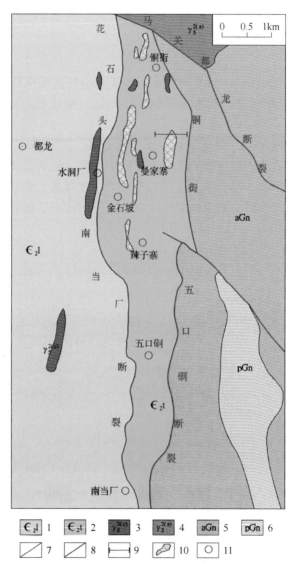

图 3-47 都龙锡锌矿矿区地质图

（据张世奎等（2013）修编）

1—中寒武统龙哈组白云岩；2—中寒武统田蓬组粉砂质页岩、白云质灰岩；

3—花岗斑岩；4—中粗粒二云二长花岗岩；5—眼球状片麻状花岗岩；6—条痕状片麻状花岗岩；

7—岩性界线；8—断层；9—113号勘探线；10—锡石硫化物矿体露头；11—地名

矿区内出露地层主要为中寒武统田蓬组粉砂质页岩、白云质灰岩以及中寒武统龙哈组白云岩，其中田蓬组粉砂质页岩、白云质灰岩为主要赋矿地层（林知法，2010）。

矿区北侧出露老君山复式花岗岩体的第一期岩体（$\gamma_5^{2(a)}$）。第二期岩体（$\gamma_5^{2(b)}$）沿第一期岩体（$\gamma_5^{2(a)}$）边沿向南隐伏于铜街、曼家寨深部，呈脊状分布。矿区内出露多条花岗斑岩脉，多分布于铜街和曼家寨矿段（刘晓玮，2008；忻建刚等，1993；刘玉平等，2000a）。

矿区内断裂构造发育，主要有马关–都龙断裂、铜街–五口硐断裂和花石头–南当厂断裂，矿体空间展布受断裂控制明显（林知法，2010）。

3.11.2.3　矿体地质特征

A　矿体特征

目前铜街–曼家寨矿段揭露工业矿体最多，该矿段以特大型规模的锡石硫化物矽卡岩型矿床为主，为工业勘探对象；其次为规模较小的锡石硫化物石英脉型矿床（林知法，2010）。

锡石硫化物矽卡岩型矿床，北起铜街，南至辣子寨，长约 4km，东西宽约 0.5km，面积约 2km²，如图 3-47 所示。曼家寨矿段位于矿区中北部，长约 2.2km。曼家寨矿段矿体主要赋存于层间矽卡岩体中，矽卡岩体主要以似层状、透镜状、囊状以及不规则状赋存于中寒武统地层中（见图 3-48），矿体局部呈出露状态。矿体产状随含矿层同步褶曲，沿走向和倾斜具有波状起伏变化（林知法，2010）。

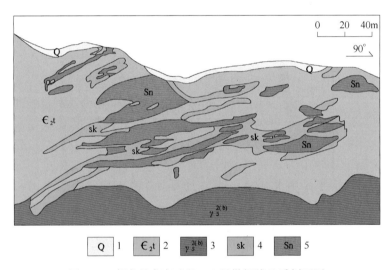

图 3-48　都龙曼家寨矿段 113 号勘探线地质剖面图

（据刘玉平等（2000a）修编）

1—第四系；2—中寒武统田蓬组二段；3—中细粒二云二长花岗岩；4—矽卡岩体；5—矿体

曼家寨矿段 3 件锡石样品的 LA-MC-ICP-MS 微区原位 U-Pb 等时线年龄分别为（89.2±4.1）Ma、（88.0±1.6）Ma、（87.2±3.9）Ma（王小娟等，2014），曼家寨矿段矿石/单矿物 Rb-Sr 等时线年龄分别为（79.1±9.1）Ma 和（76.7±3.3）Ma（Liu 等，1999；刘玉平等，2000a），曼家寨矿段锡石样品的 TIMS 锡石 U-Pb 等时线年龄为（82.0±9.6）Ma（刘玉平等，2007）。上述年龄在误差范围内基本一致，此处暂取 87Ma 代表都龙锡锌矿床的成矿年龄，即矿床形成于晚白垩世。

B 矿石特征

曼家寨矿段矿石类型主要为层状矽卡岩型锡石硫化物矿石，其次为碳酸盐型硫化物矿石和萤石-石英脉型锡石硫化物矿石等。锡主要以锡石形式存在，其次还见有少量黝锡矿，锌和铜则主要以铁闪锌矿和黄铜矿形式存在（欧阳永鹏，2013）。

矿石矿物成分较复杂，金属矿物主要为锡石、铁闪锌矿、黄铁矿、黄铜矿、毒砂及磁铁矿，脉石矿物主要为石榴石、透辉石、钙铁辉石、透闪石、阳起石、绿泥石、绿帘石、石英、方解石、白云石、云母及萤石等。矿石结构主要为粒状变晶结构、热液交代结构、固溶体分离结构及交代残余结构等，矿石构造多为纹层状、条带状构造、块状构造、浸染状构造、脉状构造及斑点状构造等（宋焕斌，1989；刘玉平等，2007）。

C 围岩蚀变

矿区围岩蚀变类型主要有矽卡岩化、绿泥石化、绿帘石化、绢云母化、硅化、萤石化以及方解石化等，其中与矿化关系最为密切的是矽卡岩化（欧阳永棚，2013）。

3.11.2.4 勘查开发概况

都龙锡锌多金属矿区采矿历史悠久，1956 年由群众报矿，有色地质局 308 地质队开始普查找矿，首先发现北起花石头，经铜街、曼家寨、辣子寨，南至南当厂的锡、锌、铅、铜矿化带（林知法，2010）。随后原云南有色地质局 310 队、西南有色地质勘查局 317 队在该区进行了大面积的普查找矿工作，于 1991 年 317 队提交了铜街、曼家寨两个矿段的地质勘探报告书，累计探明锡金属量 32 万吨（含锡 0.56%）、锌 302 万吨（含锌 5.12%），伴生磁铁矿、硫、铜、砷储量 1138.4 万吨，另有深部勘查的水硐厂、南当厂两个矿段的矿石储量未计在内。

2007 年 11 月，云南省有色地质 317 队与云南华联矿产勘探有限责任公司提交了《云南省马关县都龙锌锡矿区曼家寨西矿段生产勘探报告》，探获工业矿石量 1576 万吨（锌、锡、铜平均品位分别为 5.3%、0.62% 和 1.06%），锌、锡、铜金属量分别为 74.7 万吨、1.9 万吨和 2.9 万吨，并伴生铟 1287t、镉 2070t、银 841t、砷 6.1 万吨等。

2013 年 7 月，云南省国土资源厅发布《云南省 3 年地质找矿行动计划项目重大成果》。云南省有色地质局《云南省马关县都龙锡锌矿区深部及外围找矿》获重大成果奖，探获 331+332+333 金属资源量：锌 151.51 万吨、锡 7.1 万吨、铜 13.13 万吨、WO_3 6.1 万吨（刘继顺，2014）。

上述累计探明锡储量约 41 万吨。由于锌的资源量在上述三个报告中关系不明确，此处暂取其最大值即约 302 万吨（何芳等，2015）。

3.11.2.5 矿床类型

根据宋焕斌（1989）、刘玉平等（2000b）、王小娟等（2014）、何芳等（2015）的研究成果，认为云南马关都龙锡锌多金属矿床应属于矽卡岩型矿床。

3.11.2.6 地质特征简表

综合上述矿床地质特征，除矿床基本信息表（见表 3-79）中所表达的信息以外，都龙锡锌多金属矿床的地质特征可归纳列入表 3-80 中。

表 3-80 都龙锡锌多金属矿床地质特征简表

序号	项目名称	项目描述	序号	项目名称	项目描述
10	赋矿地层时代	寒武系	16	矿石类型	矽卡岩型
11	赋矿地层岩性	页岩、灰岩	17	成矿年龄/Ma	87
12	相关岩体岩性	花岗岩	18	矿石矿物	锡石、铁闪锌矿、黄铁矿、黄铜矿等
13	相关岩体年龄/Ma	87	19	围岩蚀变	矽卡岩化、绿泥石化、绿帘石化、绢云母化等
14	是否断裂控矿	是	20	矿床类型	矽卡岩型
15	矿体形态	似层状、透镜状			

注：序号从 10 开始是为了和数据库保持一致。

3.11.3 地球化学特征

3.11.3.1 区域化探

A 元素含量统计参数

本研究收集到研究区内 1：200000 水系沉积物 232 件样品的 39 种元素含量数据。计算水系沉积物中元素平均值相对其在中国水系沉积物（CSS）中的富集系数，将其地球化学统计参数列于表 3-81 中。

表 3-81 研究区 1：200000 区域化探元素含量[①]统计参数

元素	Ag	As	Au	B	Ba	Be	Bi	Cd	Co	Cr	Cu	F	Hg
最大值	9300	36053	40	1000	744	40	340	20000	32.1	130	931	9760	1047
最小值	20	2.4	1	11	90	1.5	0.2	40	1.8	5	3.7	315	12
中位值	156	140	117	179	308	117	117	166	122	163	132	626	155
平均值	392	323	2.37	123	330	5.28	8.30	736	11.0	55.9	68	1102	78
标准差	982	2446	3.18	107	114	5.20	30	2049	5.32	30.5	148	857	90
富集系数[②]	5.09	32.3	1.80	2.63	0.67	2.51	26.8	5.26	0.91	0.95	3.09	2.25	2.16
元素	La	Li	Mo	Nb	Ni	Pb	Sb	Sn	Sr	Th	U	V	W
最大值	79.8	296	3.9	57.5	54	6398	561	2400	153	75.5	23.9	166	1181
最小值	13	11.2	0.2	4.7	4.7	20.8	0.1	3.0	13	4.0	1.2	4.7	1.7
中位值	130	140	116	126	134	131	117	123	135	124	118	166	119
平均值	37.1	64.3	0.56	21.4	22.6	109	4.92	91.7	43.9	22	6.25	78	63.5
标准差	9.96	56.5	0.46	8.07	12.5	500	36.8	252	25.8	11.2	4.26	36.5	144
富集系数[②]	0.95	2.01	0.67	1.34	0.90	4.53	7.13	30.6	0.30	1.84	2.55	0.97	35.3
元素	Y	Zn	Zr	SiO₂	Al₂O₃	Fe₂O₃	K₂O	Na₂O	CaO	MgO	Ti	P	Mn
最大值	151	10993	1015	75.2	26.6	24.5	5.5	2.4	8.9	4.6	8216	1339	5280
最小值	13.2	2.1	49.9	41.9	10.2	1.5	1.7	0.1	0.2	0.2	819	180	165
中位值	126	151	210	143	125.5	119	117	113	113	117	2505	475	311
平均值	29.3	227	239	61.7	16.76	4.96	3.19	0.65	0.86	1.15	3940	513	721
标准差	15.3	925	131	5.6	2.76	2.27	0.80	0.52	1.26	0.65	1559	203	553
富集系数[②]	1.17	3.25	0.89	0.94	1.31	1.10	1.35	0.49	0.48	0.84	0.96	0.88	1.08

①元素含量的单位见表 2-4；②富集系数 = 平均值/CSS，CSS（中国水系沉积物）数据详见表 2-4。

与中国水系沉积物相比，研究区内微量元素富集系数介于 10~100 之间的有 W、As、Sn、Bi，介于 3~10 之间的有 Sb、Cd、Ag、Pb、Zn、Cu，介于 2~3 之间的有 B、U、Be、F、Hg、Li，介于 1.2~2 之间的有 Th、Au、Nb。大于 1.2 的微量元素共计 19 种，其中热液成矿元素有 W、Sn、Bi、Cu、Pb、Zn、Cd、Au、Ag、As、Sb、Hg，即除 Mo 以外热液成矿元素均明显富集；热液运矿元素有 F、B；造岩微量元素有 Li、Be；酸性微量元素有Nb、Th、U。

在研究区内已发现有大型锡、锌、钨矿床，上述 Sn、Zn、W 的富集系数分别为 30.6、3.25 和 35.3。

B　地球化学异常剖析图

依据研究区内 1:200000 化探数据，采用全国变值七级异常划分方案制作 29 种微量元素的单元素地球化学异常图，其异常分级结果见表 3-82。

表 3-82　都龙矿区 1:200000 区域化探元素异常分级

元素	Ag	As	Au	B	Ba	Be	Bi	Cd	Co	Cr	Cu	F	Hg	La	Li
异常分级	4	7	0	0	0	2	0	5	0	0	5	2	0	0	3
元素	Mo	Nb	Ni	Pb	Sb	Sn	Sr	Th	U	V	W	Y	Zn	Zr	
异常分级	0	0	0	3	2	7	0	0	0	0	5	2	7	0	

注：0 代表在都龙矿区基本不存在异常，不作为找矿指示元素。

从表 3-82 可以看出，在都龙矿区存在异常的热液成矿元素有 W、Sn、Bi、Cu、Pb、Zn、Cd、Ag、As、Sb；热液运矿微量元素有 F；造岩微量元素有 Li、Be；酸性微量元素有Y，共计 14 种元素。这 14 种元素在研究区内的地球化学异常剖析图如图 3-49 所示。

上述 14 种元素可以作为都龙锡锌矿在区域化探工作阶段的找矿指示元素组合。在这14 种元素中，Sn、Zn、As 具有 7 级异常，Cd、Cu、W 具有 5 级异常，Ag、Bi 具有 4 级异常，Pb、Li 具有 3 级异常，Sb、F、Be、Y 具有 2 级异常。由此可以看出，这种组合元素多且强度强的异常特征与都龙矿床矿体呈出露状态相一致。

3.11.3.2　岩石地球化学勘查

A　元素含量统计参数

本研究收集到矿区内岩石 63 件样品的 28 种微量元素含量数据（陈扬玉，1986；安保华，1990；官容生，1991；刘玉平等，2000b；刘晓玮，2008；王雄军，2008；林知法，2010；陈智明等，2011；李进文等，2013），其中不同类型的矿石 4 件、蚀变岩 14 件、较新鲜岩石 45 件。计算岩石中元素平均值相对其在中国水系沉积物（CSS）中的富集系数，将其地球化学统计参数列于表 3-83 中。此处选择中国水系沉积物（CSS）作为比较的标准主要是便于与土壤、水系沉积物中元素富集系数的值进行对比，故没有选择上陆壳或其他岩石来作标准。

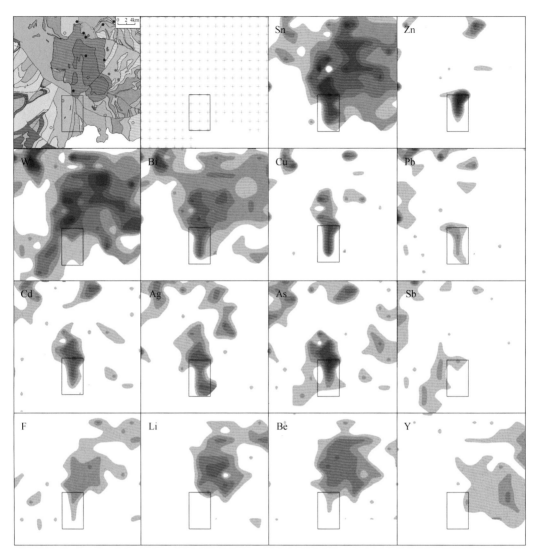

图 3-49　区域化探地球化学异常剖析图

（地质图为图 3-46 都龙锡锌矿区域地质图）

表 3-83　矿区岩石样品中元素含量[①]统计参数[②]

元素	Ag	As	B	Ba	Be	Bi	Cd	Co	Cr	Cu	F	Hg	La	Li
样品数	23	25	16	10	25	24	11	27	30	42	6	9	39	13
最大值	67300	2380	1100	300	823	280	2130	38.35	216	2330	22720	50	64.69	417
最小值	97	12.75	16.6	28	3.58	0.31	0.09	1.29	3.9	6.1	785	20	0.472	29.3
中位值	800	152	64	161	18	3	2	3	53	72	1434	24	18	108
平均值	4365	381	177	157	74	28	251	6	88	198	4930	28	19	135
标准差	13600	554	303	68	180	69	599	8	73	387	7966	9	14	98
富集系数[③]	56.7	38.1	3.76	0.32	35.4	89.4	1.79	0.47	1.49	9.00	10.1	0.77	0.49	4.23

元素	Mo	Nb	Ni	Pb	Sb	Sn	Sr	Th	U	V	W	Y	Zn	Zr
样品数	17	20	24	44	20	44	13	11	11	31	36	39	41	20
最大值	2.85	36.2	50	1258	4.87	6075	86	25.5	22.3	105	296	68.83	37400	100
最小值	0.17	11.6	2	10	0.6	4.5	19.4	5.55	9.88	4.21	1.63	0.959	23.7	29.5
中位值	1	26	6	53	1	57	39	17	14	16	16	12	185	84
平均值	1	26	9	158	1	309	47	17	15	24	40	15	1551	76
标准差	1	6	11	273	1	936	26	7	4	29	66	12	5794	21
富集系数③	1.15	1.61	0.37	6.57	1.64	103	0.32	1.41	6.16	0.30	22.1	0.60	22.2	0.28

①元素含量的单位见表2-4；②数据引自陈扬玉（1986）、安保华（1990）、官容生（1991）、刘玉平等（2000b）、刘晓玮（2008）、王雄军（2008）、林知法（2010）、陈智明等（2011）、李进文等（2013）；③富集系数=平均值/CSS，CSS数据详见表2-4。

与中国水系沉积物相比，研究区内微量元素富集系数大于100的有 Sn；介于10~100之间的有 Bi、Ag、As、Be、Zn、W、F，介于3~10之间的有 Cu、Pb、U、Li、B，介于1.2~2之间的有 Cd、Sb、Nb、Cr、Th。富集系数大于1.2的微量元素共计18种，其中热液成矿元素有 W、Sn、Bi、Cu、Pb、Zn、Cd、Ag、As、Sb 计10种；热液运矿元素有 B、F；造岩微量元素有 Li、Be；基性微量元素有 Cr；酸性微量元素有 Nb、Th、U。

在研究区内已发现有大型锡、锌矿床，上述 Sn 和 Zn 的富集系数分别高达103和22.2。

B　地球化学异常剖面图

由于收集资料的局限性，本研究未能制作出矿区地球化学异常剖面图。在矿区范围内所收集岩石的元素含量可采用平均值来表征，该平均值的大小取决于所收集岩石中矿石和蚀变岩相对较新鲜岩石的多少。

依据上述矿区岩石中元素含量的平均值，采用全国定值七级异常划分方案评定28种微量元素的异常分级，结果见表3-84。

表 3-84　都龙矿区岩矿石中元素异常分级

元素	Ag	As	B	Ba	Be	Bi	Cd	Co	Cr	Cu	F	Hg	La	Li	Mo	Nb	Ni	Pb	Sb	Sn	Sr	Th	U	V	W	Y	Zn	Zr
异常分级	4	3	1	0	5	4	0	0	0	3	3	0	0	2	0	1	0	2	0	5	0	0	2	0	3	0	5	0

注：0代表在都龙矿区基本不存在异常，不作为找矿指示元素。

从表3-84可以看出，在都龙矿区存在异常的微量元素有 W、Sn、Bi、Cu、Pb、Zn、Ag、As、B、F、Li、Be、Nb、U 共计14种，这14种元素可作为都龙锡锌多金属矿床在岩石地球化学勘查工作阶段的找矿指示元素组合。在这14种元素中，Sn、Zn、Be 具有5级异常，Bi、Ag 具有4级异常，W、Cu、As、F 具有3级异常，Pb、Li、U 具有2级异常，B、Nb 具有1级异常。由此看出，这种组合元素多且强度强的异常特征与都龙矿床矿体呈出露状态相一致。

3.11.3.3　勘查地化特征简表

综合上述勘查地球化学特征，都龙锡锌多金属矿床的勘查地球化学特征可归纳列入表3-85中。

表 3-85　都龙锡锌多金属矿床勘查地球化学特征简表

矿床编号	项目名称	Ag	As	Au	B	Ba	Be	Bi	Cd	Co	Cr	Cu	F	Hg	La	Li
532301	区域富集系数	5.09	32.3	1.80	2.63	0.67	2.51	26.8	5.26	0.91	0.95	3.09	2.25	2.16	0.95	2.01
532301	区域异常分级	4	7	0	0	0	2	4	5	0	0	5	2	0	0	3
532301	岩石富集系数	56.7	38.1		3.76	0.32	35.4	89.4	1.79	0.47	1.49	9.00	10.1	0.77	0.49	4.23
532301	岩石异常分级	4	3		1	0	5	4	0	0	0	3	3	0	0	2
矿床编号	项目名称	Mo	Nb	Ni	Pb	Sb	Sn	Sr	Th	U	V	W	Y	Zn	Zr	
532301	区域富集系数	0.67	1.34	0.90	4.53	7.13	30.6	0.30	1.84	2.55	0.97	35.3	1.17	3.25	0.89	
532301	区域异常分级	0	0	0	3	2	7	0	0	0	0	5	2	7	0	
532301	岩石富集系数	1.15	1.61	0.37	6.57	1.64	103	0.32	1.41	6.16	0.30	22.1	0.60	22.2	0.28	
532301	岩石异常分级	0	1	0	2	0	5	0	0	2	0	3	0	5	0	

注：该表可与矿床基本信息表采用矿床编号建立关系。

3.11.4　地质地球化学找矿模型

云南马关都龙锡锌多金属矿床为一超大型矿床，位于云南省马关县都龙镇境内，矿体呈出露状态。赋矿地层为寒武系田蓬组粉砂质页岩、白云质灰岩。成矿与老君山复式花岗岩体关系密切，岩体岩性以二云二长花岗岩为主，成岩年龄约 87Ma。锡矿体受断裂控制明显，矿石类型为矽卡岩型，矿体形态呈似层状、透镜状，成矿年龄约 87Ma。围岩蚀变以矽卡岩化、绿泥石化、绿帘石化、绢云母化为主。矿床类型属于矽卡岩型。

云南马关都龙锡锌多金属矿床区域化探找矿指示元素组合为 W、Sn、Bi、Cu、Pb、Zn、Cd、Ag、As、Sb、F、Li、Be、Y 共计 14 种，其中 Sn、Zn、As 具有 7 级异常，Cd、Cu、W 具有 5 级异常，Ag、Bi 具有 4 级异常，Pb、Li 具有 3 级异常，Sb、F、Be、Y 具有 2 级异常。矿区岩石化探找矿指示元素组合为 W、Sn、Bi、Cu、Pb、Zn、Ag、As、B、F、Li、Be、Nb、U 共计 14 种，其中 Sn、Zn、Be 具有 5 级异常，Bi、Ag 具有 4 级异常，W、Cu、As、F 具有 3 级异常，Pb、Li、U 具有 2 级异常，B、Nb 具有 1 级异常。

3.12 云南蒙自白牛厂锡银多金属矿床

3.12.1 矿床基本信息

表 3-86 为云南蒙自白牛厂锡银多金属矿床基本信息表。

表 3-86 云南蒙自白牛厂锡银多金属矿床基本信息表[①]

序号	项目名称	项目描述	序号	项目名称	项目描述
0	矿床编号	532302	4	矿床规模	超大型
1	经济矿种	锡、银、铅、锌	5	主矿种资源量	8.60[②]
2	矿床名称	云南蒙自白牛厂银锡多金属矿床	6	伴生矿种资源量	6470 Ag, 109.7 Pb, 172 Zn
3	行政隶属地	云南省蒙自县老寨乡	7	矿体出露状态	半出露

①同表 2-1 标注；②经济矿种资源量数据引自张洪培（2007）。

3.12.2 矿床地质特征

3.12.2.1 区域地质特征

云南蒙自白牛厂锡银多金属矿床位于云南省红河州蒙自县老寨乡白牛厂村，矿区距昆（明）河（口）铁路芷村站 42km，距蒙自县城 60km（王冬，2013）。在成矿带划分上，白牛厂锡银多金属矿床位于华南成矿省滇东南南部成矿带（徐志刚等，2008）。

区域内出露地层有寒武系、奥陶系、泥盆系、二叠系、三叠系和第三系，如图 3-50 所示。区域内地层大体上呈北东向分布，中寒武统的碎屑岩、碳酸盐岩为主要的赋矿建造（江鑫培，1990）。

区域内岩浆岩不太发育，在区域东南部出露有薄竹山复式花岗岩体。该复式岩体主要岩性为黑云二长花岗岩，根据岩性变化及侵入关系，将其划分为 7 个单元，其中研究区主要出露所作底单元，全岩 Rb-Sr 同位素年龄为 115.4Ma（张世涛等，1997）。所作底单元样品的锆石和独居石 U-Pb 年龄分别为（87.54±0.65）Ma 和（88.1±1.1）Ma，代表该单元花岗岩的侵位结晶年龄（程彦博等，2010；Yan 等，2020）。此处选取 88Ma 作为花岗岩的成岩年龄。

区域内构造较发育，主体构造线方向为北东向，其次为北西向，如图 3-50 所示。

区域内矿产资源以银、锡、铅、锌为主，代表性的矿床为白牛厂锡银超大型多金属矿床。

3.12.2.2 矿区地质特征

云南蒙自白牛厂锡银多金属矿床由阿尾、白羊、穿心洞、对门山和咪尾共计 5 个矿段组成，面积约 25km²。

白牛厂矿床矿区出露地层有中寒武统和下泥盆统（见图 3-51），其中中寒武统田蓬组和龙哈组的碎屑岩和碳酸盐岩为云南白牛厂锡银多金属矿床的主要赋矿建造（江鑫培，1990）。

矿区内岩浆岩在地表零星出露花岗斑岩体，但深部存在有白牛厂隐伏花岗岩体及一些

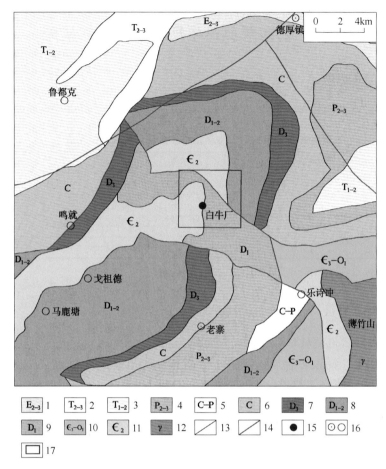

图 3-50　白牛厂锡银多金属矿区域地质图

（据中国地质调查局 1∶1000000 地质图修编，下文 1∶200000 地球化学剖析图采用此范围）

1—始新统-渐新统砾岩夹砂岩、泥岩；2—中-上三叠统灰岩、粉砂岩、泥岩、泥岩夹砾岩；

3—下-中三叠统灰岩、粉砂岩、页岩、白云岩；4—中-上二叠统灰岩、泥岩、硅质岩、玄武岩；

5—石炭统-二叠统灰岩、夹白云质灰岩、玄武岩、凝灰岩；6—石炭统黄龙组灰岩；7—上泥盆统白云岩；

8—下-中泥盆统灰岩、硅质岩、泥岩夹砂岩；9—下泥盆统白云岩、粉砂岩；

10—上寒武统-下奥陶统灰岩、白云岩、砂岩夹泥岩、粉砂岩；11—中寒武统泥质条带灰岩、白云岩夹页岩；

12—花岗岩；13—岩性界线；14—断层；15—锡矿；16—地名；17—白牛厂矿区范围

小型的花岗岩脉、二长岩脉等。白牛厂隐伏花岗岩体主体岩性为黑云母二长花岗岩，该隐伏岩体是薄竹山花岗岩体的延伸隐伏部分（钟寿华，1992），其全岩 Rb-Sr 同位素年龄为（68.80±2.60）Ma（张洪培，2007），此处取薄竹山花岗岩体的锆石 U-Pb 年龄作为其成岩年龄，即 88Ma。

矿床主体构造为圆宝山复式向斜和以 F_3、F_7 为代表的北西西向断裂，近北东向和近南北向断裂次之，如图 3-51 所示。圆宝山复式向斜，位于矿床的西北部，轴向北西西向，轴长约 2km，核部为龙哈组白云岩；北西西向断裂 F_3、F_7 为多期活动断裂，断裂 F_3 位于矿床的北部边缘，全长约 4km；断裂 F_7 位于矿床的南缘，全长约 3.4km（祝朝辉等，2009）。

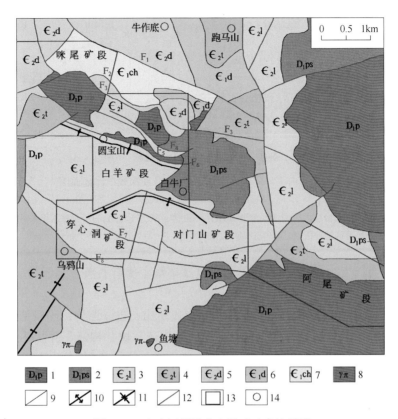

图 3-51　白牛厂锡银多金属矿矿床地质图

（据张洪培（2007）和祝朝辉等（2009）修编）

1—下泥盆统坡脚组粉砂质泥岩、粉砂岩、铁质粉砂岩；2—下泥盆统坡松组细至中粒砂岩、
粉砂岩、底砾岩；3—中寒武统龙哈组粉晶白云岩、碎屑白云岩绢云母粉砂岩、薄层白云质粉砂岩；
4—中寒武统田蓬组生物碎屑灰岩、泥炭质粉砂岩、粉砂质泥岩、钙质粉砂岩、白云岩；
5—中寒武统大丫口组粉砂质泥岩、粉砂岩、泥质条带灰岩、泥质粉砂岩；6—下寒武统大寨
组粉砂质板岩、泥质粉砂岩、泥质条带灰岩；7—下寒武统冲庄组灰岩、粉砂岩、板（页）岩；
8—花岗斑岩；9—岩性界线；10—背斜；11—向斜；12—断层；13—矿段范围；14—地名

3.12.2.3　矿体地质特征

A　矿体特征

云南蒙自白牛厂矿床的主矿体为 V_1 矿体，横跨咪尾、白羊、穿心洞、对门山和阿尾矿段，其资源量占整个矿床总资源储量 95% 以上。V_1 矿体长 1.2km，最大倾斜延伸超过 1.4km，总体向南倾斜（见图 3-52），受圆宝山复式向斜和断裂 F_3 控制（祝朝辉等，2009）。矿体呈层状、似层状、透镜状（白金刚等，1995）、脉状（李晓波，2005），与地层整合产出，矿体在地表基本不出露，呈半出露状态。

白羊矿段两个样品的锡石原位 LA-MC-ICP-MS 锡石 U-Pb 等时线年龄分别为（87.4±3.7）Ma 和（88.4±4.3）Ma（李开文等，2013），即成矿年龄约 88Ma。

B　矿石特征

矿石主要为纹层状、条带状硫化物型。矿石矿物成分简单，以硫化物为主，主要有锡

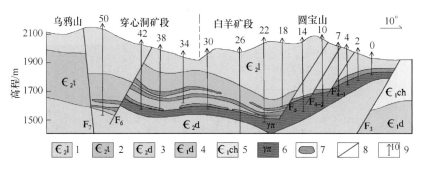

图 3-52　白牛厂锡银多金属矿床 57 号勘探线矿体剖面图

（据祝朝辉等（2009）修编）

1—中寒武统龙哈组；2—中寒武统田蓬组；3—中寒武统大丫口组；4—早寒武统大寨组；

5—早寒武统冲庄组；6—花岗斑岩；7—矿体；8—断裂及编号；9—钻孔及编号

石、黄铁矿、闪锌矿、方铅矿和毒砂等。非金属矿物主要有石英、绢云母、铁锰白云石、方解石和黏土矿物等（白金刚等，1995）。

矿石结构主要有粒状结构、草莓状结构、交代结构、包嵌结构、碎斑结构、斑状变晶结构等（李瀛玲，2014）；矿石构造主要有浸染状构造、块状构造、脉状构造、压碎条带状构造等（刘继顺等，2005）。

C　围岩蚀变

围岩蚀变类型有矽卡岩化、大理岩化、云英岩化、角岩化和绿泥石化等（李晓波，2005）。

3.12.2.4　勘查开发概况

白牛厂矿床在清代是重要的银产地，经历了三期勘探，矿床规模逐渐扩大，储量不断增加，迄今已成为一个超大型银-锡-铅-锌多金属矿床（张洪培，2007）。

1958~1964 年，云南省冶金局 308 地质队、云南省地质矿产局 15 队对阿尾和穿心洞地表矿化进行了概略普查，主要目标是寻找锡矿，发现锡 0.16 万吨、铅 4.58 万吨、锌 1.46 万吨、银 309t，结论是"矿小无工业价值，但怀疑存在隐伏矿体"。

1978~1979 年，云南第二区域调查队又在上述两个矿段开展了 1∶50000 区调试点和矿点检查工作，概算阿尾和穿心洞远景金属储量：锡 0.28 万吨、铅 2.51 万吨、锌 1.73 万吨、银 220t，结论是"可能存在隐伏花岗岩，是寻找锡多金属的远景区"。

1981 年起，云南省地矿局第二地质大队将白牛厂定为锡、银铅锌普查找矿区。1982 年底，于白羊矿段施工的 ZK57-1 孔，发现隐伏矿体。1984 年圈出脉状主矿体（V_1），求得 D 级储量锡 0.04 万吨、（铅+锌）0.57 万吨、银 17.6t；利用"穿心洞剩余工作量"，在 ZK57-1 孔倾向 80m 处施工 ZK57-3 孔，证实矿体可连接，厚度大，品位富，实现了白牛厂找矿的历史性突破。

经历了上述三期勘查，地质二大队先后提交了《云南省蒙自县老寨乡白牛厂矿区白羊矿段银多金属矿详查地质报告》（1990）、《云南省蒙自县老寨乡白牛厂银多金属矿区白羊矿段勘探区勘探地质报告（标高 1580m 以上）》（1994）、《云南省蒙自县白牛厂银多金属矿区对门山矿段普查地质报告》（1995）、《云南省蒙自县白牛厂银多金属矿区咪尾、穿心洞、阿尾矿段普查地质报告》（2000）等四个勘查报告。整个矿区（V_1 矿体）累计提交银、锌、铅、锡金属资源储量分别为6470t、172.14 万吨、109.67 万吨、8.6 万吨，平均品位分别为 95g/t、2.46%、1.56%、0.12%。银金属资源量达超大型规模，铅、锌、锡均达大型规模。

3.12.2.5 矿床类型

根据高子英（1996）、周建平等（1997）、祝朝辉等（2006，2010）、张亚辉等（2012）的研究成果，认为云南蒙自白牛厂锡银多金属矿床应属于矽卡岩型矿床。

3.12.2.6 地质特征简表

综合上述矿床地质特征，除矿床基本信息表（见表3-86）中所表达的信息以外，云南蒙自白牛厂锡银多金属矿床的地质特征可归纳列入表3-87 中。

表 3-87   白牛厂锡银多金属矿床地质特征简表

序号	项目名称	项目描述	序号	项目名称	项目描述
10	赋矿地层时代	寒武系	16	矿石类型	矽卡岩型
11	赋矿地层岩性	碎屑岩、碳酸盐岩	17	成矿年龄/Ma	88
12	相关岩体岩性	花岗岩	18	矿石矿物	锡石、黄铁矿、闪锌矿、方铅矿等
13	相关岩体年龄/Ma	88	19	围岩蚀变	矽卡岩化、大理岩化、云英岩化、角岩化、绿泥石化等
14	是否断裂控矿	是			
15	矿体形态	层状、似层状	20	矿床类型	矽卡岩型

注：序号从 10 开始是为了和数据库保持一致。

3.12.3 地球化学特征

3.12.3.1 区域化探

A 元素含量统计参数

本研究收集到研究区内 1∶200000 水系沉积物样品的 39 种元素含量数据。计算水系沉积物中元素平均值相对其在中国水系沉积物（CSS）中的富集系数，将其地球化学统计参数列于表3-88 中。

表 3-88   研究区 1∶200000 区域化探元素含量[①]统计参数

元素	Ag	As	Au	B	Ba	Be	Bi	Cd	Co	Cr	Cu	F	Hg
样品数	225	225	225	225	225	225	225	225	225	225	225	225	225
最大值	1300	290	5.2	65	799	2.4	6.3	3900	74	300	209	2000	1260
最小值	30	3.2	1.1	5	26.5	0.4	0.1	60	5.4	29	11.8	155	18
中位值	60	30.5	2.4	22.5	223	0.9	0.5	210	22.8	52	93	527	132
平均值	91	41	2.6	25.4	242	1.0	0.7	391	26.2	109	62	602	193
标准差	126	39.2	0.9	12.4	114	0.4	0.8	522	15.4	69	44	323	165
富集系数[②]	1.18	4.10	1.99	0.54	0.49	0.47	2.19	2.79	2.16	1.85	2.84	1.23	5.37

续表 3-88

元素	La	Li	Mo	Nb	Ni	Pb	Sb	Sn	Sr	Th	U	V	W
样品数	225	225	225	225	225	225	225	225	225	225	225	225	225
最大值	287	126	6.4	52	157	598	229	44	166	42	13.3	295	23.5
最小值	24	15	0.4	9.7	9.3	6.4	0.8	2.2	9.4	4.4	1.3	43	0.7
中位值	51	45	1.2	24	66	37	8	5.8	47.6	15.7	3.8	163	3.7
平均值	69	49	1.6	26	65	45	13	7	52	16	4.6	168	4.4
标准差	45	21	1.1	10.2	37	48	22	6.36	23.3	6.31	2.5	82	3.0
富集系数[②]	1.76	1.52	1.87	1.61	2.61	1.88	19.23	2.48	0.36	1.39	1.89	2.10	2.45
元素	Y	Zn	Zr	SiO$_2$	Al$_2$O$_3$	Fe$_2$O$_3$	K$_2$O	Na$_2$O	CaO	MgO	Ti	P	Mn
样品数	225	225	225	225	225	225	225	90	225	225	225	225	224
最大值	149	711	571	86	26.4	20.5	4.5	0.8	3	1.6	23867	2189	8385
最小值	13	34	102	27	5.1	2	0.1	0.1	0.1	0.1	2011	254	0.1
中位值	32	127	335	54	16.8	7.5	1.4	0.1	0.5	0.6	7978	745	1444
平均值	41	141	331	54	17.2	8.81	1.44	0.16	0.55	0.68	9799	906	1661
标准差	28	88	77	15	4.53	5.20	0.84	0.11	0.37	0.30	6009	462	1098
富集系数[②]	1.65	2.01	1.23	0.82	1.34	1.96	0.61	0.12	0.30	0.49	2.39	1.56	2.48

①元素含量的单位见表 2-4;②富集系数=平均值/CSS,CSS(中国水系沉积物)数据详见表 2-4。

与中国水系沉积物相比,研究区内微量元素富集系数介于 10~100 之间的有 Sb,介于 3~10 之间的有 Hg、As,介于 2~3 之间的有 Cu、Cd、Ni、Sn、W、Bi、Co、V、Zn,介于 1.2~2 之间的有 Au、U、Pb、Mo、Cr、La、Y、Nb、Li、Th、F、Zr。富集系数大于 1.2 的微量元素共计 24 种,其中热液成矿元素有 W、Sn、Mo、Bi、Cu、Pb、Zn、Cd、Au、As、Sb、Hg,除 Ag 以外热液成矿元素均明显富集;热液运矿元素有 F;造岩微量元素有 Li;酸性微量元素有 Y、La、Zr、Nb、Th、U;基性微量元素有 V、Cr、Co、Ni。

在研究区内已发现有大型锡、银、铅、锌矿床,上述 Sn、Ag、Pb、Zn 的富集系数分别为 2.48、1.18、1.88 和 2.01。

B 地球化学异常剖析图

依据研究区内 1:200000 化探数据,采用全国变值七级异常划分方案制作 29 种微量元素的单元素地球化学异常图,其异常分级结果见表 3-89。

表 3-89 白牛厂矿区 1:200000 区域化探元素异常分级

元素	Ag	As	Au	B	Ba	Be	Bi	Cd	Co	Cr	Cu	F	Hg	La	Li
异常分级	2	1	0	0	0	0	0	0	0	0	0	0	0	0	0
元素	Mo	Nb	Ni	Pb	Sb	Sn	Sr	Th	U	V	W	Y	Zn	Zr	
异常分级	0	0	0	4	4	2	0	0	0	0	0	0	2	0	

注:0 代表在白牛厂矿区基本不存在异常,不作为找矿指示元素。

从表 3-89 可以看出,在白牛厂矿区存在异常的热液成矿元素有 Sn、Pb、Zn、Ag、As、Sb,共计 6 种元素。这 6 种元素在研究区内的地球化学异常剖析图如图 3-53 所示。

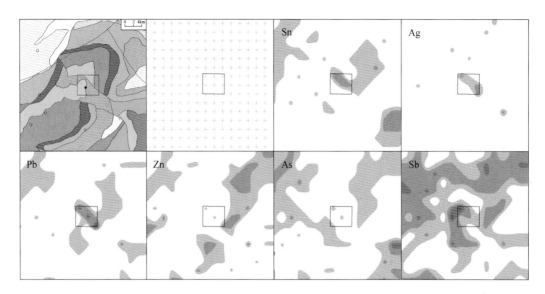

图 3-53　区域化探地球化学异常剖析图

（地质图为图 3-50 白牛厂锡银多金属矿区域地质图）

上述 6 种元素可以作为白牛厂锡银矿在区域化探工作阶段的找矿指示元素组合。在这6 种元素中，Pb、Sb 具有 4 级异常，Ag、Sn、Zn 具有 2 级异常，As 具有 1 级异常。由此看出，这种组合元素少且强度弱的异常特征与白牛厂多金属矿床矿体呈半出露状态相一致。

3.12.3.2　岩石地球化学勘查

A　元素含量统计参数

本研究收集到矿区内岩石 116 件样品的 26 种微量元素含量数据（高子英，1996；李晓波，2005；张洪培，2007；祝朝辉等，2009；祝朝辉等，2010；王燕子，2014），其中不同类型的矿石 34 件、蚀变岩 25 件、较新鲜岩石 57 件。计算岩石中元素平均值相对其在中国水系沉积物（CSS）中的富集系数，将其地球化学统计参数列于表 3-90 中。选择中国水系沉积物（CSS）作为比较的标准主要是便于与土壤、水系沉积物中元素富集系数的值进行对比，故没有选择上陆壳或其他岩石来作标准。

表 3-90　矿区岩石样品中元素[①]含量统计参数[②]

元素	Ag	As	Au	Ba	Bi	Cd	Co	Cr	Cu	Hg	La	Li	Mo
样品数	33	42	10	21	20	25	13	27	44	7	99	13	30
最大值	47700	6937	1.8	1311	122	171000	11	246	788	58900	110	58.8	8.34
最小值	76	5.52	0.58	11.4	0.1	210	3.4	12.8	0.6	34200	0.32	10.2	0.15
中位值	540	13.02	1.165	498	4.3	1130	7.9	20.2	19	44200	27	28	1.4
平均值	2588	211	1.17	534	10.9	10142	7.4	48	48	46743	37.8	32.0	1.54
标准差	8211	1070	0.37	397	27.1	34049	2.54	56	120	8700	34.3	14.8	1.55
富集系数[③]	34	21	0.89	1.09	35	72	0.61	0.82	2.17	1298	0.97	1.0	1.84

续表 3-90

元素	Nb	Ni	Pb	Sb	Sn	Sr	Th	U	V	W	Y	Zn	Zr
样品数	13	13	44	42	44	7	27	25	13	30	36	44	27
最大值	48.4	26.1	13304	9670	450	294	43.3	15.4	82.3	38	37.6	3857	482
最小值	5.62	4.18	11.9	0.67	0.51	130	1.05	0.6	36.2	0.2	1.93	11	9.1
中位值	41.8	10.2	136	7.01	10.45	267	29.5	4.32	55	2.38	17.3	92	138
平均值	34.2	10.6	545	281	44.9	243	24.6	5.0	55.0	5.4	15.7	295	167
标准差	15.4	5.5	1996	1489	87.4	60	13.8	3.5	13.9	8.1	6.9	642	129
富集系数[3]	2.1	0.4	22.7	408	15	1.68	2.06	2.03	0.69	3.01	0.63	4.21	0.62

①元素含量的单位见表 2-4；②数据引自高子英（1996）、李晓波（2005）、张洪培（2007）、祝朝辉等（2009）、祝朝辉等（2010）、王燕子（2014）；③富集系数=平均值/CSS，CSS 数据详见表 2-4。

与中国水系沉积物相比，矿区岩石元素富集系数大于 100 的微量元素有 Hg、Sb，介于 10~100 之间的微量元素有 Cd、Bi、Ag、Pb、As、Sn，介于 3~10 之间的微量元素有 Zn、W，介于 1.2~3 之间的微量元素有 Cu、Nb、Th、U、Mo、Sr。上述微量元素富集系数大于 1.2 的共计 16 种，其中热液成矿元素有 W、Sn、Mo、Bi、Cu、Pb、Zn、Cd、Ag、As、Sb、Hg 计 12 种；造岩微量元素有 Sr；酸性微量元素有 Nb、Th、U。

在研究区内已发现有大型锡、银、铅、锌矿床，上述 Sn、Ag、Pb、Zn 的富集系数分别为 15、34、22.7 和 4.21。

B　地球化学异常剖面图

由于收集资料的局限性，本研究未能制作出矿区地球化学异常剖面图。在矿区范围内所收集岩石的元素含量可采用平均值来表征，该平均值的大小取决于所收集岩石中矿石和蚀变岩相对较新鲜岩石的多少。

依据上述矿区岩石中元素含量的平均值，采用全国定值七级异常划分方案评定 26 种微量元素的异常分级，结果见表 3-91。

表 3-91　白牛厂矿区岩矿石中元素异常分级

元素	Ag	As	Au	Ba	Bi	Cd	Co	Cr	Cu	Hg	La	Li	Mo	Nb	Ni	Pb	Sb	Sn	Sr	Th	U	V	W	Y	Zn	Zr
异常分级	3	2	0	0	3	4	0	0	1	5	0	0	0	1	0	4	4	3	0	1	1	0	1	0	2	0

注：0 代表在白牛厂矿区基本不存在异常，不作为找矿指示元素。

从表 3-91 可以看出，在白牛厂矿区存在异常的微量元素有 W、Sn、Bi、Cu、Pb、Zn、Cd、Ag、As、Sb、Hg、Nb、Th、U 共计 14 种，这 14 种元素可作为白牛厂锡银多金属矿床在岩石地球化学勘查工作阶段的找矿指示元素组合。在这 14 种中 Hg 具有 5 级异常，Sb、Cd、Pb 具有 4 级异常，Bi、Ag、Sn 具有 3 级异常，As、Zn 具有 2 级异常，W、Cu、Nb、Th、U 具有 1 级异常。由此看出，这种组合元素多的异常特征与白牛厂多金属矿床的经济矿种相一致。

3.12.3.3　勘查地化特征简表

综合上述勘查地球化学特征，白牛厂锡银多金属矿床的勘查地球化学特征可归纳列入表 3-92 中。

表 3-92　白牛厂锡银多金属矿床勘查地球化学特征简表

矿床编号	项目名称	Ag	As	Au	B	Ba	Be	Bi	Cd	Co	Cr	Cu	F	Hg	La	Li
532302	区域富集系数	1.18	4.10	1.99	0.54	0.49	0.47	2.19	2.79	2.16	1.85	2.84	1.23	5.37	1.76	1.52
532302	区域异常分级	2	1	0	0	0	0	0	0	0	0	0	0	0	0	0
532302	岩石富集系数	34	21	0.89		1.09		35	72	0.61	0.82	2.17		1298	0.97	1.0
532302	岩石异常分级	3	2	0		0		3	4	0	0	1		5	0	0

矿床编号	项目名称	Mo	Nb	Ni	Pb	Sb	Sn	Sr	Th	U	V	W	Y	Zn	Zr
532302	区域富集系数	1.87	1.61	2.61	1.88	19.23	2.48	0.36	1.39	1.89	2.10	2.45	1.65	2.01	1.23
532302	区域异常分级	0	0	0	4	4	2	0	0	0	0	0	0	2	0
532302	岩石富集系数	1.84	2.1	0.4	22.7	408	15	1.68	2.06	2.03	0.69	3.01	0.63	4.21	0.62
532302	岩石异常分级	0	1	0	4	4	3	0	1	1	0	1	0	2	0

注：该表可与矿床基本信息表采用矿床编号建立关系。

3.12.4　地质地球化学找矿模型

云南蒙自白牛厂锡银多金属矿床为一超大型矿床，位于云南省蒙自县老寨乡境内，矿体呈半出露状态。赋矿地层为寒武系田蓬组和龙哈组的碎屑岩和碳酸盐岩。成矿与矿区隐伏的薄竹山花岗岩体关系密切，岩体岩性以黑云母二长花岗岩为主，成岩年龄约 88Ma。锡矿体受断裂控制明显，矿石类型为矽卡岩型，矿体形态呈层状、似层状，成矿年龄约 88Ma。围岩蚀变以矽卡岩化、大理岩化、云英岩化、角岩化、绿泥石化为主。矿床类型属于接触交代型（矽卡岩型）。

云南蒙自白牛厂锡银多金属矿床区域化探找矿指示元素组合为 Sn、Pb、Zn、Ag、As、Sb 共计 6 种，其中 Pb、Sb 具有 4 级异常，Ag、Sn、Zn 具有 2 级异常，As 具有 1 级异常。矿区岩石化探找矿指示元素组合为 W、Sn、Bi、Cu、Pb、Zn、Cd、Ag、As、Sb、Hg、Nb、Th、U 共计 14 种，其中 Hg 具有 5 级异常，Sb、Cd、Pb 具有 4 级异常，Bi、Ag、Sn 具有 3 级异常，As、Zn 具有 2 级异常，W、Cu、Nb、Th、U 具有 1 级异常。

3.13 云南个旧老厂锡多金属矿床

3.13.1 矿床基本信息

表3-93为云南个旧老厂锡多金属矿床基本信息表。

表3-93 云南个旧老厂锡多金属矿床基本信息表[①]

序号	项目名称	项目描述	序号	项目名称	项目描述
0	矿床编号	532303	4	矿床规模	超大型
1	经济矿种	锡	5	主矿种资源量	暂无[②]
2	矿床名称	云南个旧老厂锡多金属矿床	6	伴生矿种资源量	暂无
3	行政隶属地	云南省红河州个旧市老厂镇	7	矿体出露状态	出露

①同表2-1标注；②经济矿种资源量数据暂无。

3.13.2 矿床地质特征

3.13.2.1 区域地质特征

云南个旧老厂锡多金属矿床位于云南省红河州个旧市老厂镇境内，在成矿带划分上老厂矿床位于康滇隆起成矿带康滇成矿亚带（徐志刚等，2008）。

区域内地层简单，主要出露三叠系和第四系，如图3-54所示。其中，三叠系粉砂质页岩、白云质灰岩为主要赋矿建造（彭张翔，1992；周建平等，1997）。

区域内岩浆岩发育，以侵入岩为主。其中，代表性岩体有龙岔河岩体、神仙水岩体、白云山岩体、贾沙岩体和白沙冲岩体，如图3-54所示。

龙岔河岩体呈不规则状侵位于三叠系地层中，岩性主要为似斑状黑云母二长花岗岩，其SHRIMP锆石U-Pb年龄为（83.2±1.4）Ma（程彦博等，2009）；神仙水岩体岩性主要为等粒碱长花岗岩（毛景文等，2008），两件该岩体样品的LA-ICP-MS年龄分别为（83.0±0.4）Ma和（81.0±0.5）Ma（程彦博，2012）；白云山岩体岩性主要为霞石正长岩，其LA-ICP-MS锆石U-Pb年龄为（76.6±3.6）Ma（程彦博等，2008）；贾沙岩体岩性为辉长岩，其LA-ICP-MS年龄为（83.3±0.3）Ma（程彦博，2012）；白沙冲岩体岩性为等粒碱长花岗岩，其SHRIMP锆石U-Pb年龄为（77.4±2.5）Ma（程彦博等，2009）。

区域内断裂构造发育，近南北向个旧断裂为主控断裂，将个旧矿集区分成东西两部分。东部发育近东西向断裂，代表性断裂主要有个松断裂（F1）、背阴山断裂（F2）、蒙子庙断裂（F3）、老熊洞断裂（F4）和白龙断裂（F5）；西部主要发育北东向断裂，以杨家田断裂为代表（贾润幸，2005；秦德先等，2006a）。

区域内矿产资源丰富，已知矿床沿个旧断裂东西两侧分布，以锡、铜为主。个旧东区自北向南主要有马拉格锡铅多金属矿床、松树脚锡铜多金属矿床、高松锡多金属矿床、老厂锡多金属矿床、竹林铜矿床、竹叶山铜矿床、卡房铜多金属矿床；个旧西区有牛屎坡大型锡矿床（殷成玉，1981；贾润幸，2005）和竹菁坡锡矿床，如图3-54所示。

3.13.2.2 矿区地质特征

老厂锡多金属矿床位于背阴山断裂（F2）与蒙子庙断裂（F3）之间（见图3-54），主

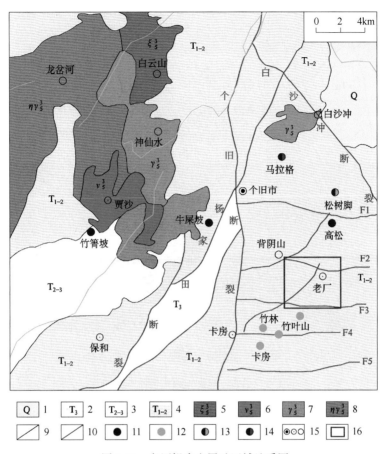

图 3-54 老厂锡多金属矿区域地质图

（据中国地质调查局 1∶1000000 地质图、殷成玉（1981）、贾润幸（2005）、

秦德先等（2006a）修编，下文 1∶200000 地球化学剖析图采用此范围）

1—第四系冲积层（砂、砾、砂质黏土及淤泥层）；2—晚三叠统砾岩、砂岩、（板）岩夹碳质页岩；

3—中-晚三叠统灰岩、粉砂岩、页岩、砂岩；4—早-中三叠统灰岩夹少量粉砂岩、页岩、粉砂岩、白云岩、灰岩；

5—白垩系霞石正长岩；6—白垩系辉长岩；7—白垩系碱长花岗岩；8—白垩系二长花岗岩；9—岩性界线；

10—断层；11—锡矿床；12—铜矿床；13—锡铜多金属矿床；14—锡铅多金属矿床；15—地名；16—矿区范围

要包括湾子街和塘子凹两个矿段，如图 3-55 所示。

　　湾子街矿段是老厂锡多金属矿床的主体部分，该矿段位于背阴山断裂（F2）、坳头山断裂、蒙子庙断裂（F3）和黄泥硐断裂所夹持的菱形地块中。塘子凹矿段位于坳头山断裂西侧，与湾子街矿段相接（李玉新，2004）。

　　矿区内出露地层主要为三叠系个旧组中下部的碳酸盐类岩石，即三叠纪个旧组碳酸盐岩为老厂锡多金属矿床的主要赋矿建造（彭张翔，1992；周建平等，1997）。

　　矿区内未见岩浆岩出露，但经工程揭露在老厂与卡房之间存在有隐伏花岗岩体（即老卡花岗岩体），岩体形态在地下呈一系列凸起，岩性主要为二长花岗岩（李玉新，2004；陈爱兵，2004）。

　　程彦博等（2009）测得老厂矿区隐伏似斑状二长花岗岩 LA-ICP-MS 锆石 U-Pb 年龄为（83.3+1.6）Ma。曹华文等（2014）测得老卡岩体中钾长石 Ar-Ar 坪年龄为（71.6±

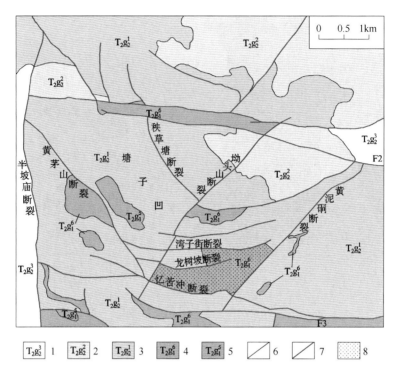

图 3-55 老厂锡多金属矿矿区地质图

（据薛传东（2002）、陈爱兵（2004）、李玉新（2004）修编）

1—中三叠统个旧组中段第三层中厚层状白云岩；2—中三叠统个旧组中段第二层中厚层状
白云岩与厚层状石灰岩互层；3—中三叠统个旧组中段第一层厚层及中厚层状白云岩及灰质白云岩；
4—中三叠统个旧组下段第六层中厚层状石灰岩与灰质白云岩互层；5—中三叠统个旧组下段第五层
中厚层大理岩、泥质石灰岩、灰质白云岩等；6—岩性界线；7—断层；8—氧化型矿体

0.29）Ma。此处暂取隐伏花岗岩体的成岩年龄为 83Ma。

矿区内构造以断裂为主，北东向、近东西向、近南北向和北西向断裂均比较发育。近南北向断裂以矿区西部的半坡庙断裂为代表；近东西向断裂以背阴山断裂（F2）、蒙子庙断裂（F3）为代表；北东向断裂以坳头山断裂和黄泥硐断裂为代表；北西向断裂以黄茅山断裂和秧草塘断裂为代表（李玉新，2004；陈爱兵，2004）。

3.13.2.3 矿体地质特征

A 矿体特征

老厂锡多金属矿床主要包括湾子街和塘子凹两个矿段。湾子街矿段探明大小矿体数百个，探明储量在老厂矿床中占主导地位，矿体类型多样，如图 3-56 所示。其主要矿体发育在花岗岩与碳酸盐岩的外接触带上，为矽卡岩型矿体，形态呈似层状、透镜状、囊状和柱状等。柱状矿体受龙树坡断裂带控制，似层状矿体受花岗岩凸起形态控制（薛传东，2002）。在花岗岩与碳酸盐岩的内接触带发育有云英岩型矿体（毛景文等，2008）。在远离接触带的碳酸盐岩地层中发育脉状矿体，形态多呈脉状、细脉状、网脉状等。在近地表碳酸盐岩地层中发育氧化型矿体，形态呈土状、似层状产出（李玉新，2000；薛传东，2002；程彦博，2012）。

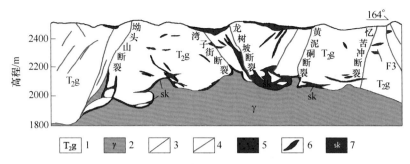

图 3-56　老厂锡多金属矿床湾子街矿段 12 号勘探线剖面图

（据薛传东（2002）修编）

1—中三叠统个旧组碳酸盐岩；2—隐伏花岗岩体；3—岩性界限；
4—断层；5—氧化型矿体；6—脉状矿体；7—矽卡岩型矿体

程彦博（2012）测得的湾子街矿段 2 件云英岩型矿体、1 件氧化型矿体和 1 件脉状矿体样品中白云母的 Ar-Ar 坪年龄分别为（85.6±0.6）Ma、（87.4±0.6）Ma、（77.4±0.6）Ma 和（87.5±0.6）Ma，湾子街矿段脉状矿样品中 LA-ICP-MS 锡石的 U-Pb 年龄为（83.6±1.3）Ma。曹华文等（2014）测得湾子街矿段铜矿石中金云母 Ar-Ar 坪年龄（81.99±0.85）Ma。此处暂取 83Ma 代表老厂锡多金属矿床的成矿年龄。

B　矿石特征

老厂矿区矿石类型有矽卡岩型、云英岩型、脉型和氧化型，其中以矽卡岩型为主要矿石类型（谈树成，2004；秦德先等，2006b；程彦博，2012）。

矽卡岩型矿体主要矿石矿物包括锡石、黄铜矿、磁黄铁矿、毒砂和黄铁矿等，脉石矿物主要有石榴石、透辉石、萤石、石英和绿泥石等。矿石结构以交代残余、鲕状结构为主，构造主要有致密块状、浸染状、脉状和网脉状等。

脉型矿体矿石矿物主要有锡石、磁黄铁矿和黄铁矿等，脉石矿物主要有电气石、石英和长石等。矿石结构以粒状、交代熔蚀结构为主，构造有块状、浸染状和脉状构造等。

氧化型矿体矿石矿物主要有锡石、褐铁矿、赤铁矿、黏土类矿物、孔雀石和毒砂等，脉石矿物主要有绢云母、铁锰方解石等。矿石结构为棱角状、碎屑结构、土状构造。

C　围岩蚀变

矽卡岩型矿体围岩蚀变主要有矽卡岩化、绢云母化、云英岩化、绿帘石化和萤石化等，脉型矿体围岩蚀变主要有硅化、电气石化、矽卡岩化、铁锰碳酸盐化和萤石化等，氧化型矿体围岩蚀变主要有黏土化、赤褐铁矿化、孔雀石化等（谈树成，2004；秦德先等，2006b；程彦博，2012）。

3.13.2.4　勘查开发概况

个旧锡矿田开采历史悠久，最早以采银著称，随后在矿区深部及外围发现锡矿并转为以采锡为主（薛步高，2002）。最早的地质研究始于 19 世纪末期，据统计在中华人民共和国成立前 59 年间（1890～1949）个旧锡矿田已生产锡金属 33.9 万吨（董燕，2004）。自 1953 年始，先后有西南地质局 224 队、西南冶金地质勘探公司 308 队，对个旧东区砂锡矿进行了全面的地质勘探，同时对脉矿进行调查，查明了砂矿的形成与原生矿床关系密切。20世纪60年代提交的《个旧矿区老厂矿田湾子街矿段地质勘探总结报告》中，计算了湾子街矿段探明的锡、铜、铅、钨四种主金属量储量为530413t，其中C1级359670t，C2级170743t及其他伴生储量。地质找矿工作已从寻找地表砂锡矿床阶段（1953～1956年），逐渐过渡到寻找浅部、中深部的层间矿床、细脉带矿床（1956～1962年），再到深部的花岗岩接触带、凹陷带矿床（1968～1978年），探明的资源储量也不断加大（王力，2004）。

3.13.2.5 矿床类型

根据周建平等（1997）、李玉新（2000）、秦德先等（2006b）、毛景文等（2008）、程彦博（2012）的研究成果，认为老厂锡多金属矿床应属于矽卡岩型矿床。

3.13.2.6 地质特征简表

综合上述矿床地质特征，除矿床基本信息表（见表3-93）中所表达的信息以外，个旧锡多金属矿床的地质特征可归纳列入表3-94中。

表3-94　老厂锡多金属矿床地质特征简表

序号	项目名称	项目描述	序号	项目名称	项目描述
10	赋矿地层时代	三叠系	16	矿石类型	矽卡岩型、脉型、氧化型
11	赋矿地层岩性	碳酸盐岩	17	成矿年龄/Ma	83
12	相关岩体岩性	花岗岩	18	矿石矿物	锡石、黄铜矿、磁黄铁矿、黄铁矿、毒砂、褐铁矿等
13	相关岩体年龄/Ma	83			
14	是否断裂控矿	是	19	围岩蚀变	矽卡岩化、硅化、绢云母化、黏土化等
15	矿体形态	层状、似层状、脉状	20	矿床类型	矽卡岩型

注：序号从10开始是为了和数据库保持一致。

3.13.3　地球化学特征

3.13.3.1　区域化探

A　元素含量统计参数

本研究收集到研究区内1：200000水系沉积物217件样品的39种元素含量数据。计算水系沉积物中元素平均值相对其在中国水系沉积物（CSS）中的富集系数，将其地球化学统计参数列于表3-95中。

表3-95　研究区1：200000区域化探元素含量[①]统计参数

元素	Ag	As	Au	B	Ba	Be	Bi	Cd	Co	Cr	Cu	F	Hg
最大值	18100	5350	89	894	3710	140	423	65200	75	286	6046	18800	3500
最小值	20	4.3	0.5	9.0	99	0.6	0.3	54	4.2	13	6.3	410	10
中位值	130	69	3.95	39	305	3.6	2.8	360	29	137	88	1007	100
平均值	1248	330	6.6	83	526	7.3	22	2688	30	128	279	1457	206
标准差	3000	776	10	139	641	15	57	7615	16	60	725	1919	309
富集系数[②]	16.2	33.0	4.98	1.76	1.07	3.46	71.2	19.2	2.44	2.16	12.7	2.97	5.71

元素	La	Li	Mo	Nb	Ni	Pb	Sb	Sn	Sr	Th	U	V	W
最大值	291	191	237	81	208	17230	485	7760	813	171	32	353	1220
最小值	12	8.0	0.5	13	4.0	14	0.6	3.4	31	6.0	1.3	15	1.8
中位值	56	71	3.0	34	77	204	9.4	34	124	34	9.5	202	11.2
平均值	74	73	7.4	36	77	1275	25	362	188	42	11	198	37
标准差	49	25	18	12	47	2716	54	935	160	31	5	81	110
富集系数②	1.89	2.28	8.76	2.26	3.08	53.1	35.5	121	1.30	3.57	4.30	2.47	20.4
元素	Y	Zn	Zr	SiO₂	Al₂O₃	Fe₂O₃	K₂O	Na₂O	CaO	MgO	Ti	P	Mn
最大值	79	12381	1249	72.50	31.10	39.30	7.20	1.70	15.20	6.50	20156	2929	28900
最小值	14	67	142	20.10	12.20	2.40	0.60	0.10	0.10	0.30	2609	236	447
中位值	34	203	344	44.80	20.40	11.00	2.30	0.40	1.00	1.00	9026	1046	1365
平均值	36	791	416	44.00	20.72	11.32	2.64	0.49	1.61	1.21	8531	1099	3129
标准差	10	1560	205	9.31	3.54	5.49	1.52	0.42	1.88	0.92	2926	494	4487
富集系数②	1.44	11.3	1.54	0.67	1.61	2.52	1.12	0.37	0.89	0.88	2.08	1.90	4.67

①元素含量的单位见表 2-4；②富集系数=平均值/CSS，CSS（中国水系沉积物）数据详见表 2-4。

与中国水系沉积物相比，研究区内微量元素富集系数大于 100 的有 Sn，介于 10~100 之间的有 Bi、Pb、Sb、As、W、Cd、Ag、Cu、Zn，介于 3~10 之间的有 Mo、Hg、Au、U、Th、Be、Ni，介于 2~3 之间的有 F、V、Co、Li、Nb、Cr，介于 1.2~2 之间的有 La、B、Zr、Y、Sr。富集系数大于 1.2 的微量元素共计 28 种，在所研究的 29 种微量元素中仅 Ba 的富集系数小于 1.2。

在研究区内已发现有大型锡多金属矿床和铜、铅等矿床，上述 Sn、Cu、Pb 的富集系数分别高达 121、12.7 和 53.1。

B 地球化学异常剖析图

依据研究区内 1:200000 化探数据，采用全国变值七级异常划分方案制作 29 种微量元素的单元素地球化学异常图，其异常分级结果见表 3-96。

表 3-96 老厂矿区 1:200000 区域化探元素异常分级

元素	Ag	As	Au	B	Ba	Be	Bi	Cd	Co	Cr	Cu	F	Hg	La	Li
异常分级	6	5	2	3	0	5	6	6	4	0	7	2	2	0	1
元素	Mo	Nb	Ni	Pb	Sb	Sn	Sr	Th	U	V	W	Y	Zn	Zr	
异常分级	4	0	2	7	3	7	0	4	3	2	5	0	7	0	

注：0 代表在老厂矿区基本不存在异常，不作为找矿指示元素。

从表 3-96 可以看出，在老厂矿区存在异常的热液成矿元素有 W、Sn、Mo、Bi、Cu、Pb、Zn、Cd、Au、Ag、As、Sb、Hg，即 13 种热液成矿元素均存在异常；热液运矿元素有 B、F；造岩微量元素有 Li、Be；酸性微量元素有 Th、U；基性微量元素有 V、Co、Ni；共计 22 种元素。这 22 种元素在研究区内的地球化学异常剖析图如图 3-57 所示。

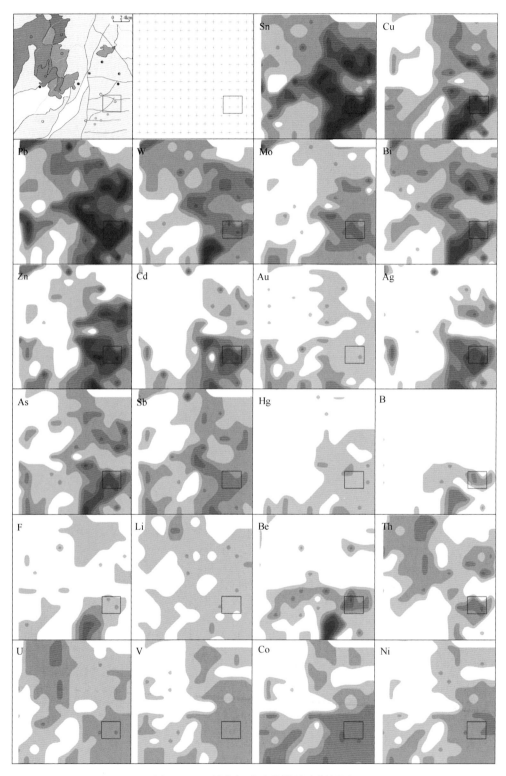

图 3-57　区域化探地球化学异常剖析图

（地质图为图 3-54 老厂锡多金属矿区域地质图）

上述 22 种元素可以作为老厂锡多金属矿床在区域化探工作阶段的找矿指示元素组合。在这 22 种元素中，Sn、Cu、Pb、Zn 具有 7 级异常，Cd、Ag 具有 6 级异常，W、Bi、As、Be 具有 5 级异常，Mo、Th、Co 具有 4 级异常，Sb、B、U、Ni 具有 3 级异常，Au、Hg、F、V 具有 2 级异常，Li 具有 1 级异常。由此看出，这种组合元素多且强度强的异常特征与老厂矿床主要经济矿种及矿体呈出露状态相一致。

3.13.3.2 岩石地球化学勘查

A 元素含量统计参数

本研究收集到矿区内岩石 138 件样品的 29 种微量元素含量数据（官容生，1991；谈树成，2004；王力，2004；贾润幸等，2004，2005；贾润幸，2005；欧阳恒，2007；曹华文等，2013），其中不同类型的矿石 37 件、蚀变岩 54 件、较新鲜岩石 47 件。计算岩石中元素平均值相对其在中国水系沉积物（CSS）中的富集系数，将其地球化学统计参数列于表 3-97 中。

表 3-97 矿区岩石样品元素含量[①]统计参数[②]

元素	Ag	As	Au	B	Ba	Be	Bi	Cd	Co	Cr	Cu	F	Hg	La	Li
样品数	103	123	11	76	111	45	121	98	121	72	131	14	14	102	100
最大值	135000	6112	142.6	16633	1997	1319	8322	159000	92.7	740	78548	6828	420	226	1052
最小值	4	3.3	0.64	8.1	2.84	0.041	0.048	4	0.75	0.22	4.7	383	10	0.26	4.4
中位值	818	28.7	1.02	3859	56.3	12	7.17	3155	7.42	32.4	122	2685	30.5	5.7	54
平均值	5886	298	15	4065	252	61	173	15378	18	140	2775	3029	81	24	157
标准差	15851	903	41	3725	446	200	805	28245	21	191	9225	2189	109	39	246
富集系数[③]	76.4	29.8	11.2	86.5	0.51	29.2	557	110	1.52	2.37	126	6.18	2.25	0.61	4.92
元素	Mo	Nb	Ni	Pb	Sb	Sn	Sr	Th	U	V	W	Y	Zn	Zr	
样品数	114	97	119	130	122	124	107	97	97	112	124	102	131	96	
最大值	622	99.4	466	80600	611	12780	29308	60	66.6	324	1892	317	30990	2080	
最小值	0.14	0.25	0.89	0.526	0.11	0.6	2.7	0.06	0.35	2.41	0.13	0.397	4.27	0.61	
中位值	1.86	12.2	19.1	31.7	1.9	95.6	238	2.36	2.21	27.6	25.8	16.35	193	48	
平均值	13	17	61	1232	21	512	836	8	7	79	157	24	1251	104	
标准差	60.9	18	91	7695	83	1634	2864	10	10	98	330	39	3784	222	
富集系数[③]	15.7	1.09	2.43	51.3	30.6	171	5.76	0.68	2.88	0.99	87.0	0.97	17.9	0.39	

①元素含量的单位见表 2-4；②数据引自官容生（1991）、谈树成（2004）、王力（2004）、贾润幸等（2004，2005）、贾润幸（2005）、欧阳恒（2007）、曹华文等（2013）；③富集系数=平均值/CSS，CSS（中国水系沉积物）数据详见表 2-4。

与中国水系沉积物相比，矿区岩石元素富集系数大于 100 的微量元素有 Bi、Sn、Cu、Cd，介于 10~100 之间的微量元素有 W、B、Ag、Pb、Sb、As、Be、Zn、Mo、Au，介于 3~10 之间的微量元素有 F、Sr、Li，介于 2~3 之间的微量元素有 U、Ni、Cr、Hg，介于 1.2~2 之间的微量元素有 Co。上述微量元素富集系数大于 1.2 的共计 22 种，其中热液成矿元素有 W、Sn、Mo、Bi、Cu、Pb、Zn、Cd、Au、Ag、As、Sb、Hg，即 13 种热液成矿元素均明显富集；热液运矿元素有 B、F；造岩微量元素有 Li、Be、Sr；酸性微量元素有

U；基性微量元素有 Cr、Co、Ni。

在研究区内存在超大型锡多金属矿床并伴生铜、铅、钨，上述 Sn、Cu、Pb、W 的富集系数分别高达 171、126、51.3 和 87.0。

B　地球化学异常剖面图

由于收集资料的局限性，本研究未能制作出矿区地球化学异常剖面图。在矿区范围内所收集岩石的元素含量可采用平均值来表征，该平均值的大小取决于所收集岩石中矿石和蚀变岩相对较新鲜岩石的多少。

依据上述矿区岩石中元素含量的平均值，采用全国定值七级异常划分方案评定 29 种微量元素的异常分级，结果见表 3-98。

表 3-98　老厂矿区岩矿石中元素异常分级

元素	Ag	As	Au	B	Ba	Be	Bi	Cd	Co	Cr	Cu	F	Hg	La	Li	Mo	Nb	Ni	Pb	Sb	Sn	Sr	Th	U	V	W	Y	Zn	Zr
异常分级	4	3	2	5	0	5	5	5	1	0	7	2	0	0	2	3	0	1	5	2	6	2	0	1	0	5	0	4	0

注：0 代表在老厂矿区基本不存在异常，不作为找矿指示元素。

从表 3-98 可以看出，在老厂矿区存在异常的微量元素有 W、Sn、Mo、Bi、Cu、Pb、Zn、Cd、Au、Ag、As、Sb、B、F、Li、Be、Sr、U、Co、Ni 共计 20 种，这 20 种元素可作为老厂锡多金属矿床在岩石地球化学勘查工作阶段的找矿指示元素组合。在这 20 种元素中，Cu 具有 7 级异常，Sn 具有 6 级异常，W、Bi、Pb、Cd、B、Be 具有 5 级异常，Zn、Ag 具有 4 级异常，Mo、As 具有 3 级异常，Au、Sb、F、Li、Sr 具有 2 级异常，U、Co、Ni 具有 1 级异常。由此看出，这种组合元素多且强度强的异常特征与老厂主要经济矿种相一致。

3.13.3.3　勘查地化特征简表

综合上述勘查地球化学特征，老厂锡多金属矿床的勘查地球化学特征可归纳列入表 3-99 中。

表 3-99　老厂锡多金属矿床勘查地球化学特征简表

矿床编号	项目名称	Ag	As	Au	B	Ba	Be	Bi	Cd	Co	Cr	Cu	F	Hg	La	Li
532303	区域富集系数	16.2	33.0	4.98	1.76	1.07	3.46	71.2	19.2	2.44	2.16	12.7	2.97	5.71	1.89	2.28
532303	区域异常分级	6	5	2	3	0	5	5	6	4	0	7	2	2	0	1
532303	岩石富集系数	76.4	29.8	11.2	86.5	0.51	29.2	557	110	1.52	2.37	126	6.18	2.25	0.61	4.92
532303	岩石异常分级	4	3	2	5	0	5	5	5	1	0	7	2	0	0	2

矿床编号	项目名称	Mo	Nb	Ni	Pb	Sb	Sn	Sr	Th	U	V	W	Y	Zn	Zr
532303	区域富集系数	8.76	2.26	3.08	53.1	35.5	121	1.30	3.57	4.30	2.47	20.4	1.44	11.3	1.54
532303	区域异常分级	4	0	4	5	3	6	1	0	4	3	2	0	4	0
532303	岩石富集系数	15.7	1.09	2.43	51.3	30.6	171	5.76	0.68	2.88	0.99	87.0	0.97	17.9	0.39
532303	岩石异常分级	3	0	1	5	2	6	2	0	1	0	5	0	4	0

注：该表可与矿床基本信息表采用矿床编号建立关系。

3.13.4　地质地球化学找矿模型

云南个旧老厂锡多金属矿床为一超大型矿床，位于云南省红河州个旧市老厂镇境内，矿体呈出露状态。赋矿地层为三叠系个旧组碳酸盐岩。成矿与老厂隐伏花岗岩体关系密切，岩体岩性以二长花岗岩为主，成岩年龄约 83Ma。锡矿体受断裂控制明显，矿石类型有矽卡岩型、脉型和氧化型，以矽卡岩型为主，矿体形态呈层状、似层状、脉状，成矿年龄约 83Ma。围岩蚀变以矽卡岩化、硅化、绢云母化、黏土化为主。矿床类型属于矽卡岩型。

云南个旧老厂锡多金属矿床区域化探找矿指示元素组合为 W、Sn、Mo、Bi、Cu、Pb、Zn、Cd、Au、Ag、As、Sb、Hg、B、F、Li、Be、Th、U、V、Co、Ni 共计 22 种，其中 Sn、Cu、Pb、Zn 具有 7 级异常，Cd、Ag 具有 6 级异常，W、Bi、As、Be 具有 5 级异常，Mo、Th、Co 具有 4 级异常，Sb、B、U、Ni 具有 3 级异常，Au、Hg、F、V 具有 2 级异常，Li 具有 1 级异常。矿区岩石化探找矿指示元素组合为 W、Sn、Mo、Bi、Cu、Pb、Zn、Cd、Au、Ag、As、Sb、B、F、Li、Be、Sr、U、Co、Ni 共计 20 种，其中 Cu 具有 7 级异常，Sn 具有 6 级异常，W、Bi、Pb、Cd、B、Be 具有 5 级异常，Zn、Ag 具有 4 级异常，Mo、As 具有 3 级异常，Au、Sb、F、Li、Sr 具有 2 级异常，U、Co、Ni 具有 1 级异常。

3.14 云南梁河来利山锡矿床

3.14.1 矿床基本信息

表 3-100 为云南梁河来利山锡矿床基本信息表。

表 3-100 云南梁河来利山锡矿床基本信息表①

序号	项目名称	项目描述	序号	项目名称	项目描述
0	矿床编号	532304	4	矿床规模	大型
1	经济矿种	锡	5	主矿种资源量	6.29②
2	矿床名称	云南梁河来利山锡矿床	6	伴生矿种资源量	无
3	行政隶属地	云南省梁河县河西乡	7	矿体出露状态	出露

①同表 2-1 标注；②经济矿种资源量数据引自《中国矿床发现史·云南卷》编委会（1996）。

3.14.2 矿床地质特征

3.14.2.1 区域地质特征

云南梁河来利山锡矿床位于云南省梁河县河西乡境内，距梁河县城约 13km（丁秀芳，2009）。在成矿带划分上来利山矿床位于冈底斯-腾冲（造山系）成矿省班戈-腾冲（岩浆弧）成矿带（徐志刚等，2008）。

区域内出露的地层有新元古界、泥盆系、石炭系、第三系和第四系，如图 3-58 所示。区域地层大多呈北东向展布，石炭系砂岩、板岩为本区主要赋矿建造（马楠，2014）。

区域内岩浆岩发育。侵入岩主要发育来利山复式花岗岩体（包括来利山花岗岩体、腊排花岗斑岩体、勐宋花岗岩体）、新岐花岗斑岩体、节级河花岗岩体和龙塘花岗岩体（陈吉琛等，1991；邹光富等，2011），脉岩主要发育有酸性岩脉、石英脉、伟晶岩脉、基性岩脉、煌斑岩脉等。

来利山花岗岩体 LA-ICP-MS 锆石 U-Pb 年龄为（51.4±0.4）Ma（高永娟等，2014），新岐花岗斑岩体全岩 Rb-Sr 等时线年龄为 52.5Ma，节级河花岗岩体全岩 Rb-Sr 等时线年龄为 83.45Ma（陈吉琛等，1991），龙塘花岗岩体 LA-ICP-MS 锆石 U-Pb 年龄为（213.1±1.7）Ma（丛峰等，2010）。

区域内断裂构造发育，以北东向和近南北向为主，北西向次之。北东向断裂以勐洪-茂福断裂和中寨断裂为代表，两者在区域上属于大盈江断裂带北东段的一部分（常祖峰等，2011）；近南北向断裂以新岐-芒法断裂、芒章断裂为代表；北东向断裂为本区主要控岩控矿断裂（徐恒，2007）。

区域内矿产资源以锡矿为主，具有代表性的矿床为来利山大型锡矿床、老平山中型锡矿床和高楼子中型矿床（《中国矿床发现史·云南卷》编委会，1996）。

3.14.2.2 矿区地质特征

云南梁河来利山锡矿矿区内地层仅出露石炭系，可以划分为三个组：中石炭统丝光坪组、上石炭统大木场组和上石炭统岩子坡组，如图 3-59 所示。石炭系地层整体呈北东向展布，中石炭统丝光坪组砂岩、板岩为来利山锡矿床的主要赋矿建造（丁秀芳，2009）。

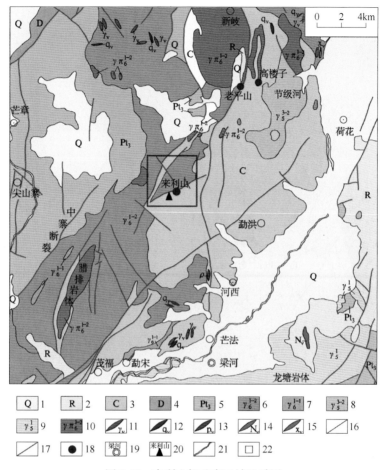

图 3-58　来利山锡矿床区域地质图

（据中国地质调查局 1：200000 地质图修编，下文 1：200000 地球化学剖析图采用此范围）

1—第四系河流沉积物；2—第三系砂岩、黏土岩；3—石炭系杂砂岩、板岩；4—泥盆系灰岩、板岩；
5—新元古界变粒岩、石英岩、片岩、板岩；6—喜山期似斑状黑云母二长花岗岩、黑云母二长花岗岩、
角闪黑云母二长花岗岩；7—喜山期浅色花岗岩、白云母花岗岩、黑云母花岗岩；8—燕山期似斑状
黑云母二长花岗岩；9—燕山期二云母花岗岩、黑云母花岗岩；10—喜山期花岗斑岩；11—酸性岩脉；
12—石英脉；13—伟晶岩脉；14—基性岩脉；15—煌斑岩；16—岩性界线；17—断层；
18—锡矿体；19—地名；20—山峰；21—河流；22—来利山矿区范围

　　矿区内岩浆岩主要为来利山复式花岗岩体，此外还发育有辉绿玢岩脉。来利山花岗岩
体主要由矿区西北部的花岗斑岩、西南部的花岗伟晶岩、中部的似斑状黑云母花岗岩及东
部的等粒花岗岩组成。东部的等粒花岗岩岩性主要为含锡二长花岗岩和含锡正长花岗
岩（曹华文，2015）。淘金处正长花岗岩 LA-ICP-MS 锆石 U-Pb 年龄为（52.53±0.29）Ma（金
灿海等，2013）和（52.7±0.3）Ma（Chen 等，2015）；老熊窝和淘金处花岗岩 LA-ICP-MS
锆石 U-Pb 年龄分别为（50.0±1.6）Ma 和（45.77±0.89）Ma（马楠，2014）；三个硐二长
花岗岩 LA-ICP-MS 锆石 U-Pb 年龄为（53.0±0.4）Ma（Chen 等，2015）。此处暂取 53Ma
来代表与成矿关系密切的花岗岩体的成岩年龄。

　　区域内构造以北东向断裂为主导，北西向和近南北向断裂次之。北东向断裂为主要控
岩、控矿断裂（陈晓翠，2011）。

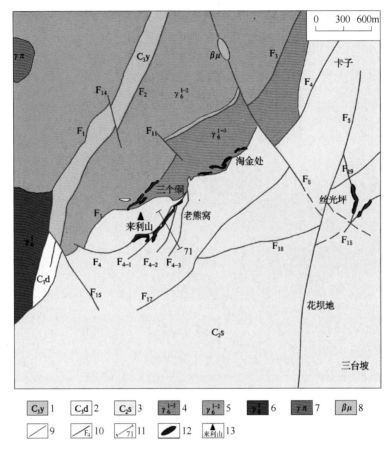

图 3-59 来利山锡矿矿区地质图

（据李景略（1984）、丁秀芳（2009）修编）

1—上石炭统岩子坡组灰岩、板岩；2—上石炭统大木场组砂岩夹板岩；3—中石炭统丝光坪组砂岩、板岩；
4—等粒花岗岩；5—似斑状黑云母花岗岩；6—花岗伟晶岩；7—花岗斑岩；8—辉绿玢岩；9—岩性界线；
10—断层及编号；11—勘探线及编号；12—锡矿体；13—山峰

3.14.2.3 矿体地质特征

来利山锡矿床由老熊窝、淘金处、三个硐、丝光坪等四个矿段构成，如图 3-59 所示。

A 矿体特征

老熊窝矿段矿体主要分布在北东向 F_4 陡倾断裂带内，矿体严格受断裂控制，平面上呈弧形分布，走向北东，倾向北西，倾角 60°~85°，长 900m，宽 10~140m。矿体呈脉状、透镜状产出，锡品位 0.13%~2.47%（施琳等，1989；徐恒，2007；丁秀芳等，2008），属地表出露矿，如图 3-60 所示。老熊窝矿段脉状矿石和云英岩型矿石中 LA-MC-ICP-MS 锡石 U-Pb 年龄分别为 (56.4±4.7)Ma 和 (49.7±6.0)Ma（马楠，2014），此处暂取 53Ma 来代表老熊窝矿段的成矿年龄。

淘金处矿段矿体产于花岗岩与中石炭统丝光坪组砂板岩接触带上，矿体受花岗岩接触带与北东向断裂的复合控制。含锡云英岩矿体呈不规则状、网脉状、透镜状产出。矿化带呈北东向延伸，长 800m，锡品位 0.21%~3.14%（施琳等，1989）。

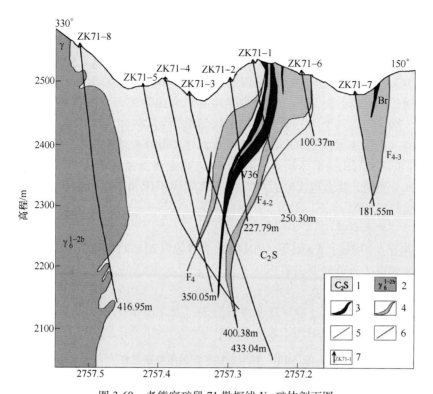

图 3-60　老熊窝矿段 71 勘探线 V_{36} 矿体剖面图

（据李景略（1984）、曹华文（2015）修编）

1—中石炭统丝光坪组砂岩、板岩；2—等粒花岗岩；3—锡矿脉；
4—碎裂岩-角砾岩化带；5—岩性界线；6—断层；7—钻孔及编号

三个硐矿段矿体沿等粒花岗岩与似斑状花岗岩接触带的 F_3 断裂分布，共圈定矿体 4 个，长 40~160m、宽 10m 左右，平均含锡 0.85%~1.58%（金灿海等，2013）。

丝光坪矿段矿体赋存于中石炭统丝光坪组砂板岩中的近南北向和北东向断裂中，呈似层状、脉状产出，宽 20~50m（李宗玉，1991）。

B　矿石特征

来利山锡矿床的矿石类型主要为云英岩型（施琳等，1989）。金属矿物主要有锡石、木锡石、黄铁矿和磁黄铁矿，次之有磁铁矿、赤铁矿、方铅矿、闪锌矿和黄铜矿等。非金属矿物主要以石英和云母为主，次之为萤石、黄玉等（徐恒等，2010；李宗玉，1991）。

矿石结构有半自形-自形粒状结构、鳞片粒状变晶结构、压碎结构等。矿石构造有侵染状构造、放射状构造、脉状构造、条带状构造、块状构造和角砾岩构造等（施琳等 1989；王洪等，2010）。

C　围岩蚀变

围岩蚀变类型有云英岩化、黄铁矿化、褐铁矿化、硅化、绢云母化、蛋白石化、萤石化和绿泥石化等（李景略，1984；徐恒等，2010；王洪等，2010）。硅化、云英岩化发育广泛，是整个来利山锡矿床中最主要的蚀变类型（徐恒等，2010；林进展，2013）。

3.14.2.4 勘查开发概况

云南来利山锡矿床最初发现于 20 世纪 50 年代末，以开采丝光坪矿段铁帽形铁矿为主，于 1978 年云南省第一区调队进行 1∶200000 腾冲幅地质测量工作时，发现该区发育云英岩。1979~1988 年，云南地矿局第四地质大队对来利山地区开展普查及详查工作，发现了来利山锡矿床，随后提交了《云南省梁河县来利山锡矿区详细普查地质报告》，初步探明老熊窝、淘金处、三个硐三个矿段锡金属储量为 4.2841t。1990 年云南地矿局第四地质大队提交的《云南省梁河县来利山锡矿区丝光坪矿段详查地质报告》中新增锡金属储量 20092t。至此梁河来利山锡矿床勘查历时 11 年，共探获锡金属储量 6.29 万吨，伴生硫铁矿矿石量 688.6 万吨，折合硫 130 万吨，为一大型锡矿床和中型硫铁矿床（《中国矿床发现史·云南卷》，1996）。

3.14.2.5 矿床类型

根据施琳等（1989）、Wang 等（2014）、桑浩等（2015）的研究成果，认为云南梁河来利山锡矿床应属于云英岩型锡矿床。

3.14.2.6 地质特征简表

综合上述矿床地质特征，除矿床基本信息表（见表 3-100）中所表达的信息以外，来利山锡矿床的地质特征可归纳列入表 3-101 中。

表 3-101　来利山锡矿床地质特征简表

序号	项目名称	项目描述	序号	项目名称	项目描述
10	赋矿地层时代	石炭系	16	矿石类型	云英岩型
11	赋矿地层岩性	砂岩、板岩	17	成矿年龄/Ma	53
12	相关岩体岩性	花岗岩	18	矿石矿物	锡石、木锡石、黄铁矿和磁黄铁矿等
13	相关岩体年龄/Ma	53	19	围岩蚀变	云英岩化、黄铁矿化、褐铁矿化、硅化、萤石化等
14	是否断裂控矿	是			
15	矿体形态	不规则状、网脉状、透镜状	20	矿床类型	云英岩型

注：序号从 10 开始是为了和数据库保持一致，该表可与矿床基本信息表合并。

3.14.3 地球化学特征

3.14.3.1 区域化探

A 元素含量统计参数

本研究收集到研究区内 1∶200000 水系沉积物 225 件样品的 39 种元素含量数据。计算水系沉积物中元素平均值相对其在中国水系沉积物（CSS）中的富集系数，将其地球化学统计参数列于表 3-102 中。

与中国水系沉积物相比，研究区内微量元素富集系数介于 10~100 之间的有 Sn、Bi、介于 3~10 的有 W、U，介于 2~3 之间的有 Th、Be，介于 1.2~2 之间的有 Pb、Ag、Nb、Zr、F、Y、La。富集系数大于 1.2 的微量元素共计 13 种，其中热液成矿元素有 W、Sn、Bi、Pb、Ag；热液运矿元素有 F；造岩微量元素有 Be；酸性微量元素有 Zr、Nb、Th、U、La、Y。

在研究区内已发现大型锡矿床，上述 Sn 的富集系数为 35.7。

表 3-102　研究区 1∶200000 区域化探元素含量[①]统计参数

元素	Ag	As	Au	B	Ba	Be	Bi	Cd	Co	Cr	Cu	F	Hg
最大值	2200	208	18.1	160	1498	24	169	360	27.2	158	376	16618	99
最小值	30	0.5	0.1	3.4	126	1.1	0.2	40	2.7	1.5	0.7	208	10
中位值	71	3.1	0.6	14.8	402	3.8	0.9	90	9.3	35	13	492	26
平均值	122	7.3	0.95	18.3	419	4.4	5.5	103	10.3	43	26	703	31
标准差	257	17.6	1.75	14.8	150	2.8	20.2	50	4.8	26	46	1242	19
富集系数[②]	1.59	0.73	0.72	0.39	0.85	2.08	17.7	0.74	0.85	0.73	1.17	1.43	0.87
元素	La	Li	Mo	Nb	Ni	Pb	Sb	Sn	Sr	Th	U	V	W
最大值	66.7	55.2	2.7	75.1	76.3	209	7.2	2400	314	86.3	41.2	168	154
最小值	19.8	5.8	0.1	9.9	1.2	17	0.1	2.2	17	8.9	1.4	15	1.0
中位值	55.1	25.4	0.5	21.7	14.4	44	0.2	10	58	23.3	7.2	68	3.6
平均值	50.7	26.5	0.64	25.3	18.0	48	0.28	107	64	26.3	8.2	72	7.4
标准差	14.8	8.36	0.41	11.1	11.7	21	0.52	362	33	12.2	5.6	30	13.5
富集系数[②]	1.30	0.83	0.76	1.58	0.72	1.98	0.41	35.7	0.44	2.21	3.35	0.90	4.11
元素	Y	Zn	Zr	SiO₂	Al₂O₃	Fe₂O₃	K₂O	Na₂O	CaO	MgO	Ti	P	Mn
最大值	69	151	1334	84.00	26.20	15.50	7.00	3.40	9.20	3.40	10451	4588	1969
最小值	11	21	133	40.70	6.20	2.00	0.60	0.10	0.10	0.10	2389	202	266
中位值	32	61	344	68.00	15.20	3.80	3.70	0.70	0.50	0.80	3938	704	669
平均值	33	65	393	67.35	15.57	4.29	3.58	0.87	0.66	0.96	4175	818	702
标准差	10	21	182	6.79	3.25	2.06	1.15	0.70	0.72	0.54	1249	564	308
富集系数[②]	1.31	0.93	1.45	1.03	1.21	0.95	1.52	0.66	0.37	0.70	1.02	1.41	1.05

①元素含量的单位见表 2-4；②富集系数=平均值/CSS，CSS（中国水系沉积物）数据详见表 2-4。

B　地球化学异常剖析图

依据研究区内 1∶200000 化探数据，采用全国变值七级异常划分方案制作 29 种微量元素的单元素地球化学异常图，其异常分级结果见表 3-103。

表 3-103　来利山矿区 1∶200000 区域化探元素异常分级

元素	Ag	As	Au	B	Ba	Be	Bi	Cd	Co	Cr	Cu	F	Hg	La	Li
异常分级	3	1	0	0	0	2	5	0	0	2	2	0	0	0	0
元素	Mo	Nb	Ni	Pb	Sb	Sn	Sr	Th	U	V	W	Y	Zn	Zr	
异常分级	0	0	0	2	0	7	0	1	0	0	3	0	0	0	

注：0 代表在来利山矿区基本不存在异常，不作为找矿指示元素。

从表 3-103 可以看出，在来利山矿区存在异常的热液成矿元素有 W、Sn、Bi、Cu、Pb、Ag、As 计 7 种；热液运矿元素 F；造岩微量元素 Be；酸性微量元素 Th，共计 10 种。这 10 种微量元素在研究区内的地球化学异常剖析图如图 3-61 所示。

上述 10 种元素可以作为来利山锡矿床在区域化探工作阶段的找矿指示元素组合。在

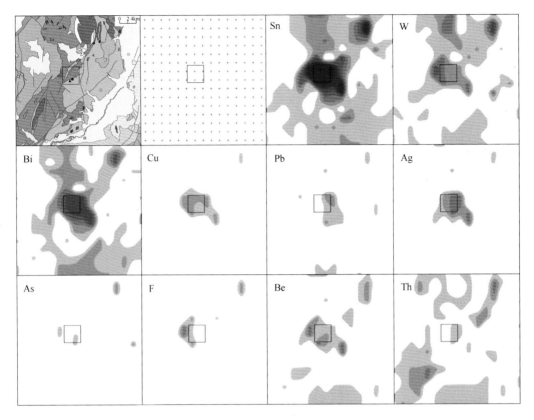

图 3-61　区域化探地球化学异常剖析图

（地质图为图 3-58 来利山锡矿区域地质图）

这 10 种元素中，Sn 具有 7 级异常，Bi 具有 5 级异常，W、Ag 具有 3 级异常，Cu、Pb、F、Be 具有 2 级异常，As、Th 具有 1 级异常。

3.14.3.2　岩石地球化学勘查

A　元素含量统计参数

本研究收集到矿区内岩石 63 件样品的 26 种微量元素含量数据（毛景文等，1987；施琳等，1989；高子英，1992；董方浏等，2006；林进展，2013；马楠，2014；Chen 等，2015；曹华文，2015），其中不同类型的矿石 24 件、蚀变岩 4 件、较新鲜岩石 35 件。计算岩石中元素平均值相对其在中国水系沉积物（CSS）中的富集系数，将其地球化学统计参数列于表 3-104 中。

与中国水系沉积物相比，矿区岩石微量元素富集系数大于 100 的有 W，介于 10~100 之间的有 Bi、Sn、Co、Mo，介于 3~10 之间的有 U、Pb、Th、F、Nb、Sb、Y，介于 2~3 之间的有 Be、Li、Zr、Cd、Cu，介于 1.2~2 之间的有 La。上述富集系数大于 1.2 的微量元素共计 18 种，其中热液成矿元素有 W、Sn、Mo、Bi、Cu、Pb、Cd、Sb 计 8 种；热液运矿元素有 F；造岩微量元素有 Li、Be；酸性微量元素有 Zr、Nb、Th、U、La、Y 计 6 种；基性微量元素有 Co。

在研究区内已发现有大型锡矿床，上述 Sn 的富集系数为 29.6。

表 3-104 矿区岩石样品元素含量[①]统计参数[②]

元素	As	B	Ba	Be	Bi	Cd	Co	Cr	Cu	F	La	Li	Mo
样品数	6	1	50	13	13	7	24	24	13	1	53	16	13
最大值	40.3	3	900	15	114	450	357	66	293	1865	117	127	21.2
最小值	0.8	3	4.1	3.8	0.3	290	2.7	5.6	4	1865	3.3	21	0.80
中位值	5.15	3	163.45	5.5	2.3	370	233	27	15	1865	48	86	20.4
平均值	9.87	3	307	6.0	13.6	361	246	27	51	1865	54	85	11.7
标准差	15.17		316	2.8	31.3	58	71	11	84		36	36	10.2
富集系数[③]	0.99	0.06	0.63	2.87	43.8	2.58	20.3	0.45	2.33	3.81	1.39	2.67	14.0
元素	Nb	Ni	Pb	Sb	Sn	Sr	Th	U	V	W	Y	Zn	Zr
样品数	56	24	33	12	17	51	48	47	23	13	48	13	56
最大值	820	36.3	367	3.62	1000	420	79.2	34.4	46	1700	149	216	1696
最小值	12	2.10	24	0.10	7	2.7	16.6	4.30	0.7	2.3	32.9	20	66
中位值	40	27.3	57	3.36	16	70	46.0	15.0	40	1152	56.6	63	191
平均值	59	26.9	115	2.13	89	153	46.8	15.5	29	720	75.9	72	711
标准差	106	6.0	123	1.62	237	160	13.0	7.40	18	686	37.6	49	694
富集系数[③]	3.67	1.08	4.80	3.08	29.6	1.05	3.93	6.31	0.36	400	3.04	1.03	2.63

①元素含量的单位见表 2-4；②数据引自毛景文等（1987）、施琳等（1989）、高子英（1992）、董方浏等（2006）、林进展（2013）、马楠（2014）、Chen 等（2015）、曹华文（2015）；③富集系数＝平均值/CSS，CSS（中国水系沉积物）数据详见表 2-4。

B 地球化学异常剖面图

由于收集资料的局限性，本研究未能制作出矿区地球化学异常剖面图。在矿区范围内所收集岩石包含有矿石、蚀变岩和较新鲜岩石，元素含量可采用平均值来表征，该平均值的大小取决于所收集岩石中矿石和蚀变岩相对较新鲜岩石的多少。

依据上述矿区岩石中元素含量的平均值，采用全国定值七级异常划分方案评定 26 种微量元素的异常分级，结果见表 3-105。

表 3-105 来利山矿区岩矿石中元素异常分级

元素	As	B	Ba	Be	Bi	Cd	Co	Cr	Cu	F	La	Li	Mo	Nb	Ni	Pb	Sb	Sn	Sr	Th	U	V	W	Y	Zn	Zr
异常分级	0	0	0	1	3	1	7	0	1	1	0	1	3	2	0	2	0	4	0	2	2	0	7	2	0	1

注：0 代表在来利山矿区基本不存在异常，不作为找矿指示元素。

从表 3-105 可以看出，在来利山矿区存在异常的微量元素有 W、Sn、Mo、Bi、Cu、Pb、Cd、F、Li、Be、Zr、Nb、Th、U、Y、Co 共计 16 种，这 16 种元素可作为来利山锡矿矿床在岩石地球化学勘查工作阶段的找矿指示元素组合。在这 16 种元素中，W、Co 具有 7 级异常，Sn 具有 4 级异常，Mo、Bi 具有 3 级异常，Pb、Nb、Th、U、Y 具有 2 级异常，Cu、Cd、F、Li、Be、Zr 具有 1 级异常。

3.14.3.3 勘查地化特征简表

综合上述勘查地球化学特征，云南梁河来利山锡矿床的勘查地球化学特征可归纳列入表 3-106 中。

表 3-106　云南梁河来利山锡矿床勘查地球化学特征简表

矿床编号	项目名称	Ag	As	Au	B	Ba	Be	Bi	Cd	Co	Cr	Cu	F	Hg	La	Li
532304	区域富集系数	1.59	0.73	0.72	0.39	0.85	2.08	17.7	0.74	0.85	0.73	1.17	1.43	0.87	1.30	0.83
532304	区域异常分级	3	1	0	0	0	2	5	0	0	0	2	2	0	0	0
532304	岩石富集系数		0.99		0.06	0.63	2.87	43.8	2.58	20.3	0.45	2.33	3.81		1.39	2.67
532304	岩石异常分级		0		0	0	1	3	1	7	0	1	1		0	1
矿床编号	项目名称	Mo	Nb	Ni	Pb	Sb	Sn	Sr	Th	U	V	W	Y	Zn	Zr	
532304	区域富集系数	0.76	1.58	0.72	1.98	0.41	35.7	0.44	2.21	3.35	0.90	4.11	1.31	0.93	1.45	
532304	区域异常分级	0	0	0	2	0	7	0	1	0	0	3	0	0	0	
532304	岩石富集系数	14.0	3.67	1.08	4.80	3.08	29.6	1.05	3.93	6.31	0.36	400	3.04	1.03	2.63	
532304	岩石异常组合	3	2	0	2	0	4	0	2	2	0	7	2	0	1	

注：该表可与矿床基本信息、地质特征简表依据矿床编号建立对应关系。

3.14.4　地质地球化学找矿模型

云南梁河来利山锡矿床为一大型矿床，位于云南省梁河县河西乡境内，矿体呈出露状态。赋矿地层为石炭系砂岩、板岩。成矿与来利山复式花岗岩体关系密切，岩体岩性以正长花岗岩为主，成岩年龄为 53Ma。锡矿体受断裂控制明显，矿石类型为云英岩型，矿体形态呈不规则状、网脉状、透镜状等，成矿年龄约 53Ma。围岩蚀变主要为云英岩化、黄铁矿化、褐铁矿化、硅化、萤石化等。矿床类型属于云英岩型。

云南梁河来利山锡矿床区域化探指示元素组合为 W、Sn、Bi、Cu、Pb、Ag、As、F、Be、Th 共计 10 种元素，其中 Sn 具有 7 级异常，Bi 具有 5 级异常，W、Ag 具有 3 级异常，Cu、Pb、F、Be 具有 2 级异常，As、Th 具有 1 级异常。矿区岩石化探找矿指示元素组合为 W、Sn、Mo、Bi、Cu、Pb、Cd、F、Li、Be、Zr、Nb、Th、U、Y、Co 共计 16 种，其中 W、Co 具有 7 级异常，Sn 具有 4 级异常，Mo、Bi 具有 3 级异常，Pb、Nb、Th、U、Y 具有 2 级异常，Cu、Cd、F、Li、Be、Zr 具有 1 级异常。

3.15 云南腾冲小龙河锡矿床

3.15.1 矿床基本信息

表 3-107 为云南腾冲小龙河锡矿床基本信息表。

表 3-107 云南腾冲小龙河锡矿床基本信息表[①]

序号	项目名称	项目描述	序号	项目名称	项目描述
0	矿床编号	532305	4	矿床规模	大型
1	经济矿种	锡	5	主矿种资源量	6.56[②]
2	矿床名称	云南腾冲小龙河锡矿床	6	伴生矿种资源量	无
3	行政隶属地	云南省腾冲市瑞滇乡	7	矿体出露状态	出露

①同表 2-1 标注；②经济矿种资源量数据引自（刘光亮等，2005）。

3.15.2 矿床地质特征

3.15.2.1 区域地质特征

云南腾冲小龙河锡矿床位于云南省腾冲市瑞滇乡境内，距腾冲县城约 40km（张伟等，2014）。在成矿带划分上小龙河锡矿床位于冈底斯-腾冲成矿省班戈-腾冲成矿带（徐志刚等，2008）。

区域内出露地层有新元古界、石炭系、二叠系、三叠系、第三系和第四系，如图 3-62 所示。区域内地层大多呈北北西至近南北向分布，石炭系砂岩、砂板岩为区域内主要赋矿建造（夏志亮，2003）。

区域内岩浆岩十分发育，以侵入岩岩基为主，出露面积约占全区的 60%；其次为规模较小的岩脉，如图 3-62 所示。区域内代表性岩基有位于中部的小龙河岩体（陈吉琛等，1991），位于西部的猴桥岩体和东南部的洪龙洞岩体。区内岩脉主要有酸性岩脉、石英脉、花岗斑岩脉和辉绿玢岩脉等。

小龙河岩体岩性主要为中细粒黑云母花岗岩（γ_5^{3-2b}）和中粗粒黑云母花岗岩（γ_5^{3-2a}）。Chen 等（2015）采用 LA-ICP-MS 锆石 U-Pb 对区内中细粒黑云二长花岗岩进行测年，获得其成岩年龄为（73.3±0.5）Ma。猴桥岩体岩性也主要为中细粒黑云二长花岗岩（γ_5^{3-2b}）和中粗粒黑云二长花岗岩（γ_5^{3-2a}）。Xu 等（2012）采用 SHRIMP 锆石 U-Pb 测年，获得猴桥岩体中粗粒黑云母二长花岗岩的成岩年龄为（74.9±1.8）Ma。

区域构造以断裂为主。区域内断裂以近南北向为主，东西向次之。近南北向以棋盘石断裂为代表，是本区主要的控岩断裂（夏志亮，2003）；东西向断裂以胆扎断裂为代表。

区域内矿产资源丰富，以锡矿为主。代表性锡矿床有小龙河大型锡矿床（刘光亮等，2005）、红头岩中型锡铁铅锌多金属矿床（中国矿床发现史·云南卷编委会，1996）、炉赶河锡多金属矿床和大龙河锡矿点。此外目前还发现有滇滩中型铁矿床、冻冰河铁矿点和古永金矿点。

3.15.2.2 矿区地质特征

云南腾冲小龙河锡矿床主要由小龙河、弯旦山、大松坡和黄家山四个矿段组成（施琳

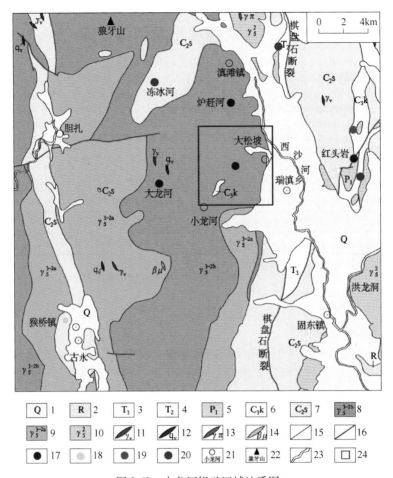

图 3-62 小龙河锡矿区域地质图

（据中国地质调查局 1∶200000 地质图修编，下文 1∶200000 地球化学剖析图采用此范围）

1—第四系河流相冲积物；2—第三系砂岩、砾岩；3—上三叠统砾岩、砂岩；4—中三叠统灰岩、白云岩；
5—上二叠统灰岩；6—上石炭统空树河组下段砂砾岩、砂岩、砂页岩；7—中石炭统丝光坪组杂砂岩、砂岩；
8—上白垩统中细粒黑云二长花岗岩；9—上白垩统中粗粒黑云二长岗岩；10—侏罗系中细粒黑云二长花岗岩、
黑云钾长花岗岩；11—酸性岩脉；12—石英脉；13—花岗斑岩脉；14—辉绿岩脉；15—岩性界线；16—断层；
17—锡矿床；18—金矿床；19—铅锌矿床；20—铁矿床；21—地名；22—山峰；23—河流；24—小龙河矿区范围

等，1989），小龙河锡矿矿区内出露地层有上石炭统空树河组和第四系，如图 3-63 所示。上石炭统空树河组地层零星分布，成残盖状覆于花岗岩体之上。上石炭统空树河组砂页岩、砂岩、板岩为小龙河锡矿床的主要赋矿地层（夏志亮，2003）。第四系沉积物覆盖于矿区东部。

　　矿区侵入岩十分发育，主要为小龙河花岗岩体。小龙河岩体在矿区内按岩石结构可进一步划分为细粒黑云母花岗岩（γ_5^{3-2c}）、中细粒黑云母花岗岩（γ_5^{3-2b}）和中粗粒含斑黑云母花岗岩（γ_5^{3-2a}）。矿区内大面积出露中细粒黑云母花岗岩，为小龙河锡矿床的主要赋矿建造。

　　马楠（2014）采用 LA-ICP-MS 锆石 U-Pb 对小龙河矿段细粒二长花岗岩测年获得等时线年龄为（70.3±3.2）Ma，对大松坡矿段细粒黑云母花岗岩测年获得等时线年龄为（71.5±2.1）Ma，两者均较小龙河中细粒黑云二长花岗岩的成岩年龄（73.3±0.5）Ma（Chen 等，

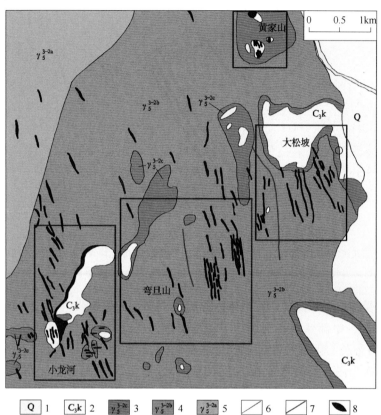

图 3-63　小龙河锡矿矿区地质图

（据施琳等（1989）、马楠等（2013）和 Chen 等（2015）修编）

1—第四系河流冲积物；2—上石炭统空树河组砂页岩、砂岩、板岩；3—上白垩统细粒花岗岩；
4—上白垩统中细粒黑云二长花岗岩；5—上白垩统中粗粒含斑黑云母花岗岩；6—岩性界线；
7—断层；8—锡矿体；9—地名；10—河流；11—小龙河矿段范围

2015）略晚。此处暂取 73Ma 来代表与成矿关系密切的花岗岩体的成岩年龄。

矿区位于棋盘石主断裂西侧（见图 3-62），区内构造简单（见图 3-63），主要发育有大松坡北北西-近南北向断裂和弯旦山近南北向断裂；北北西-近南北向断裂对锡矿体控制作用明显（施琳等，1989；Chen 等，2015）。

3.15.2.3　矿体地质特征

A　矿体特征

小龙河矿区以锡石云英岩型矿体为主，矽卡岩型矿体次之（Wang 等，2014）。矿体的产出形态有面状（即似层状、透镜状）和脉状两种。

面状矿体受花岗岩体与围岩残留体的接触面控制，主要为锡石-绿柱石云英岩型矿体，产在岩体顶界面凹凸部分，常形成厚大的富矿，呈似层状、透镜状。矿体向下递变为云英岩化花岗岩，两者无明显界线，如图 3-64 所示。矿体长、宽均 180～590m，厚 0.9～18.6m，锡品位 0.21%～4.91%（施琳等，1989）。

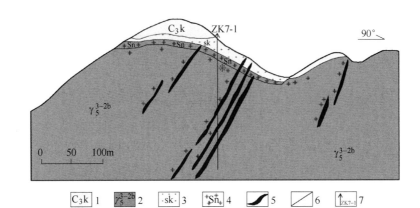

图 3-64　小龙河矿区 7 号勘探线剖面图

（据施琳等（1989）、马楠等（2013）和曹华文（2015）修编）

1—上石炭统空树河组砂页岩、砂岩、板岩；2—中细粒黑云母花岗岩；3—矽卡岩型锡矿体；
4—云英岩型锡矿体；5—锡矿脉；6—岩性界线；7—勘探线及编号

脉状矿体受构造裂隙控制，在岩体内形成三个平行密集脉带（见图 3-63），分别由西南部小龙河脉群、中部弯旦山脉群和东北部大松坡脉群组成，密集脉带之间相距约为 2km，带间仍有稀疏的锡石云英岩脉产出，总体呈北北西向延伸。矿脉主要由锡石-黄玉云英岩脉组成、次为锡石石英脉（施琳等，1989；元春华，2013）。在岩体接触带外侧的矽卡岩体中也发育网脉状矿化，锡石黄玉云英岩细脉及锡石细脉充填交代其中，含矿脉体的厚度为 0.5mm 至 10~15cm 不等（元春华，2013）。

Chen 等（2014）采用 LA-ICP-MS 锡石 U-Pb 法在小龙河矿段针对石英脉型锡矿石获得等时线年龄为（71.6±2.4）Ma，在大松坡矿段针对云英岩型锡矿石获得等时线年龄为（71.9±2.3）Ma，在弯旦山矿段针对石英脉型锡矿石获得等时线年龄为（72.8±1.8）Ma，在黄家山矿段针对云英岩型锡矿石获得等时线年龄为（73.9±2.0）Ma。曹华文（2015）在小龙河矿段测得锡矿石中白云母的 Ar-Ar 坪年龄为（70.6±0.4）Ma。这些年龄在误差范围内基本一致，此处暂取 72Ma 代表小龙河锡矿床成矿年龄。

B　矿石特征

小龙河锡矿床的矿石类型主要为云英岩型（施琳等，1989；曹华文，2015）。矿石矿物主要为锡石，少量黑钨矿、黄铁矿和铌钽铁矿。脉石矿物主要为石英、白云母（绢云母）、萤石、黄玉、透辉石、绿帘石、红柱石、金红石等。矿石结构以粒状变晶结构、鳞片变晶结构为主，次为变嵌晶结构、筛状结构、交代残余结构等。构造以浸染状、脉状和块状为主（马楠等，2013；曹华文，2015）。

C　围岩蚀变

小龙河锡矿床的围岩蚀变主要有云英岩化、矽卡岩化、绢云母化和绿泥石化、钾长石化、硅化、萤石化、磁铁矿化和黄铁矿化等，其中云英岩化、矽卡岩化、硅化、钾长石化与锡矿化关系密切（施琳等，1989；马楠等，2013）。

3.15.2.4　勘查开发概况

云南梁河小龙河锡矿床勘查始于 20 世纪 50 年代末，云南省地质局第二十地质队在区内发现了黄家山铁矿点。1978 年，云南冶金地质勘探公司三零四队提交黄家山铁矿点普查简报，探明铁矿石储量 71 万吨。1979 年底，云南省地质局第四地质大队圈出小龙河锡石重砂异常区，随即在大松坡等地发现锡矿脉露头，工作重心由黄家山转移至大松坡矿段。1980～1990 年，对大松坡矿段相继进行普查、详查工作，累计完成钻探 18500m、坑道 1522m、浅井 1070m、槽探 65770m³，于 1990 年提交了《云南省腾冲县瑞滇乡小龙河锡矿区大松坡矿段详查地质报告》，探明锡金属量 2.687 万吨（中国矿床发现史·云南卷编委会，1996）。

云南省地质局第四地质大队于 1981 年在小龙河花岗岩体与石炭系接触带中发现小龙河矿段。1984 年，结束小龙河矿段普查工作，估算锡远景储量 7000t。1985～1989 年，对小龙河矿段进行详查工作，累计完成钻探 10360m、坑道 2082m、浅井 943m、槽探 68706m³，于 1989 年末提交了《云南省腾冲县瑞滇乡小龙河锡矿区小龙河矿段详查地质报告》，探明锡金属量 2.765 万吨（中国矿床发现史·云南卷编委会，1996）。

上述小龙河和大松坡两个矿段累计探明锡金属量合计约 5.45 万吨。据刘光亮等（2005）报道，云南腾冲小龙河锡矿床各矿段累计探明锡金属量为 6.56 万吨，属于大型锡矿床。

3.15.2.5 矿床类型

据施琳等（1989）、夏志亮（2003）、冯小珍（2012）、曹华文（2015）、桑浩等（2015）等的研究成果，认为云南腾冲小龙河锡矿床的矿床类型为云英岩型。

3.15.2.6 地质特征简表

综合上述矿床地质特征，除矿床基本信息表（见表 3-107）中所表达的信息以外，云南腾冲锡矿床的地质特征可归纳列入表 3-108 中。

表 3-108　云南腾冲小龙河锡矿床地质特征简表

序号	项目名称	项目描述	序号	项目名称	项目描述
10	赋矿地层时代	石炭系	16	矿石类型	云英岩型
11	赋矿地层岩性	砂岩、板岩、花岗岩	17	成矿年龄/Ma	72
12	相关岩体岩性	花岗岩	18	矿石矿物	锡石、黑钨矿、黄铁矿、铌钽铁矿等
13	相关岩体年龄/Ma	73	19	围岩蚀变	云英岩化、矽卡岩化、硅化、钾长石化等
14	是否断裂控矿	是	20	矿床类型	云英岩型
15	矿体形态	似层状、透镜状、脉状			

注：序号从 10 开始是为了和数据库保持一致。

3.15.3　地球化学特征

3.15.3.1　区域化探

A　元素含量统计参数

本研究收集到研究区内 1∶200000 水系沉积物 225 件样品的 39 种元素含量数据。计算水系沉积物中元素平均值相对其在中国水系沉积物（CSS）中的富集系数，将其地球化学统计参数列于表 3-109 中。

表 3-109　研究区 1∶200000 区域化探元素含量①统计参数

元素	Ag	As	Au	B	Ba	Be	Bi	Cd	Co	Cr	Cu	F	Hg
最大值	8000	713	144	66	562	56.5	307	5200	38.6	269	650	17300	140
最小值	18	1.0	0.2	3.2	77	0.5	0.3	30	0.5	7.5	2.5	240	11
中位值	81	4.5	0.7	15	296	3.8	1.35	100	6.1	24	11	572	36
平均值	167	15	1.80	17	292	5.8	8.16	201	8.0	38	23.9	966	42
标准差	657	52	9.68	9.8	113	6.4	35.3	486	6.4	42	60	1724	24
富集系数②	2.17	1.45	1.36	0.37	0.60	2.75	26.3	1.43	0.66	0.64	1.09	1.97	1.16
元素	La	Li	Mo	Nb	Ni	Pb	Sb	Sn	Sr	Th	U	V	W
最大值	128	127	4.7	163	114	6236	12.9	283	120	226	53.6	209	222
最小值	18.4	16	0.1	2	3.3	17	0.1	3.7	7	4	1.4	3.7	1.6
中位值	51	39	1.2	33	13	51	0.2	13	39	44.5	12.95	48	7.5
平均值	55	47	1.30	38	19	111	0.42	30	46	52.0	13.09	57	14.2
标准差	23	21	0.74	25	18	468	1.27	47	24	37.1	8.81	39	25.0
富集系数②	1.40	1.45	1.55	2.38	0.75	4.63	0.60	9.89	0.31	4.37	5.34	0.72	7.90
元素	Y	Zn	Zr	SiO₂	Al₂O₃	Fe₂O₃	K₂O	Na₂O	CaO	MgO	Ti	P	Mn
最大值	87	1254	1606	78.60	26.40	16.30	7.80	4.00	3.60	3.00	12559	1994	2105
最小值	15	16	121	0.80	9.20	1.50	0.90	0.10	0.10	0.10	548	68	115
中位值	37	55	306	63.40	16.60	3.60	4.10	1.00	0.40	0.60	3139	606	498
平均值	40	83	397	62.97	16.63	4.12	4.12	1.05	0.47	0.67	3257	654	599
标准差	17	131	230	7.95	3.15	2.41	1.48	0.77	0.37	0.44	1808	342	360
富集系数②	1.60	1.19	1.47	0.96	1.30	0.92	1.75	0.80	0.26	0.49	0.79	1.13	0.89

①元素含量的单位见表 2-4；②富集系数=平均值/CSS，CSS（中国水系沉积物）数据详见表 2-4。

与中国水系沉积物相比，研究区内微量元素富集系数介于 10～100 之间的有 Bi，介于 3～10 之间的有 Sn、W、U、Pb、Th，介于 2～3 之间的有 Be、Nb、Ag，介于 1.2～2 之间有 F、Y、Mo、Zr、Li、As、Cd、La、Au。富集系数大于 1.2 的微量元素共计 18 种，其中热液成矿元素有 W、Sn、Mo、Bi、Pb、Cd、Au、Ag、As；热液运矿元素有 F；造岩微量元素有 Li、Be；酸性微量元素有 Zr、Nb、Th、U、Y、La。

在研究区内已发现大型锡矿床，上述 Sn 的富集系数为 9.89。

B　地球化学异常剖析图

依据研究区内 1∶200000 化探数据，采用全国变值七级异常划分方案制作 29 种微量元素的单元素地球化学异常图，其异常分级结果见表 3-110。

表 3-110　小龙河矿区 1∶200000 区域化探元素异常分级

元素	Ag	As	Au	B	Ba	Be	Bi	Cd	Co	Cr	Cu	F	Hg	La	Li
异常分级	2	2	0	1	0	5	4	1	0	0	5	5	1	2	3
元素	Mo	Nb	Ni	Pb	Sb	Sn	Sr	Th	U	V	W	Y	Zn	Zr	
异常分级	1	1	0	0	0	5	0	3	3	0	5	4	0	1	

注：0 代表在小龙河矿区基本不存在异常，不作为找矿指示元素。

从表 3-110 可以看出，在小龙河锡矿区存在异常的热液成矿元素有 W、Sn、Mo、Bi、Cu、Cd、Ag、As、Hg 计 9 种；热液运矿元素有 B、F；造岩微量元素有 Li、Be；酸性微量元素 Zr、Nb、Th、U、Y、La 共计 19 种元素。这 19 种元素在研究区内的地球化学异常剖析图如图 3-65 所示。

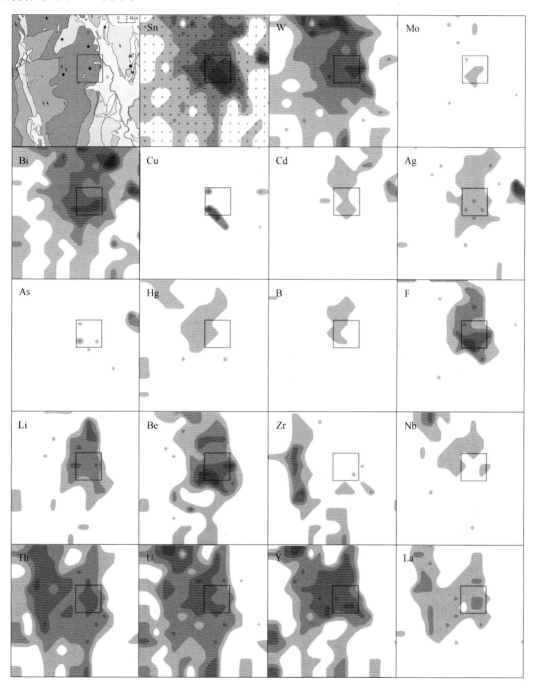

图 3-65　区域化探地球化学异常剖析图

(地质图为图 3-62 小龙河锡矿区域地质图)

上述19种元素可以作为小龙河锡矿床在区域化探工作阶段的找矿指示元素组合。在这19种元素中，W、Sn、Cu、F、Be具有5级异常，Bi、Y具有4级异常，Li、Th、U具有3级异常，Ag、As、La具有2级异常，Mo、Cd、Hg、B、Zr、Nb具有1级异常。

3.15.3.2 岩石地球化学勘查

A 元素含量统计参数

本研究收集到矿区内岩石79件样品的25种微量元素含量数据（杨启军等，2009；江彪等，2012；冯小珍，2012；张玛等，2013；马楠，2014；Chen等，2015；Cao等，2016），其中不同类型的矿石6件、蚀变岩8件、较新鲜岩石65件。计算岩石中元素平均值相对其在中国水系沉积物（CSS）中的富集系数，将其地球化学统计参数列于表3-111中。

表3-111 矿区岩石样品元素含量[①]统计参数[②]

元素	B	Ba	Be	Bi	Cd	Co	Cr	Cu	F	La	Li	Mo	Nb
样品数	6	78	18	18	18	32	32	18	6	79	17	18.0	78
最大值	133	410	298	1893	246850	272	28	1173	14033	127	2047	35.7	120
最小值	3	2.3	0.6	0.35	56	0.3	0.5	3	3998	3.4	20	0.15	6.9
中位值	15	43	3.8	3.93	503	1.9	6.0	11	11552	48	171	2.99	44
平均值	32	87	21	162	23220	38	10	123	10793	50	268	5.79	48
标准差	50	111	69	451	57745	84	8.6	328	3480	25	468	8.68	24
富集系数[③]	0.69	0.18	9.80	522	166	3.17	0.16	5.59	22.0	1.28	8.36	6.89	3.00

元素	Ni	Pb	Sb	Sn	Sr	Th	U	V	W	Y	Zn	Zr	
样品数	32	45	12	21	78	69	76	23	23	71	18	78	
最大值	28	276	4.63	12710	206	110	48	72	1900	254	140	2136	
最小值	0.5	6.0	0.10	7.0	0.9	10	1.9	3.8	3.7	6.7	10	25	
中位值	3.9	43	0.21	18	14	53	14	11	31	74	26	158	
平均值	7.4	60	1.32	830	42	54	16	17	400	77	48	260	
标准差	8.7	53	1.74	2784	56	18	6.9	16	731	44	45	430	
富集系数[③]	0.30	2.48	1.91	277	0.29	4.53	6.42	0.21	222	3.10	0.69	0.96	

①元素含量的单位见表2-4；②数据引自杨启军等（2009）、江彪等（2012）、冯小珍（2012）、张玛等（2013）、马楠（2014）、Chen等（2015）、Cao等（2016）；③富集系数=平均值/CSS，CSS（中国水系沉积物）数据详见表2-4。

与中国水系沉积物相比，矿区岩石微量元素富集系数大于100的有Bi、Sn、W、Cd，介于10~100之间的有F，介于3~10之间的有Be、Li、Mo、U、Cu、Th、Co、Y、Nb，介于2~3之间的有Pb，介于1.2~2之间的有Sb、La。富集系数大于1.2的微量元素共计17种，其中热液成矿元素有W、Sn、Mo、Bi、Cu、Pb、Cd、Sb；热液运矿元素有F；造岩微量元素有Li和Be；酸性微量元素有Nb、Th、U、Y、La；基性微量元素有Co。

在研究区内已发现有大型锡矿床，上述Sn的富集系数为277。

B 地球化学异常剖面图

由于收集资料的局限性，本研究未能制作出矿区地球化学异常剖面图。本研究在矿区范围内所收集的岩石有矿石、蚀变岩和较新鲜岩石，元素含量可采用平均值来表征，该平均值的大小取决于所收集岩石中矿石和蚀变岩相对较新鲜岩石的多少。

依据上述矿区岩石中元素含量的平均值，采用全国定值七级异常划分方案评定 25 种微量元素的异常分级，结果见表 3-112。

表 3-112　小龙河锡矿区岩矿石中元素异常分级

元素	B	Ba	Be	Bi	Cd	Co	Cr	Cu	F	La	Li	Mo	Nb	Ni	Pb	Sb	Sn	Sr	Th	U	V	W	Y	Zn	Zr
异常分级	0	0	3	5	5	2	0	2	4	0	3	2	2	0	1	0	6	0	2	2	0	6	2	0	0

注：0 代表在小龙河锡矿区基本不存在异常，不作为找矿指示元素。

从表 3-112 可以看出，在小龙河锡矿区存在异常的微量元素有 W、Sn、Mo、Bi、Cu、Pb、Cd、Li、Be、Co、F、Y、Nb、Th、U 共计 15 种，这 15 种元素可作为小龙河锡矿床在岩石地球化学勘查工作阶段的找矿指示元素组合。在这 15 种元素中，Sn、W 具有 6 级异常，Bi、Cd 具有 5 级异常，F 具有 4 级异常，Be、Li 具有 3 级异常，Mo、Cu、Nb、Th、U、Y、Co 具有 2 级异常，Pb 具有 1 级异常。

3.15.3.3　勘查地化特征简表

综合上述勘查地球化学特征，云南腾冲小龙河锡矿床的勘查地球化学特征可归纳列入表 3-113 中。

表 3-113　云南腾冲小龙河锡矿床勘查地球化学特征简表

矿床编号	项目名称	Ag	As	Au	B	Ba	Be	Bi	Cd	Co	Cr	Cu	F	Hg	La	Li
532305	区域富集系数	2.17	1.45	1.36	0.37	0.60	2.75	26.3	1.43	0.66	0.64	1.09	1.97	1.16	1.40	1.45
532305	区域异常分级	2	2	0	1	0	3	4	1	0	0	5	5	1	1	3
532305	岩石富集系数				0.69	0.18	9.80	522	166	3.17	0.16	5.59	22.0		1.27	8.36
532305	岩石异常分级				0	0	3	5	5	2	0	2	4		0	3

矿床编号	项目名称	Mo	Nb	Ni	Pb	Sb	Sn	Sr	Th	U	V	W	Y	Zn	Zr
532305	区域富集系数	1.55	2.38	0.75	4.63	0.60	9.89	0.31	4.37	5.34	0.72	7.90	1.60	1.19	1.47
532305	区域异常分级	1	1	0	0	0	5	0	4	4	0	5	4	0	1
532305	岩石富集系数	6.89	3.00	0.30	2.48	1.91	277	0.29	4.53	6.42	0.21	222	3.10	0.69	0.96
532305	岩石异常分级	2	2	0	1	0	6	0	2	2	0	6	2	0	0

注：该表可与矿床基本信息表采用矿床编号建立关系。

3.15.4　地质地球化学找矿模型

云南腾冲小龙河锡矿床为一大型矿床，位于云南省腾冲市瑞滇乡境内，矿体呈出露状态。矿体主要产于花岗岩与上石炭统空树河组砂岩、板岩的内外接触带中。成矿与小龙河花岗岩体关系密切，岩体岩性为黑云母花岗岩，成岩年龄约 73Ma。矿体受接触带及断裂控制明显，矿石类型为云英岩型，矿体形态呈似层状、透镜状、脉状，成矿年龄约 72Ma。围岩蚀变类型主要有云英岩化、矽卡岩化、硅化、钾长石化等。矿床类型属于云英岩型。

云南腾冲小龙河锡矿床区域化探找矿指示元素组合为 W、Sn、Mo、Bi、Cu、Cd、Ag、As、Hg、B、F、Li、Be、Zr、Nb、Th、U、Y、La 共计 19 种元素，其中 W、Sn、Cu、F、Be 具有 5 级异常，Bi、Y 具有 4 级异常，Li、Th、U 具有 3 级异常，Ag、As、La 具有 2 级

异常，Mo、Cd、Hg、B、Zr、Nb 具有 1 级异常。矿区岩石化探找矿指示元素组合为 W、Sn、Mo、Bi、Cu、Pb、Cd、Li、Be、Co、F、Y、Nb、Th、U 共计 15 种，其中 Sn、W 具有 6 级异常，Bi、Cd 具有 5 级异常，F 具有 4 级异常，Be、Li 具有 3 级异常，Mo、Cu、Nb、Th、U、Y、Co 具有 2 级异常，Pb 具有 1 级异常。

4 结 语

本书在介绍方法技术的基础上以实例形式提出了典型矿床地球化学建模的工作流程，进而建立了中国 15 个典型锡矿床的地球化学找矿模型集。每一个典型矿床可作为典型矿床地球化学找矿模型集数据库的一条记录，其中勘查地球化学特征作为子表，基于矿床编号字段形成关系表。

虽然富集系数是刻画元素地球化学特征的重要参数之一，但富集系数仅基于背景值一把标尺，适用于同一元素同类介质（如岩石、土壤、水系沉积物）在不同地区之间的比较。针对不同元素和不同介质因元素边界品位不同、母岩岩性及样品风化程度不同，富集系数无法针对不同元素、不同介质进行科学有效的相互比较。

地球化学七级异常划分方案是基于元素边界品位和背景值两把标尺而提出的创新性技术，是一种客观的、无需考虑数据分布类型的、多变量的、变值的异常下限确定和评判方法。该方法既具有个性（仅适用于对其风化行为已进行定量表征的微量元素），又具有普适性（不同元素的异常分级均可划分为 7 级，传统化探样品如岩石、土壤和水系沉积物均可适用），单个样品同样也可采用该方法进行异常的确定和分级评判。七级异常划分方案的核心技术是定量表征元素风化行为的经验方程，可定量表征消除母岩岩性和风化程度影响的客观背景值，是本书作者团队提出的创新性科研成果。

尽管地球化学七级异常划分方案可以消除母岩岩性和风化程度影响来确定和评判地球化学异常，但这仅适用于已进行定量表征的微量元素，且仅为单元素地球化学异常。针对其他微量元素的经验方程也有待提出，目前已提出的经验方程也有待进一步完善。

近年来，本书作者团队提出的地球化学基因技术，尤其是金矿化地球化学基因和钨矿化地球化学基因，其矿化相似度可作为多元素综合指标来确定和评价地球化学综合异常。这些矿化基因是否适合锡矿地球化学勘查以及是否需要构建针对锡矿勘查的锡矿化地球化学基因等有待进一步研究。

本书仅为中国锡矿典型矿床地球化学找矿模型集，研究的矿床数量仅有 15 个；针对新近发现的以及其他典型锡矿床有待建立更多的地球化学找矿模型，并且进一步对已建立的模型进行深化归纳和总结，这是今后地球化学找矿模型研究的发展方向。

参 考 文 献

安保华，1990. 老君山岩体特征、成因及其找矿意义探讨［J］. 西南矿产地质，4（1）：30-35.

白大明，付国立，聂凤军，等，2011. 内蒙古东南部矽卡岩型金属矿床的综合找矿模式［J］. 吉林大学学报（地球科学版），41（6）：1968-1976.

白金刚，池三川，梅建明，1995. 云南白牛厂超大型银多金属矿床黄铁矿的标型特征及其成因意义［J］. 贵金属地质，4（4）：302-306.

蔡锦辉，毛晓冬，蔡明海，等，2002. 湘南骑田岭白腊水锡矿床成矿地质特征［J］. 华南地质与矿产，（2）：54-59.

蔡锦辉，韦昌山，孙明慧，等，2004a. 芙蓉矿田白腊水锡矿矿化特征及找矿意义［J］. 地质与勘探，40（5）：27-32.

蔡锦辉，韦昌山，孙明慧，2004b. 湘南芙蓉矿田白腊水锡矿床包裹体特征［J］. 化工矿产地质，26（2）：16-82.

蔡明海，彭振安，长尾敬介，等，2013. 广西富贺钟钨锡多金属矿集区稀有气体同位素特征及其地质意义［J］. 地球学报，34（3）：287-294.

蔡明海，陈开旭，屈文俊，等，2006. 湘南荷花坪锡多金属矿床地质特征及辉钼矿 Re-Os 测年［J］. 矿床地质，25（3）：263-268.

蔡明海，何龙清，刘国庆，等，2006. 广西大厂锡矿田侵入岩 SHRIMP 锆石 U-Pb 年龄及其意义［J］. 地质评论，52（3）：410-413.

蔡明海，梁婷，韦可利，等，2006. 大厂锡多金属矿田铜坑-长坡 92 号矿体 Rb-Sr 测年及其地质意义［J］. 华南地质与矿产，（2）：31-35.

曹华文，2015. 滇西腾-梁锡矿带中-新生代岩浆岩演化与成矿关系研究［J］. 中国地质大学（北京），198-337.

曹华文，2014. 滇西腾-梁锡矿带中-新生代岩浆岩演化与成矿关系研究［J］. 中国地质大学（北京），198-337.

曹华文，张寿庭，武俊德，等，2014. 云南个旧老卡岩体钾长石与"玄武岩型"铜矿金云母 ^{40}Ar-^{39}Ar 年龄及其地质意义［J］. 矿物学报，34（3）：312-320.

曹华文，张寿庭，王长明，等，2013. 云南个旧煌斑岩脉地球化学特征及其地质意义［J］. 地球化学，42（4）：340-351.

曹瑞欣，2009. 广西栗木水溪庙矿化花岗岩特征及岩体成因研究［D］. 北京：中国地质大学（北京），1-68.

常祖峰，陈刚，余建强，2011. 大盈江断裂晚更新世以来活动的地质证据［J］. 地震地质，33（4）：877-888.

车勤建，2005. 湘南锡多金属矿集区燕山期岩浆流体成矿过程研究［D］. 北京：中国地质大学（北京），1-24.

陈爱兵，2004. 个旧锡矿 5 号矿体数学—经济模型及矿化富集规律研究［D］. 昆明：昆明理工大学，1-91.

陈吉琛，林文信，陈良忠，1991. 腾冲—梁河地区含锡花岗岩序列—单元研究［J］. 云南地质，10（3）：242-289.

陈锦荣，1992. 郴县红旗岭锡矿床锡石的成因矿物学研究［J］. 湖南地质，11（4）：299-304.

陈聆，郭科，柳柄利，等，2012. 地球化学矿致异常非线性分析方法研究［J］. 地球物理学进展，27（4）：1701-1707.

陈晓翠，2011. 滇西梁河来利山锡矿床地质及其有关的花岗岩地球化学特征［J］. 矿物学报，（第 A1

期）：565-566.

陈扬玉，1986. 马关-麻栗坡地区微量元素分布及成矿［J］. 物探与化探，10（4）：301-304.

陈毓川，王登红，2010a. 重要矿产和区域成矿规律研究技术要求［M］. 北京：地质出版社，1-179.

陈毓川，王登红，2010b. 重要矿产预测类型划分方案［M］. 北京：地质出版社，1-222.

陈毓川等，1993. 大厂锡矿地质［M］. 北京：地质出版社，69-340.

陈智明，苏航，2011. 云南老君山矿集区成矿规律浅析［J］. 民营科技，（9）：38-40.

程小昆，2009. 广西珊瑚钨锡矿床地球化学异常特征及找矿预测［D］. 桂林：桂林工业大学，1-71.

程彦博，2012. 个旧超大型锡多金属矿区成岩成矿时空演化及一些关键问题探讨［D］. 北京：中国地质
    大学（北京），1-340.

程彦博，毛景文，陈小林，等，2010. 滇东南薄竹山花岗岩的 LA-ICP-MS 锆石 U-Pb 定年及地质意义
    ［J］. 吉林大学学报（地球科学版），40（4）：869-878.

程彦博，毛景文，谢桂青，等，2009. 与云南个旧超大型锡矿床有关的花岗岩锆石 U-Pb 定年及意义
    ［J］. 矿床地质，28（3）：297-312.

程彦博，毛景文，陈懋弘，等，2008. 云南个旧锡矿田碱性岩和煌斑岩 LA-ICP-MS 锆石 U-Pb 测年及其地
    质意义［J］. 中国地质，35（6）：1138-1149.

迟清华，鄢明才，2007. 应用地球化学元素丰度数据手册［M］. 北京：地质出版社，1-148.

丛峰，林仕良，唐红峰，等，2010. 滇西梁河三叠纪花岗岩的锆石微量元素、U-Pb 和 Hf 同位素组成
    ［J］. 地质学报，84（8）：1155-1164.

戴慧敏，宫传东，鲍庆中，等，2010. 区域化探数据处理中几种异常下限确定方法的对比——以内蒙古
    查巴奇地区水系沉积物为例［J］. 物探与化探，34（6）：782-786.

邓江，2012. 广西珊瑚钨锡矿田构造动力学及控矿作用研究［D］. 桂林：桂林理工大学，1-60.

邓江，宋慈安，李红亮，2012. 广西珊瑚长营岭钨锡矿床成矿规律及深部边部外围找矿预测［J］. 中国钨
    业，27（1）：22-26.

邓希光，李献华，刘义茂，等，2005. 骑田岭花岗岩体的地球化学特征及其对成矿的制约［J］. 岩石矿物
    学杂志，24（2）：93-102.

邓远文，胡夕鹏，江林香，2014. 不同化探数据处理方法在找矿中的应用——以四川会理县银星铁铜矿
    为例［J］. 四川地质学报，34（1）：136-139，152.

丁秀芳，2009. 云南梁河来利山锡矿控矿地质因素与成矿作用分析［D］. 昆明：昆明理工大学，10-58.

丁秀芳，高建国，陶莉，等，2008. 云南梁河来利山锡矿老熊窝矿区构造与成矿关系［J］. 地质与资源，
    17（4）：282-286.

丁正兴，柏道远，马铁球，等，2007. 骑田岭岩体成岩与成矿关系研究［J］. 华南地质与矿产，（3）：
    1-5.

董方浏，侯增谦，高永丰，等，2006. 滇西腾冲新生代花岗岩：成因类型与构造意义［J］. 岩石学报，
    22（37）：927-937.

董燕，2004. 云南省锡资源及锡产业信息系统的构建及应用［D］. 昆明：昆明理工大学，1-79.

董业才，庄晓蕊，2014. 广西栗木花岗岩岩石地球化学特征及其构造环境［J］. 矿产与地质，28（5）：
    596-604.

杜佩轩，1998. EGMA 系统及其应用效果——找矿靶区的定位预测［J］. 物探与化探，22（5）：371-378.

范森葵，2011. 广西大厂锡多金属矿田地质特征、矿床模式与成矿预测［D］. 长沙：中南大学，1-119.

范森葵，黎修旦，成永生，等，2010. 广西大厂矿区脉岩的地球化学特征及其构造和成矿意义［J］. 地质
    与勘探，46（5）：828-835.

范森葵，伍永田，王明艳，2008. 广西大厂矿田矿床分布规律与找矿方向［J］. 矿产与地质，46（5）：
    520-524.

范小军，陈冲，王晓刚，等，2012. 西北半干旱地区岩屑地球化学异常提取方法的研究［J］. 地质学刊，36（1）：23-32.

费光春，李佑国，温春齐，等，2008. 子区中位数衬值滤波法在川西斑岩型铜矿区地球化学异常的筛选与查证中的应用［J］. 物探与化探，32（1）：66-69.

冯佳睿，毛景文，裴荣富，等，2010. 云南瓦渣矿区老君山花岗岩体的 SHRMP 锆石 U-Pb 定年、地球化学特征及成因探讨［J］. 岩石学报，26（3）：845-857.

冯小珍，2012. 云南腾冲大松坡锡矿地质地球化学特征及成因探讨［D］. 北京：中国地质大学（北京），21-25.

傅昌来，陈文魁，1992. 广东信宜银岩斑岩锡矿床描述性模式［J］. 中国地质，（1）：20-23.

高永娟，林仕良，丛峰，等，2013. 滇西腾冲—梁河古近纪花岗岩锆石 U-Pb 定年、Hf 同位素及地球化学［J］. 地质学报，88（1）：63-71.

高子英，1996. 蒙自白牛厂银多金属矿床的成因研究［J］. 云南地质，15（1）：91-102.

高子英，1992. 腾冲—梁河间来利山紫苏花岗岩的特征及成因［J］. 云南地质，11（1）：9-14.

龚庆杰，喻劲松，韩东昱，等，2015. 豫西牛头沟金矿地球化学找矿模型与定量预测［M］. 北京：冶金工业出版社，1-174.

龚庆杰，於崇文，张荣华，2004. 柿竹园钨多金属矿床形成机制的物理化学分析［J］. 地学前缘，11（4）：617-625.

顾晟彦，华仁民，戚华文，2007. 广西新路—水岩坝钨锡矿田的成因探讨［J］. 矿床地质，（3）：265-276.

顾晟彦，华仁民，戚华文，2006. 广西姑婆山花岗岩单颗粒锆石 LA-ICP-MS U-Pb 定年及全岩 Sr-Nd 同位素研究［J］. 地质学报，（4）：543-553.

官容生，1991. 滇东南构造岩浆带花岗岩体的含矿性探讨［J］. 矿物岩石，11（1）：92-101.

桂永年，1992. 会昌岩背锡矿矿床地质特征及外围找矿预测［J］. 江西地质，6（2）：123-133.

桂永年，1991. 江西会昌锡矿花岗质喷出—侵入岩建造的岩石特点及其成因［J］. 江西地质科技，18（4）：198-205.

韩东昱，龚庆杰，向运川，2004. 区域化探数据处理的几种分形方法［J］. 地质通报，23（7）：714-719.

韩发，1997. 大厂锡多金属矿床地质及成因［M］. 北京：地质出版社，1-213.

何芳，张乾，刘玉平，等，2015. 云南都龙锡锌多金属矿床铅同位素组成—成矿金属来源制约［J］. 中国地质，38（3）：673-680.

何周虎，李时谦，胡志科，2004. 关于铋矿床工业指标的讨论［J］. 华南地质与矿产，（2）：32-34.

胡祥昭，1989. 银岩含锡花岗斑岩的岩石学特征及成因探讨［J］. 地球化学，3：251-259.

胡志军，2008. 广西大厂铜坑－长坡－锡矿外围矿床地质特征及找矿预测［D］. 昆明：昆明理工大学，1-104.

黄常立，唐维新，桂永年，等，1997. 会昌岩背式斑岩锡矿［M］. 武汉：中国地质大学出版社，1-124.

黄革非，侯茂松，刘阳生，等，2005. 湖南骑田岭白腊水锡矿围岩蚀变与矿化关系浅析［J］. 华南地质与矿产，（3）：38-43.

黄革非，曾钦旺，魏绍六，等，2001. 湖南骑田岭芙蓉矿田锡矿地质特征及控矿因素初步分析［J］. 中国地质，28（10）：30-34.

贾福聚，2010. 云南老君山成矿区成矿系列及成矿规律研究［D］. 昆明：昆明理工大学，1-127.

贾润幸，2005. 云南个旧锡矿集中区地质地球化学研究［D］. 西安：西北大学，1-130.

贾润幸，方维萱，赫英，等，2005. 个旧超大型锡多金属矿稀土元素地球化学特征［J］. 中国稀土学报，23（2）：228-234.

贾润幸，方维萱，赫英，等，2004. 个旧塘子凹锡多金属矿床微量元素地球化学特征［J］. 矿物学报，

24（2）：136-142.

江彪，龚庆杰，张静，等，2012. 滇西腾冲大松坡锡矿区晚白垩世铝质 A 型花岗岩的发现及其地质意义
　　［J］. 岩石学报，28（5）：1477-1492.

江鹏程，1987. 郴县红旗岭锡多金属矿床特征［J］. 湖南地质，（4）：33-41.

江西省地矿局，1997. 江西黄金洼锡矿评价报告（内部出版）. 1-34.

江西省地矿局，1988. 江西省会昌县岩背区锡矿地质勘查报告［R］. 1-53.

江西省地质调查院，2001. 江西德安彭山地区锡铅锌评价报告（内部出版）. 1-182.

江鑫培，1990. 蒙自白牛厂银多金属矿矿床特征和成矿作用探讨［J］. 云南地质，9（4）：291-307.

蒋敬业，程建萍，祁士华，等，2006. 应用地球化学［M］. 武汉：中国地质大学出版社，1-340.

金灿海，范文玉，张海，等，2013. 滇西来利山锡矿正长花岗岩 LA-ICP-MS 锆石 U-Pb 年龄及地质意义
　　［J］. 地质学报，87（9）：1211-1220.

金俊杰，陈建国，2011. 地球化学异常提取的自适应衬值滤波法［J］. 物探与化探，35（4）：526-531.

康卫清，余少华，许以明，2005. 骑田岭芙蓉矿田白腊水矿区锡矿物质组分及成矿期的初步研究［J］. 矿
　　产与地质，19（5）：475-481.

康志强，冯佐海，李晓峰，等，2012. 桂东北水岩坝钨锡矿田白云母[40]Ar-[39]Ar 年代学研究及其地质意义
　　［J］. 矿物岩石地球化学通报，（6）：606-611.

康志强，冯佐海，杨锋，等，2012. 广西桂林地区东部栗木花岗岩体 SHRIMP 锆石 U-Pb 年龄［J］. 地质
　　通报，31（8）：1306-1312.

赖汝林，潘其云，1994. 广西"平桂"钨锡矿田发现史［J］. 广西地质，（4）：75-83.

雷良奇，等，1998. 广西大厂超大型锡—多金属矿床的成矿机理［M］. 桂林：广西师范大学出版社，
　　1-19.

雷泽恒，乔玉生，许以明，2009. 对 333、334 资源量估算的讨论—以湖南白腊水锡矿床为例［J］. 地质
　　与勘探，45（4）：402-408.

黎传标，2010. 郴州白腊水锡矿床地质特征［J］. 国土资源情报，（2）：35-38.

李宝强，张晶，孟广路，等，2010. 西北地区矿产资源潜力地球化学评价中成矿元素异常的圈定方法
　　［J］. 地质通报，29（11）：1685-1695.

李宝强，孙泽坤，2004. 区域地球化学异常信息提取方法研讨［J］. 西北地质，37（1）：102-108.

李宾，李随民，韩腾飞，等，2012. 趋势面方法圈定龙关地区化探异常及应用效果评价［J］. 物探与化
　　探，36（2）：202-207.

李炳韬，1993. 湖南野鸡窝锡多金属矿床地质特征及成因探讨［J］. 地质与勘探，29（09）：5-11.

李炳韬，1990. 郴县红旗岭锡多金属矿床有关成矿问题的讨论［J］. 湖南地质，9（1）：43-51.

李长江，麻土华，1999. 矿产勘查中的分形、混沌与 ANN［M］. 北京：地质出版社，1-140.

李芬，李晓彬，陈伟，等，2015. 江西尖峰坡锡矿地质特征及找矿潜力分析［J］. 地球，（6）：102-103.

李鸿莉，毕献武，涂光炽，等，2007. 岩背花岗岩黑云母矿物化学研究及其对成矿意义的指示［J］. 矿物
　　岩石，27（3）：49-54.

李红亮，宋慈安，邓江，2012. 广西珊瑚钨锡矿田的原生分带及矿化富集规律［J］. 华南地质与矿产，
　　28（3）：213-219.

李华芹，路远发，王登红，等，2006. 湖南骑田岭芙蓉矿田成岩成矿时代的厘定及其地质意义［J］. 地质
　　评论，52（1）：113-121.

李进文，裴荣富，王永磊，等，2013. 云南都龙锡锌矿区同位素年代学研究［J］. 矿床地质，32（4）：
　　767-782.

李景略，1984. 梁河来利山锡矿床地质特征及其成因［J］. 云南地质，8（1）：47-58.

李开文，张乾，王大鹏，等，2013. 云南蒙自白牛厂多金属矿床锡石原位 LA-MC-ICP-MS U-Pb 年代学

［J］. 矿物学报, 33 (2): 203-209.

李凯, 刘海涛, 2013. 江西德安彭山脉状萤石矿资源预测［J］. 东华理工大学学报: 自然科学版, 36 (s2): 27-33.

李蒙文, 战明国, 赵财胜, 等, 2006. 稳健估计法在内蒙古新忽热地区水系沉积物测量异常评价中的应用［J］. 矿床地质, 25 (1): 27-35.

李文昌, 李丽辉, 尹光候, 2006. 西南三江南段地球化学数据不同方法处理及应用效果［J］. 矿床地质, 25 (4): 501-510.

李希勣, 杨庄, 施琳, 等, 1994. 中国矿床 中册［M］. 北京: 地质出版社, 105-188.

李晓波, 2005. 云南省蒙自县白牛厂银多金属矿床成矿地质特征及成矿模式［D］. 长沙: 中南大学, 1-83.

李雪琴, 赵运平, 吴正昌, 等, 2013. 江西会昌锡坑迳锡矿田成矿规律研究［J］. 资源调查与环境, 34 (2): 109-115.

李瀛玲, 2014. 云南蒙自白牛厂银多金属矿床立体找矿模型与控矿因素研究［D］. 昆明: 昆明理工大学, 1-102.

李玉新, 2004. 个旧矿区老厂矿田东部地区综合信息成矿预测研究［D］. 昆明: 昆明理工大学, 1-84.

李玉新, 2000. 老厂湾子街矿段锡铜富矿体地质特征及找矿方向研究［J］. 矿产与地质, 14 (77): 188-190.

李中庆, 1993. 信宜银岩含锡花岗斑岩［J］. 广东地质, 8 (1): 35-44.

李中庆, 1988. 广东银岩斑岩锡矿床地质特征及矿床成因探讨［J］. 地球科学, 6: 603-612.

李宗玉, 1991. 丝光坪锡矿地质特征及矿床成因初探［J］. 地质与勘探, (11): 23-27.

梁玲慧, 2013. 广西栗木锡钨钽铌多金属矿床成矿流体特征及成矿机理研究［D］. 南宁: 广西大学, 1-62.

梁婷, 2008. 广西大厂长坡-铜坑锡多金属矿床成矿机制［D］. 西安: 长安大学, 1-229.

廖家飞, 冯佐海, 罗畅权, 等, 2012. 广西贺州水岩坝矿田断裂构造分形特征分析［J］. 矿床地质, (3): 459-464.

林德松, 王开选, 1987. 栗木矿田花岗岩型锡矿床成矿特征［J］. 矿产与地质, (2): 1-9.

林进展, 2013. 滇西腾冲锡矿带来利山花岗岩地质地球化学特征与成矿关系分析［D］. 北京: 中国地质大学 (北京), 37-65.

林知法, 2010. 云南马关都龙锌铟多金属超大型矿床构造控矿特征及矿床成因研究［D］. 昆明: 昆明理工大学, 1-56.

刘昌实, 沈渭洲, 熊小林, 等, 1994a. 江西岩背火山—侵入杂岩的微量元素协变关系及其岩浆房成分分带形成机制的探讨［J］. 岩石学报, 10 (2): 151-160.

刘昌实, 沈渭洲, 熊小林, 等, 1994b. 江西岩背斑岩锡矿区火山侵入杂岩稀土元素特征和成岩模拟［J］. 岩石矿物学杂志, 13 (3): 193-204.

刘陈明, 2011. 广西大厂锡矿矿床地质与成因规律研究［D］. 昆明: 昆明理工大学, 1-198.

刘崇民, 李应桂, 史长义, 2000. 大型铜多金属矿床地球化学异常评价指标的量化研究［J］. 物探与化探, 24 (4): 241-245, 249.

刘光亮, 秦德先, 范柱国, 2005. 云南省锡矿资源与可持续发展［J］. 矿产保护与利用, (2): 9-13.

刘国庆, 1991. 珊瑚、水岩坝脉状钨锡矿床的控矿构造特征及容矿构造分析［C］. 中国地质科学院宜昌地质矿产研究文集 (17), (1): 1-65.

刘继顺, 2014. http://blog.sina.com.cn/s/blog_ 4931d5820102uyfc.html.

刘继顺, 张洪培, 方维萱, 等, 2005. 云南蒙自白牛厂银多金属矿床若干地质问题探讨［J］. 中国工程科学, 7 (增刊): 238-251.

刘铁庚，叶霖，王兴理，等，2005. 中国首次发现菱镉矿［J］. 中国地质，32（3）：443-446.

刘文龙，袁奎荣，1989. 广西新路-水岩坝锡矿床的矿质来源与锡的萃取机制［J］. 桂林冶金地质学院学报，（3）：283-291.

刘晓炜，2008. 马关都龙曼家寨锡锌矿床外围成矿预测［D］. 昆明：昆明理工大学，1-86.

刘玉平，李正祥，李惠民，等，2007. 都龙锡锌矿床锡石和锆石 U-Pb 年代学：滇东南白垩纪大规模花岗岩成岩-成矿事件［J］. 岩石学报，23（5）：967-976.

刘玉平，李朝阳，谷团，等，2000a. 都龙锡锌多金属矿床成矿物质来源的同位素示踪［J］. 矿物学报，28（4）：75-82.

刘玉平，李朝阳，刘家军，2000b. 都龙矿床含矿层状夕卡岩成因的地质地球化学证据［J］. 矿物学报，20（4）：378-384.

娄峰，伍静，陈国辉，2014. 广西栗木泡水岭印支期岩体 LA-ICP-MS 锆石 U-Pb 年龄及其地质意义［J］. 地质通报，（7）：960-965.

卢树东，汪石林，高文亮，等，2006. 江西德安黄金洼锡矿地质特征及控矿因素［J］. 地球科学与环境学报，28（1）：17-23.

卢树东，2005. 江西彭山矿田张十八铅锌矿地质特征与成矿物质来源研究［D］. 北京：中国地质大学（北京），1-77.

卢树东，杜杨松，肖锷，等，2004a. 江西彭山锡（铅锌）多金属矿田构造特征及成矿机理探讨［J］. 大地构造与成矿学，28（3）：297-305.

卢树东，杜杨松，肖锷，等，2004b. 江西彭山岩体的地球化学特征及成矿关系探讨［J］. 华南地质与成矿，（2）：46-51.

陆小平，陆孝赞，龚名文，等，2005. 广西姑婆山锡矿田矿床地质特征及矿床成因［J］. 华南地质与矿产，（2）：53-60.

罗兰，蒋少涌，杨水源，等，2010. 江西彭山锡多金属矿集区隐伏花岗岩体的岩石地球化学、锆石 U-Pb 年代学和 Hf 同位素组成［J］. 岩石学报，26（9）：2818-2834.

罗年华，1989. 广西平桂地区地层地球化学特征与成矿的关系［J］. 桂林冶金地质学院学报，（2）：209-218.

罗先熔，文美兰，欧阳菲，等，2007. 勘查地球化学［M］. 北京：冶金工业出版社，1-261.

马长信，1989. 关于彭山高挥发份花岗岩底劈穹窿构造及其控矿作用［J］. 地质评论，35（2）：127-135.

马慧慧，2013. 滇东南老君山花岗岩岩石学与地球化学特征及其构造意义［D］. 北京：中国地质大学（北京），1-54.

马丽艳，付建明，程顺波，等，2013. 广西栗木锡铌钽矿田矿化花岗岩锆石 SHRIMP U-Pb 定年及其意义［J］. 华南地质与矿产，（4）：292-298.

马丽艳，路远发，付建明，等，2010. 湖南东坡矿田金船塘、红旗岭锡多金属矿床 Rb-Sr、Sm-Nd 同位素年代学研究［J］. 华南地质与矿产，（4）：23-29.

马楠，2014. 西南三江腾冲地区早白垩-古近纪典型 Fe-Sn 矿床成岩成矿作用［D］. 北京：中国地质大学（北京），105-132.

马楠，邓军，王庆飞，等，2013. 云南腾冲大松坡锡矿成矿年代学研究：锆石 LA-ICP-MS U-Pb 年龄和锡石 LA-MC-ICP-MS U-Pb 年龄证据［J］. 岩石学报，29（4）：1223-1235.

马振东，龚鹏，龚敏，等，2014. 中国铜矿地质地球化学找矿模型及地球化学定量预测方法研究［M］. 武汉：中国地质大学出版社，1-444.

毛景文，程彦博，郭春丽，等，2008. 云南个旧锡矿田：矿床模型及若干问题讨论［J］. 地质学报，82（11）：1455-1467.

毛景文，李晓峰，Bernd Lehmann，等，2004. 湖南芙蓉锡矿床锡矿石和有关花岗岩的 40 Ar-39 Ar 年龄及

其地球动力学意义 [J]. 矿床地质，23（2）：164-175.

毛景文，李红艳，宋学信，等，1998. 湖南柿竹园钨锡钼铋多金属矿床地质与地球化学 [M]. 北京：地质出版社，1-215.

毛景文，李红艳，裴荣富，1995a. 湖南千里山花岗岩体的 Nd-Sr 同位素及岩石成因研究 [J]. 矿床地质，14（3）：235-242.

毛景文，李红艳，裴荣富，1995b. 千里山花岗岩体地质地球化学及与成矿关系 [J]. 矿床地质，14（1）：12-25.

毛景文，张士鲁，1987. 云南腾冲地区含锡花岗岩及其与成矿关系 [J]. 岩石学报，（4）：32-43.

梅玉萍，李华芹，王登红，等，2007. 江西岩背斑岩锡矿的成岩成矿时代及其地质意义 [J]. 地球学报，28（5）：456-461.

孟艳宁，范洪海，王凤岗，等，2013. 中国钍资源特征及分布规律 [J]. 铀矿地质，29（2）：86-92.

内蒙古第三地质大队，1987. 内蒙古自治区赤峰市赤峰北部地区黄岗—甘珠尔庙矿带锡矿的成矿条件分布规律及找矿方向 [R].

内蒙古第三地质大队，1984. 内蒙古自治区克什克腾旗黄岗铁锡多金属矿床地质特征及成矿条件 [R]. 长春：长春地质学院岩化系.

内蒙古第三地质大队，1983. 内蒙古自治区克什克腾旗黄岗锡铁矿区详查普查地质报告 [R]. 长春：长春地质学院岩化系.

内蒙古自治区地质矿产勘查开发局，1998. 中华人民共和国黄岗梁地区 1∶50000 区调片区总结说明书 [Z].

牛会良，2013. 内蒙古克什克腾旗黄岗山锡多金属矿床地质特征 [D]. 石家庄：石家庄经济学院，1-67.

欧阳成甫，陈大克，钱建平，1993. 广西新路和水岩坝钨锡矿田的控矿构造 [J]. 桂林冶金地质学院学报，（4）：350-356.

欧阳恒，2007. 个旧花岗岩凹陷带岩矿地球化学研究 [D]. 长沙：中南大学，1-71.

欧阳永棚，2013. 滇东南钨锡多金属成矿多样性及矿床谱系 [M]. 武汉：中国地质大学硕士学位论文，1-58.

彭张翔，1992. 个旧锡矿成矿模式商榷 [J]. 云南地质，11（4）：362-368.

钱建平，1998. 广西珊瑚矿区中部成矿期构造应力场：热力场和地球化学场的耦合作用及成矿分析 [J]. 矿物学报，18（4）：514-524.

秦德先，黎应书，谈树成，等，2006a. 云南个旧锡矿的成矿时代 [J]. 地质科学，41（1）：122-132.

秦德先，黎应书，范柱国，等，2006b. 个旧锡矿地球化学及成矿作用演化 [J]. 中国工程科学，8（1）：30-39.

秦德先，2002. 广西大厂锡矿 92 号矿体矿床地质与技术经济 [M]. 北京：地质出版社，71-76.

秦来勇，2008. 大厂锡多金属矿田西矿带成矿模式与找矿预测 [D]. 昆明：昆明理工大学，1-96.

邱检生，蒋少涌，胡建，等，2006. 同位素地球化学、岩石地球化学—密坑山锡矿同位素年代学研究的启示 [J]. 云南地质，25（4）：436-437.

邱检生，Mclnnes B I A，蒋少涌，等，2005. 江西会昌密坑山岩体的地球化学及其成因类型的新认识 [J]. 地球化学杂志，34（1）：20-32.

任立国，董明光，赵鹏，2014. 广东信宜贵子地区矿床成矿系列划分与典型矿床特征 [J]. 城市建设理论研究，（11）：1-6.

阮天健，朱有光，1985. 地球化学找矿 [M]. 北京：地质出版社，1-286.

桑浩，夏庆霖，赵京，等，2015. 滇西来利山与小龙河云英岩型锡矿成矿流体氧逸度特征对比 [J]. 地质找矿论丛，30（3）：321-330.

沈敢富，1993. 从再生珠边结构论银岩锡矿床的成因 [J]. 火山地质与矿产，（2）：37-51.

沈敢富，1992. 银岩锡矿成岩、成矿机理新探［J］. 地球化学，（4）：346-353，413.

沈渭洲，王德滋，刘昌实，等，1996. 岩背斑岩锡矿特征和成因［J］. 高校地质学报，2（1）：85-91.

沈渭洲，王德滋，谢永林，等，1995. 湖南千里山复式花岗岩体的地球化学特征和物质来源［J］. 岩石矿物学杂志，14（3）：193-202.

沈渭洲，凌洪飞，1994. 岩背和塌山含锡花岗斑岩的同位素地球化学特征和物质来源［J］. 地球学报-中国地质科学院院报，（Z1）：117-123.

施琳，陈吉琛，吴上龙，等，1989. 滇西锡矿带成矿规律［M］. 北京：地质出版社，207-221.

石洪召，张林奎，任光明，等，2011. 云南麻栗坡南秧田白钨矿床层控似矽卡岩成因探讨［J］. 中国地质，38（3）：673-680.

石洪召，2010. 云南麻栗南秧田元古界层控白钨矿床地质地球化学特征及成因探讨［D］. 北京：中国地质科学院，1-79.

石文杰，魏俊浩，王启，等，2011. 分区上异点校正法在干旱地区 1∶5 万地球化学异常圈定中的应用［J］. 地质科技情报，30（1）：34-41.

史长义，张金华，黄笑梅，1999. 子区中位数衬值滤波法及弱小异常识别［J］. 物探与化探，23（4）：250-257.

史长义，1995. 异常下限与异常识别之现状［J］. 国外地质勘探技术，（3）：19-25.

史长义，1993. 勘查数据分析（EDA）技术的应用［J］. 地质与勘探，（11）：52-58.

双燕，毕献武，胡瑞忠，等，2006. 芙蓉锡矿方解石稀土元素地球化学特征及其对成矿流体来源的指示［J］. 矿物岩石，26（2）：57-65.

宋慈安，1996. 广西珊瑚钨锡矿田地球化学异常特征及预测模式［J］. 桂林冶金地质学院学报，16（4）：353-361.

宋慈安，1993. 广西珊瑚钨锡矿田成矿地球化学机理及成矿模式［J］. 桂林冶金地质学院学报，13（4）：376-385.

宋焕斌，1989. 云南东南部都龙锡石—硫化物型矿床的成矿特征［J］. 矿床地质，8（4）：29-38.

苏亭，2014. 内蒙古克什克腾旗大南沟铅锌矿床成因探讨［J］. 科技创业家，（4）：152.

苏咏梅，2007. 湖南郴县红旗岭锡多金属矿床地质特征及成因［J］. 四川地质报，27（4）：274-278.

Turcotte DL 著. 陈颙，郑捷，李颖译，1993. 分形与混沌——在地质学和地球物理学中的应用［M］. 北京：地震出版社，1227.

谈树成，2004. 个旧锡—多金属矿床成矿系列研究［D］. 昆明：昆明理工大学，1-238.

覃斌贤，2013. 广西栗木花岗岩岩石地球化学特征及其意义［D］. 桂林：桂林理工大学，1-60.

覃宗光，姚锦其，林德松，等，2012. 广西恭城县栗木锡矿接替资源勘查［C］. 矿山深部找矿理论与实践暨矿山工艺矿物学研究学术交流会，中国地质学会.

覃宗光，姚锦其，2008. 广西栗木锡-铌-钽矿床中氟的作用及地表找矿评价标志［J］. 矿产与地质，22（1）：1-5.

汤正江，程治民，洪大军，2011. 太平沟水系沉积物异常特征及找矿效果［J］. 物探与化探，35（5）：584-587.

仝立华，2013. 湖南郴州千里山含钨锡金属花岗岩岩石成因及成矿模式探讨［D］. 北京：中国地质大学（北京），1-27.

佟依坤，龚庆杰，韩东昱，等，2014. 化探技术之成矿指示元素组合研究——以豫西牛头沟金矿为例［J］. 地质与勘探，50（4）：712-724.

万贵龙，2013. 湖南千里山花岗岩对成矿作用的约束［D］. 北京：中国地质大学（北京），1-36.

汪恕生，2009. 广西恭城县栗木锡矿成矿规律与成矿预测研究［D］. 桂林：桂林理工大学，1-53.

汪恕生，张起钻，覃宗光，等，2008. 广西栗木花岗岩型锡铌钽矿床地质特征及控矿因素［J］. 大众科技，（11）：111-112.

王昌烈，罗仕徽，胥友志，等，1987. 柿竹园钨多金属矿床地质 [M]. 北京：地质出版社，1-173.

王长明，张寿庭，邓军，等，2007. 内蒙古黄岗梁锡铁多金属矿床层状夕卡岩的喷流沉积成因 [J]. 岩石矿物学杂志，26（5）：409-417.

王登红，陈毓川，陈文，等，2004. 广西南丹大厂超大型锡多金属矿床的成矿时代 [J]. 地质学报，78（1）：132-138.

王冬，2013. 云南蒙自白牛厂银多金属矿矿产资源经济及资源潜力评价 [D]. 昆明：昆明理工大学，1-91.

王芳，吴初国，宋元，2008. 近年来我国矿产资源调查评价的主要进展 [J]. 国土资源情报，（6）：21-26.

王洪，何智，周蓉蓉，2010. 云南梁河丝光坪锡矿成因及控矿因素 [J]. 云南地质，29（2）：149-151.

王琨，周永章，高乐，2012. 庞西垌地区地球化学异常圈定方法讨论 [J]. 地质学刊，36（1）：64-69.

王力，2004. 个旧锡铜多金属矿集区成矿系列、成矿演化及成矿预测研究 [D]. 长沙：中南大学，1-146.

王琳，2006. 湖南千里山—骑田岭芙蓉锡矿田中黄铁矿和萤石的标型特征研究 [D]. 北京：中国地质大学（北京），1-12.

王乾，安勾玲，夏宏远，等，2011. 广西珊瑚钨锡矿床伴生银的迁移沉淀机制 [J]. 沉积与特提斯地质，31（3）：95-99.

王强，2010. 广西钟山县珊瑚钨锡成矿地质条件成矿规律和成矿预测 [D]. 北京：中国地质大学（北京），1-63.

王小娟，刘玉平，缪应理，等，2014. 都龙锡锌多金属矿床 LA-MC-ICPMS 锡石 U-Pb 测年及其意义 [J]. 岩石学报，30（3）：867-876.

王小敏，张晓军，华杉，等，2010. 小波勒山地区 1：5 万地球化学数据处理与异常评价 [J]. 地质与勘探，46（4）：681-686.

王雄军，2008. 云南老君山矿集区多因复成成矿模式及空间信息成矿预测模型研究 [D]. 长沙：中南大学，1-154.

王燕子，2014. 云南蒙自白牛厂银多金属矿床地球化学特征及成因分析 [D]. 昆明：昆明理工大学，1-92.

王振民，张庆洲，李泊洋，2012. 内蒙古中部区泛克里格法化探数据处理效果 [J]. 化工矿产地质，34（1）：47-51.

韦安伟，汪劲草，莫志明，等，2015. 介于岩浆岩型与剪切带型之间的脉状钨锡矿床——广西珊瑚钨锡矿床新认识 [J]. 桂林理工大学学报，35（1）：8-14.

魏绍六，曾钦旺，许以明，等，2002. 湖南骑田岭地区锡矿床特征及找矿前景 [J]. 中国地质，29（1）：68-76.

吴胜华，刘澜明，尹冰，等，2012. 湖南东坡柴山-蛇形坪一带铅锌矿床流体包裹体研究 [J]. 矿床地质，31（02）：216-228.

吴锡生，1993. 化探数据处理方法 [M]. 北京：地质出版社，1-132.

吴之良，梁树钊，李中庆，1983. 粤西银岩锡矿的含矿斑岩特征 [J]. 中国地质，7：24-25，14.

夏旭丽，2014. 中国典型钨矿床区域地球化学找矿模型研究 [D]. 北京：中国地质大学（北京），1-66.

夏瑜，2013. 华南栗木花岗岩体特征及其与成矿作用关系 [J]. 现代矿业，（6）：62-64，111.

夏志亮，2003. 腾冲大松坡云英岩型锡矿矿床地质 [J]. 云南地质，3322（3）：313-320.

向运川，龚庆杰，刘荣梅，等，2014. 区域地球化学推断地质体模型与应用——以花岗岩类侵入体为例 [J]. 岩石学报，30（9）：2609-2618.

向运川，任天祥，牟绪赞，等，2010. 化探资料应用技术要求 [M]. 北京：地质出版社，1-82.

项仁杰，1999. 中国矿情　第二卷：金属矿产 [M]. 北京：科学出版社，381-403.

肖荣，李晓峰，冯佐海，等，2011. 广西珊瑚钨锡矿床含钨石英脉中白云母 40Ar-39Ar 年龄及其地质意义 [J]. 矿床地质，30（3）：488-496.

肖瑞金，1992. 江西会昌岩背斑岩锡矿床锡石的标型特征 [J]. 江西地质科技，19（2）：81-87.

谢国源，胡火炎，1994a. 广西水岩坝矿田成矿构造演化及脉型矿床的构造控矿机制研究 [J]. 大地构造与成矿学，（1）：75-83.

谢国源，胡火炎，1994b. 广西水岩坝—新路钨锡矿田构造控矿类型及找矿前景 [J]. 有色金属矿产与勘查，（5）：266-271.

谢奕汉，赵瑞，李若梅，等，1988. 银岩斑岩锡矿成矿物理化学条件及成矿物质来源 [J]. 矿床地质，3：42-49.

忻建刚，袁奎荣，1993. 云南都龙隐伏花岗岩的特征及其成矿作用 [J]. 桂林冶金地质学院学报，13（2）：121-129.

熊先孝，黄巧，2000. 中国雄黄雌黄矿床成因类型及找矿方向 [J]. 广西地质，13（4）：41-46.

熊小林，朱金初，刘昌实，等，1994a. 江西岩背斑岩锡矿蚀变分带及其主要蚀变岩的地球化学特征 [J]. 矿床地质，13（1）：1-10.

熊小林，朱金初，王德滋，等，1994b. 花岗岩浆—热液过渡阶段的稀土元素分异—来自岩背锡矿区蚀变岩的依据 [J]. 桂林冶金地质学院学报，14（7）：275-283.

徐斌，蒋少涌，罗兰，2015. 江西彭山锡多金属矿集区尖峰坡锡矿床 LA-MC-ICP-MS 锡石 U-Pb 测年及其地质意义 [J]. 岩石学报，31（3）：701-708.

徐恒，张苗红，朱淑桢，2010. 梁河锡矿矿床地质特征及成因探讨 [J]. 地质学报，30（2）：206-209.

徐恒，2007. 梁河锡矿床地质特征及成因探讨 [D]. 昆明：昆明理工大学，7-38.

徐洪波，郭文铂，张志强，2011. 内蒙古东部黄岗梁铁锡多金属成矿带地质特征及找矿方向 [J]. 四川有色金属，（4）：21-24.

徐启东，章锦统，1988. 广西栗木稀有金属花岗岩的稀土元素配分模式及其意义 [J]. 地球科学，（2）：187-193.

徐文杰，刘运锷，刘伟，等，2012. 广西珊瑚钨锡矿资源接替勘查项目找矿效果及找矿前景分析 [J]. 大众科技，（1）：194-197.

徐贻赣，许建祥，徐敏林，等，2002. 江西会昌锡坑迳矿田及周边锡铜多金属矿评价地质报告 [R]，1-84.

徐志刚，陈毓川，王登红，等，2008. 中国成矿区带划分方案 [M]. 北京：地质出版社，1-138.

许以明，侯茂松，廖兴钰，等，2000. 郴州芙蓉矿田锡矿类型及找矿远景 [J]. 湖南地质，19（2）：95-100.

薛步高，2002. 史料考证与找矿（之四）：个旧锡矿 [J]. 云南地质，21（4）：447-455.

薛传东，2002. 个旧超大型锡铜多金属矿床时空结构模型 [D]. 昆明：昆明理工大学，1-155.

薛志远，2009. 湖南郴州芙蓉锡矿田绿泥石成分温度计应用及成矿温度研究 [D]. 北京：中国地质大学（北京），1-14.

鄢新华，1994. 会昌锡坑迳锡矿田地球化学异常特征及找矿预测 [J]. 江西地质，8（1）：66-75.

杨锋，李晓峰，冯佐海，等，2009. 栗木锡矿云英岩化花岗岩白云母 40Ar-39Ar 年龄及其地质意义 [J]. 桂林理工学院学报，（2）：21-24.

杨明德，黄杰，蔡宏渊，2007. 广西钟山县珊瑚钨锡矿区及其外围找矿远景展望 [J]. 矿产与地质，21（3）：307-311.

杨启军，徐义刚，黄小龙，等，2009. 滇西腾冲—梁河地区花岗岩的年代学、地球化学及其构造意义 [J]. 岩石学报，25（5）：1092-1104.

杨正文，1986. 富贺钟地区钨锡矿床控矿条件及找矿方向［J］. 桂林冶金地质学院学报，（2）：119-130.

姚德贤，邓璟，曾令初，等，1993. 广东银岩-东田矿田锡-金成矿系列的研究［J］. 中山大学学报（自然科学版），3：91-100.

姚涛，陈守余，廖阮颖子，2011. 地球化学异常下限不同确定方法及合理性探讨［J］. 地质找矿论丛，26（1）：96-101.

叶景平，1992. 岩背锡矿床原生分带特征及其找矿意义［J］. 江西地质科技，19（2）：73-80.

叶霖，李朝阳，刘铁庚，等，2006. 铅锌矿床中镉的表生地球化学研究现状［J］. 地球与环境，34（1）：55-60.

叶绪孙，潘其云，1994. 广西南丹大厂锡多金属矿田发现史［J］. 广西地质，7（1）：85-94.

殷成玉，1981. 锡石标型特征及其在研究砂锡物质来源中的应用［J］. 地质与勘探，（11）：24-27.

余勇，李晓峰，肖荣，等，2014. 广西珊瑚钨锡矿田锆石 U-Pb 和绢云母 40Ar/39Ar 年龄及其地质意义［J］. 矿物学报，34（3）：297-304.

余长发，赵海杰，徐林刚，等，2013. 江西岩背锡矿床流体包裹体特征与成矿作用研究［J］. 矿床地质，32（2）：280-288.

俞受鋆，陈炳辉，1988. 粤西银岩—锡坪地区燕山晚期花岗岩类成岩特征、演化规律及其与锡、钼、钨成矿关系研究［J］. 矿产与地质，（1）：48-57.

元春华，2013. 中缅边界腾冲—德林达依锡钨矿带成矿背景与成矿规律对比研究［D］. 北京：中国地质大学（北京），43-50.

袁顺达，刘晓菲，王旭东，等，2012. 湘南红旗岭锡多金属矿床地质特征及 Ar-Ar 同位素年代学研究［J］. 岩石学报，28（12）：3787-3797.

翟德高，刘家军，杨永强，等，2012. 内蒙古黄岗梁铁锡矿床成岩、成矿时代与构造背景［J］. 岩石矿物学杂志，31（4）：513-523.

翟裕生，姚书振，蔡克勤，2011. 矿床学［M］. 第三版. 北京：地质出版社，1-417.

张斌辉，丁俊，任光明，等，2012. 云南马关老君山花岗岩的年代学、地球化学特征及地质意义［J］. 地质学报，86（4）：587-601.

张辰光，2010. 广西锡矿床分布规律与找矿远景预测——以珊瑚钨锡矿为例［J］. 矿床地质，29（增刊）：329-330.

张定源，1989. 银岩锡矿床找矿信息层次模型［J］. 中国地质科学院南京地质矿产研究所所刊，（2）：89-102.

张洪培，2007. 云南蒙自白牛厂银多金属矿床—与花岗质岩浆作用有关的超大型矿床［D］. 长沙：中南大学，1-149.

张怀峰，陆建军，王汝成，等，2014. 广西栗木大岐岭隐伏花岗岩的成因及其构造意义：岩石地球化学、锆石 U-Pb 年代学和 Nd-Hf 同位素制约［J］. 中国科学：地球科学，（5）：901-918.

张怀峰，陆建军，王汝成，等，2013. 广西栗木矿区牛栏岭岩体印支期年龄的厘定及其意义［J］. 高校地质学报，（2）：220-232.

张玲玲，刘鸿福，张新军，等，2014. 趋势面分析法圈定氡异常［J］. 煤田地质与勘探，42（1）：79-82.

张诗启，蔡明海，彭振安，等，2010. 广西姑婆山地区钨锡矿床地质特征及幔源物质参与成矿显示［J］. 西北地质，（1）：86-97.

张世涛，陈国昌，1997. 滇东南薄竹山复式岩体的地质特征及其演化规律［J］. 云南地质，16（3）：222-232.

张伟，张寿庭，曹华文，等，2014. 滇西小龙河锡矿床中绿泥石矿物特征及其指示意义［J］. 成都理工大学学报（自然科学版），41（3）：318-328.

张亚辉，张世涛，刘红卫，2012. 滇东南薄竹山地区大型多金属矿床控矿因素对比研究［J］. 昆明理工大学学报（自然科学版），37（6）：1-7.

张玙，金灿海，范文玉，等，2013. 腾冲地区与锡矿床有关的花岗岩地球化学特征及类型判别［J］. 地质学报，87（12）：1853-1863.

仇宝聚，张书成，2005. 钍矿成矿特征与地质勘查［J］. 世界核地质科学，22（4）：203-210.

招湛杰，2011. 湘南白腊水锡矿含矿花岗岩的绿泥石化［D］. 南京：南京大学，1-20.

赵宁博，傅锦，张川，等，2012. 子区中位数衬值滤波法在地球化学异常识别中的应用［J］. 世界核地质科学，29（1）：47-51.

赵禹，2015. 花岗岩体钨锡成矿能力的地质地球化学判别标志［D］. 吉林：吉林大学，1-26.

中国矿床发现史·云南卷编委会，1996. 中国矿床发现史·云南卷［M］. 北京：地质出版社，104-106.

中国矿权网，2001. 郴州市红旗岭锡矿［OL］.

中华人民共和国国家质量监督检验检疫总局和中国国家标准化管理委员会，2007. 中华人民共和国国家标准 GB/T 2260—2007：中华人民共和国行政区划代码［S］.

中华人民共和国国土资源部，2002. 中华人民共和国地质矿产行业标准 DZ/T 0199—2002：铀矿产地质勘查规范［S］.

中华人民共和国国土资源部，2002. 中华人民共和国地质矿产行业标准 DZ/T 0200—2002：铁、锰、铬矿产地质勘查规范［S］.

中华人民共和国国土资源部，2002. 中华人民共和国地质矿产行业标准 DZ/T 0201—2002：钨、锡、汞、锑矿产地质勘查规范［S］.

中华人民共和国国土资源部，2002. 中华人民共和国地质矿产行业标准 DZ/T 0202—2002：铝土矿、冶镁菱镁矿地质勘查规范［S］.

中华人民共和国国土资源部，2002. 中华人民共和国地质矿产行业标准 DZ/T 0203—2002：稀有金属矿产地质勘查规范［S］.

中华人民共和国国土资源部，2002. 中华人民共和国地质矿产行业标准 DZ/T 0204—2002：稀土矿产地质勘查规范［S］.

中华人民共和国国土资源部，2002. 中华人民共和国地质矿产行业标准 DZ/T 0205—2002：岩金矿地质勘查规范［S］.

中华人民共和国国土资源部，2002. 中华人民共和国地质矿产行业标准 DZ/T 0209—2002：磷矿地质勘查规范［S］.

中华人民共和国国土资源部，2002. 中华人民共和国地质矿产行业标准 DZ/T 0211—2002：重晶石、毒晶石、萤石、硼矿地质勘查规范［S］.

中华人民共和国国土资源部，2002. 中华人民共和国地质矿产行业标准 DZ/T 0214—2002：铜、铅、锌、银、镍、钼矿地质勘查规范［S］.

钟寿华，1992. 1∶50000 重力测量在蒙自县白牛厂地区寻找隐伏花岗岩的效果［J］. 云南地质，11（1）：101-103.

周纯明，2007. 广东银岩—东田矿田锡—金成矿系列的研究［J］. 南方金属，（6）：19-22，39.

周蒂，陈汉宗，1991. 稳健统计学与地球化学数据的统计分析［J］. 地球科学——中国地质大学学报，16（3）：273-279.

周建平，徐克勤，华仁民，等，1997. 滇东南锡多金属矿床成因商榷［J］. 云南地质，16（4）：309-349.

周开朗，刘瑛，马长信，等，1986. 江西德安曾家垅锡矿（内部出版），1-170.

周振华，王挨顺，李涛，2011a. 内蒙古黄岗锡铁矿床流体包裹体特征及成矿机制研究［J］. 矿床地质，30（5）：867-889.

周振华，吕林素，王挨顺，2011b. 内蒙古黄岗锡铁矿床花岗岩深部源区特征与构造岩浆演化：Sr-Nd-Pb-Hf 多元同位素制约［J］. 地质科技情报，30（1）：1-14.

周振华，2011. 内蒙古黄岗锡铁矿床地质与地球化学 [D]. 北京：中国地质科学院，1-182.

周振华，吕林素，冯佳睿，等，2010a. 内蒙古黄岗夕卡岩型锡铁矿床辉钼矿 Re-Os 年龄及其地质意义 [J]. 岩石学报，26（3）：667-679.

周振华，吕林素，杨永军，等，2010b. 内蒙古黄岗锡铁矿区早白垩世 A 型花岗岩成因：锆石 U-Pb 年代学和岩石地球化学制约 [J]. 岩石学报，26（12）：3521-3537.

周祖贵，2002. 都龙矿区资源总价值 [J]. 云南冶金，31（5）：62-64.

朱金初，王汝成，张佩华，等，2009. 南岭中段骑田岭花岗岩基的锆石 U-Pb 年代学格架 [J]. 中国科学，39（8）：1112-1127.

朱金初，张佩华，谢才富，等，2006. 南岭西段花山-姑婆山 A 型花岗质杂岩带：岩石学、地球化学和岩石成因 [J]. 地质学报，（4）：529-542.

朱金初，张佩华，谢才富，等，2006. 南岭西段花山-姑婆山侵入岩带锆石 U-Pb 年龄格架及其地质意义 [J]. 岩石学报，（9）：2270-2278.

朱训，尹惠宇，项仁杰，等，1999. 中国矿情　第二卷：金属矿产 [M]. 北京：科学出版社，1-665.

朱正书，1990. 江西会昌岩背锡矿床地质特征及矿床类型的划分 [J]. 矿床地质，9（4）：325-331.

朱正书，徐克勤，朱金初，1990. 野鸡尾斑岩锡矿床的地质特征及找矿意义 [J]. 地质找矿论丛，5（2）：1-11.

朱正书，朱金初，徐克勤，1988. 银岩斑岩锡矿的地质地球化学及其成因研究 [J]. 地球化学，（4）：326-335.

祝朝辉，刘淑霞，张乾，等，2010. 云南白牛厂银多金属矿床喷流沉积成因证据：容矿岩石的地球化学约束 [J]. 现代地质，24（1）：120-130.

祝朝辉，刘淑霞，张乾，等，2009. 云南白牛厂银多金属矿床成矿作用特征的稀土元素地球化学约束 [J]. 矿物岩石地球化学通报，28（4）：365-376.

祝朝辉，张乾，邵树勋，等，2006. 云南白牛厂银多金属矿床成因 [J]. 世界地质，25（4）：353-359.

邹光富，林仕良，李再会，等，2011. 滇西梁河龙塘花岗岩体 LA-ICP-MS 锆石 U-Pb 年代学及其构造意义 [J]. 大地构造与成矿学，35（3）：439-451.

邹文学，1988. 江西彭山隐伏锡矿床地质特征及找矿标志 [J]. 矿产与地质，2（2）：59-69.

Barthel F，Dahlkamp FJ，1992. 钍矿及其利用 [J]. 国外铀金地质，（1）：30-38.

Cao H W，Zou H，Zhang Y H，et al，2015. Petrogenesis of metaluminous A-type granitoids in the Tengchong-Lianghe tin belt of southwestern China：Evidences from zircon U-Pb ages and Hf-O isotopes，and whole-rock Sr-Nd isotopes [J]. Ore Geology Reviews，212-215：93-110.

Chen X C，Hu R Z，Bi X W，et al，2015. Petrogenesis of metaluminous A-type granitoids in the Tengchong-Lianghe tin belt of southwestern China：Evidences from zircon U-Pb ages and Hf-O isotopes，and whole-rock Sr-Nd isotopes [J]. Lithos，212-215：93-110.

Chen X C，Hu R Z，Bi X W，et al，2014. Cassiterite LA-MC-ICP-MS U/Pb and muscovite 40Ar/39Ar dating of tin deposits in the Tengchong-Lianghe tin district，NW Yunnan，China [J]. Miner Deposita，49：843-860.

Cheng Q M，Agterberg F P，Bonham-Carter G F，1996. Fractal pattern integration for mineral potential estimation [J]. Nonrenewable Resources，5（2）：117-130.

Cheng Q M，1995. The perimeter-area fractal model and its application to geology [J]. Mathematical Geology，27：69-82.

Cheng Q M，Agterberg F P，Ballantyne S B，1994. The separation of geochemical anomalies from background by fractal methods [J]. Journal of Geochemical Exploration，51（2）：109-130.

Deng J，Wang Q F，Yang L Q，et al，2010. Delineation and explanation of geochemical anomalies using fractal models in the Heqing area，Yunnan Province，China [J]. Journal of Geochemical Exploration，105：95-105.

Gong Q J, Deng J, Jia Y J, et al, 2015. Empirical equations to describe trace element behaviors due to rock weathering in China [J]. Journal of Geochemical Exploration, 152: 110-117.

Gong Q J, Deng J, Wang C M, et al, 2013. Element behaviors due to rock weathering and its implication to geochemical anomaly recognition: A case study on Linglong biotite granite in Jiaodong peninsula, China [J]. Journal of Geochemical Exploration, 128: 14-24.

Li C J, Ma T H, Zhu X S, et al, 2002. Fractal principle of mineral deposit size forecasting and its implication for gold resource potential evaluation in China [J]. Acta Geologica Sinica, 75 (3): 378-386.

Liu C S, Ling H F, Xiong X L, et al, 1999. An F-Rich, Sn-bearing volcanic-intrusive complex in yanbei, south China [J]. Bulletin of the Society of Economic Geologists, 94 (3): 325-342.

Liu Y P, Li C Y, Zeng Z G, 1999. The metallogenic epoch and ore-forming metal source of some large and super-large deposits in the Laojunshan, Yunnan: Evidence from Rb-Sr isotopic studies [J]. Chinese Scienc Bulletin, 44 (S2): 30-32.

Mandelbrot B B, 1967. How long is the coast of Britain? Statistical self-similarity and fractional dimension [J]. Science, 155: 636-638.

Wang C M, Deng J, Emmanuel John M, et al, 2014. Tin metallogenesis associated with granitoids in the southwestern Sanjiang Tethyan Domain: Nature, deposit types, and tectonic setting [J]. Gondwana Research, 26: 576-593.

Xu Y G, Yang Q J, Lan J B, et al, 2012. Temporal-spatial distribution and tectonic implications of the batholiths in the Gaoligong-Tengliang-Yingjiang area, western Yunnan: Constraints from zircon U-Pb ages and Hf isotopes [J]. Journal of Asian Earth Sciences, 53: 151-175.

Yan T T, Wang X Q, Liu D S, et al, 2021. Continental-scale spatial distribution of chromium (Cr) in China and its relationship with ultramafic-mafic rocks and ophiolitic chromite deposit [J]. Applied Geochemistry, (4): 104896.

Yan T T, Liu D S, Si C, et al, 2020. Coupled U-Pb geochronology of monazite and zircon for the Bozhushan batholith, southeast yunnan province, China: implications for regional metallogeny [J]. Minerals, 10 (3): 239.